G. Fichera • E. Magenes (Eds.)

Integrali singolari e questioni connesse

Lectures given at the
Centro Internazionale Matematico Estivo (C.I.M.E.),
held in Varenna (Como), Italy,
June 10-19, 1957

 Springer

FONDAZIONE
CIME
ROBERTO CONTI

C.I.M.E. Foundation
c/o Dipartimento di Matematica "U. Dini"
Viale Morgagni n. 67/a
50134 Firenze
Italy
cime@math.unifi.it

ISBN 978-3-642-10916-4   e-ISBN: 978-3-642-10918-8
DOI:10.1007/978-3-642-10918-8
Springer Heidelberg Dordrecht London New York

Printed on acid-free paper

Springer.com

CENTRO INTERNATIONALE MATEMATICO ESTIVO
(C.I.M.E)

Reprint of 1st ed.- Varenna, Italy, June 10-19, 1957

INTEGRALI SINGOLARI E QUESTIONI CONNESSE

PREFAZIONE

La Commissione Scientifica del C.I.M.E decideva di includere fra i corsi del secondo ciclo, da tenersi alla Villa Monastero di Varenna nel 1957, uno dedicato alla teoria degli integrali singolari ed ai problemi ad essa attinenti.

Tale decisione ancora una volta ha sottolineato l'utilità e la funzionalità di questi corsi estivi di Matematica che, svolgendosi sotto forma di seminarî in un ambiente suggestivo, riescono a suscitare il più vivo interesse su argomenti di attualità matematica, accumunando in un'atmosfera cordiale studiosi e ricercatori italiani e stranieri.

Particolarmente felice è stata la scelta del soggetto anzidetto, dato che, pur trattandosi di uno dei capitoli più utili ed importanti dell'Analisi matematica, poco è stato finora coltivato dai ricercatori italiani.

Tale circostanza tanto più è sorprendente, in quanto è stato proprio un italiano, F. G. TRICOMI, che ha praticamente dato inizio alla teoria degli integrali singolari multipli. Ed occorre anche dire che il contributo del TRICOMI è universalmente riconosciuto nelle Memorie e nelle Monografie, pubblicate all'Estero, su questo argomento.

D'altronde, un corso sulla teoria degli integrali singolari non poteva non essere accolto col più vivo interesse dagli analisti italiani, dati i profondi legami esistenti fra questa teoria e quella dei problemi al contorno per le equazioni differenziali, specialmente di tipo ellittico, che sì largamente sono stati studiati in Italia.

Le lezioni ed i seminarî tenuti in quel corso, che ebbe luogo dal 10 al 19 giugno 1957, vengono raccolti in questo volume. Esso costituisce una rassegna di metodi e risultati, che sarà indubbiamente di grande ausilio a quei giovani ricercatori che vorranno rivolgere la loro attenzione a tale suggestivo campo dell'Analisi moderna.

Fra gli articoli inclusi nel presente volume occorre in primo luogo citare quello dovuto ad A. ZYGMUND, al quale si debbono fondamentali risultati in questo campo. Con felice sintesi vengono, nell'articolo stesso, presentati gli essenziali e profondi contributi recati dallo ZYGMUND e dalla Sua Scuola alla teoria degli integrali singolari multipli.

E. MAGENES tratta ampiamente del problema regolare della derivata obliqua per le equazioni differenziali ellittico-paraboliche. Tale problema che, nel caso delle equazioni ellittiche, ha costituito un incentivo per lo sviluppo della teoria degli integrali singolari, inquadrato nella più ampia teoria delle equazioni ellittico-paraboliche, potrà condurre all'indagine di nuove classi di integrali singolari. I casi considerati dal MAGENES stesso e da un Suo allievo, relativi all'equazione parabolica del calore, già costituiscono una conferma di quanto si è ora affermato.

Ad interessanti questioni, che possono connettersi con quelle cui il corso era dedicato, sono relative le due conferenze di S. FAEDO e G. STAMPACCHIA.

Chiude il volume una Memoria dello scrivente, dedicata alle equazioni integrali singolari su una curva del piano.

La presente raccolta sarebbe stata del tutto completa, se essa avesse potuto includere una trattazione delle equazioni singolari in più variabili. E tale lacuna sarebbe stata certo colmata se avesse potuto prendere parte al corso il Prof. S. G. MIHLIN, che, invitato dagli Organizzatori, non potè esser presente a Varenna.

Occorre però dire che la teoria delle equazioni integrali singolari in più variabili è, allo stato attuale, ben lungi dall'essere completa. D'altra parte i risultati che di essa si conoscono trovansi esposti in una nota Monografia dovuta allo stesso MIHLIN.

Sono certo di interpretare il pensiero dei Colleghi che hanno collaborato al corso, esprimendo i più vivi ringraziamenti alla Commissione Scientifica del C.I.M.E ed in particolare al suo Presidente, Prof. E. BOMPIANI, anche per aver promosso la pubblicazione del presente volume.

GAETANO FICHERA

MAGENES, ENRICO
1957
Rendiconti di Matematica
(3-4), Vol. 16, pp. 363-414

Il problema della derivata obliqua regolare per le equazioni lineari ellittico-paraboliche del secondo ordine in m variabili [*]

di **ENRICO MAGENES** (Genova)

n. 1 *Esempi introduttivi.* — Uno dei più importanti e primi problemi che hanno portato allo studio degli integrali singolari e delle equazioni singolari è il cosiddetto problema della derivata obliqua nella teoria del potenziale ordinario (v. ad es. [9a] [1]). Esso consiste nel determinare una funzione armonica u in un campo A dello spazio a 3 dimensioni quando sia assegnato sulla frontiera Σ di A il valore della derivata secondo una direzione prefissata l, in generale variabile da punto a punto, cioè :

(1)
$$\Delta_2 u \equiv \sum_{i-1}^{3} \frac{\partial^2 u}{\partial x_i^2} = 0 \text{ in } A ; \quad \frac{\partial u}{\partial l} = h \text{ su } \Sigma$$

In ipotesi di opportuna regolarità sui dati del problema, che per ora non è il caso di precisare, quando si cerchi la soluzione di (1) sotto la forma di potenziale di semplice strato

(2)
$$u(x) = \int_{\Sigma} \varphi(y) \, s(x,y) \, d\sigma_y$$

$$\left[x \equiv (x_1, x_2, x_3) , \ y \equiv (y_1, y_2, y_3) , \ s(x,y) = \frac{1}{4\pi} \cdot \frac{1}{\overline{xy}} , \right.$$

$$\left. \overline{xy} = \sqrt{\sum_{i=1}^{3} (x_i - y_i)^2} \right] ,$$

[*] Questa Memoria riproduce brevemente le lezioni svolte dall'A. nel 2º ciclo di corsi del Centro Internazionale Matematico Estivo (CIME) tenuto a Varenna dal 10 al 19 Giugno 1957 su « *Integrali singolari e questioni connesse* ».

[1] I numeri tra [ ] si riferiscono alla bibliografia finale della presente relazione.

si è condotti allo studio della derivata obliqua del potenziale (2)
ed è facile, se φ è sufficientemente regolare, trovare per questa
derivata la formula limite:

$$(3) \quad \lim_{x \to \xi \, (\text{su } u_\xi^+)} \frac{\partial u(x)}{\partial l_\xi} = - \frac{\cos(n_\xi, l_\xi)}{2} \varphi(\xi) + \int_\Sigma^* \varphi(y) \frac{\partial s(\xi, y)}{\partial l_\xi} \, d\sigma_y$$

dove n_ξ è l'asse normale a Σ nel punto ξ rivolto verso l'interno di
A e l'integrale con asterisco è da intendersi quale integrale principale alla Cauchy, cioè come

$$(4) \qquad\qquad \lim_{\varepsilon \to 0} \int_{\Sigma - \Sigma_\varepsilon} \varphi(y) \frac{\partial s(\xi, y)}{\partial l_\xi} \, d\sigma_y$$

essendo Σ_ε la porzione di Σ che si proietta sul piano tangente a
Σ nel punto ξ nel cerchio di centro ξ e raggio ε $(\varepsilon > 0)$ (2). Il
nucleo $\dfrac{\partial s(\xi, y)}{\partial l_\xi}$, salvo nel caso $l \equiv n$ su Σ (problema di Neumann),
non è sommabile su Σ (come funzione di y per ogni ξ fissato):
esso è nell'intorno di ξ del tipo $O\left(\dfrac{1}{\xi y^2}\right)$ (3), ma tuttavia esiste il
limite (4).

Si arriva così per (1) allo studio dell'equazione integrale singolare

$$(5) \qquad - \frac{\cos(n_\xi, l_\xi)}{2} \varphi(\xi) + \int_\Sigma^* \varphi(y) \frac{\partial s(\xi, y)}{\partial l_\xi} \, d\sigma_y = h(\xi) \qquad \xi \in \Sigma$$

nell'incognita $\varphi(\xi)$.

Un problema analogo a (1) può porsi (ed è da tempo noto
anche se finora assai poco studiato) per la più semplice delle equazioni paraboliche, quella del calore

$$(6) \qquad\qquad E(u) \equiv \frac{\partial^2 u}{\partial x_1^2} + \frac{\partial^2 u}{\partial x_2^2} - \frac{\partial u}{\partial x_3} = 0$$

(2) La (3) trovasi per la prima volta rilevata esplicitamente in Tricomi [21].
(3) Indicheremo con o e O i simboli di Landau; $v = o(t)$ significherà dun-
que che $\left|\dfrac{v}{t}\right|$ è infinitesimo e $v = O(t)$ che $\left|\dfrac{v}{t}\right|$ è limitato.

Si supponga che A sia un campo delimitato da una base infe-
riore $\Sigma^{(2)}$ posta sul piano $x_3 = 0$, da una base superiore $\Sigma^{(1)}$ posta
sul piano $x_3 = t_0 \, (t_0 > 0)$ e da una superficie laterale $\Sigma^{(3)}$ avente
piano tangente non caratteristico, cioè non parallelo al piano
(x_1, x_2); (per es. A potrebbe essere un cilindro retto di direttrice
l'asse x_3); e si cerchi una soluzione di (6) la quale soddisfi anche
alle condizioni

$$u = 0 \ \text{su} \ \Sigma^{(2)} \ \text{e} \ \frac{\partial u}{\partial l} = h \ \text{su} \ \Sigma^{(3)}$$

essendo l un asse assegnato per ogni ξ di $\Sigma^{(2)}$ e parallelo al piano
(x_1, x_2) e h funzione pure data su $\Sigma^{(3)}$.

Se si cerca la soluzione nella classe dei cosidetti « potenziali
di semplice strato del calore »

$$u(x) = \int_{\Sigma^{(3)}} \varphi(y) \, s(x, y) \, d\sigma_y$$

dove $s(x, y)$ è anche qui la soluzione fondamentale di (6), cioè

$$(7) \qquad s(x, y) = \begin{cases} 0 & \text{per } x_3 \leq y_3 \\[2mm] \dfrac{1}{4\pi} \dfrac{e^{\frac{(x_1 - y_1)^2 + (x_2 - y_2)^2}{4(x_3 - y_3)}}}{(x_3 - y_3)} & \text{per } x_3 > y_3 \end{cases}$$

si trovano (come si vedrà più esattamente nel n. 11), se φ è sufficientemente regolare, la formula limite analoga alla (3)

$$(8) \qquad \lim_{x \to \xi(\text{su } \nu_\xi^+)} \frac{\partial u(x)}{\partial l_\xi} = - \frac{\cos(n_\xi, l_\xi)}{2\cos^2(n_\xi, \nu_\xi)} \varphi(\xi) + \int_{\Sigma^{(3)}}^{*} \varphi(y) \frac{\partial s(\xi, y)}{\partial l_\xi} \, d\sigma_y$$

e l'equazione integrale analoga alla (5), dove ν_ξ è la «conormale»
in ξ e l'integrale con asterisco è da intendersi come

$$\lim_{\varepsilon \to 0} \int_{\Sigma^{(3)} - \Sigma_\varepsilon}^{*} \varphi(y) \frac{\partial s(\xi, y)}{\partial l_\xi} \, d\sigma_y$$

essendo Σ_ε la porzione di $\Sigma^{(3)}$, che si proietta sul piano tangente π_ξ a $\Sigma^{(3)}$ nel punto ξ, nella regione delimitata dalla curva $\mathcal{C}_\varepsilon$ intersezione di π_ξ con la superficie di livello della soluzione fondamentale: $s(\xi, y) = \dfrac{1}{4\pi\varepsilon}$ $(\varepsilon > 0)$ [4] (si osservi che anche nella (4), Σ_ε ha lo stesso significato relativo alla soluzione fondamentale $\dfrac{1}{4\pi}\dfrac{1}{\overline{xy}}$).

Il nucleo $\dfrac{\partial s(\xi, y)}{\partial l_\xi}$ non è sommabile e si tratta dunque anche ora di un integrale singolare; ma la singolarità di $\dfrac{\partial s(\xi, y)}{\partial l_\xi}$, che risulta essere $O\left\{\dfrac{(\xi_1 - y_1)^2 + (\xi_2 - y_2)^2}{(\xi_3 - y_3)^2} e^{-\frac{(\xi_1-y_1)^2 + (\xi_2-y_2)^2}{4(\xi_3-y_3)}}\right\}$ è di tipo assai diverso da quella trovata nel primo esempio, e di conseguenza diverso risulta l'integrale principale relativo. Nel n. 11 torneremo più diffusamente su questo problema di derivata obliqua per equazioni paraboliche e sugli integrali principali connessi.

Per ora ci è sufficiente aver segnalato questi due esempi di problemi di derivata obliqua e le loro relazioni con la teoria degli integrali singolari e delle equazioni integrali singolari.

Scopo precipuo delle presenti lezioni è infatti *l'impostazione generale del problema di derivata obliqua* per equazioni lineari del secondo ordine di tipo ellittico-parabolico e lo studio più specifico nello *spazio a un numero qualunque di dimensioni del caso cosiddetto* « regolare », con particolare riferimento alle equazioni totalmente ellittiche e a quelle paraboliche « del tipo del calore ».

Studieremo il problema per vie diverse, in particolare senza far uso della teoria degli integrali e delle equazioni integrali singolari, ma mettendone però in luce le reciproche relazioni, in modo da ottenere così anche risultati circa quest'ultima teoria.

n. 2 *Impostazione del problema di derivata obliqua per l'equazione ellittico-parabolica del secondo ordine.* Sia A un campo limitato

---

[4] La curva $\mathcal{C}_\xi$, se su π_ξ si introduce un opportuno sistema di assi (v_1, v_2) di origine ξ viene ad avere le equazioni parametriche:

$$\begin{cases} v_1 = 2\,\varepsilon\,\text{sen}\,\theta\ \sqrt{\log\dfrac{1}{\text{sen}^2\,\theta}} \\ v_2 = -\,\varepsilon^2\,\text{sen}^2\,\theta \end{cases} \qquad -\dfrac{\pi}{2} \leq \theta \leq \dfrac{\pi}{2}$$

e regolare dello spazio S_m a m dimensioni, tale che la sua frontiera Σ sia formata da un numero finito di porzioni di ipersuperficie regolari di classe C^1 [5], $\Sigma_1, \ldots, \Sigma_r$ aventi a comune due a due al più punti del loro bordo. Per ogni punto di Σ_i $(i = 1, \ldots, r)$ che non sia sul bordo di Σ_i esiste la normale n e noi la supporremo orientata sempre verso l'interno di A.

Si consideri l'operatore

$$(9) \qquad E(u) \equiv \sum_{h,k}^{1,m} a_{hk}(x) \frac{\partial^2 u(x)}{\partial x_h \, \partial x_k} + \sum_{h}^{1,m} b_h(x) \frac{\partial u}{\partial x_h} + c(x) u(x)$$

con i coefficienti $a_{hk}(x)$, $b_h(x)$ e $c(x)$ rispettivamente di classe $C^{(2)}(A + \Sigma)$, $C^{(1)}(A + \Sigma)$ e $C^{(0)}(A + \Sigma)$ e si supponga che esso sia in $A + \Sigma$ ellittico-parabolico, cioè che la forma quadratica $\sum_{h,k}^{1,m} a_{hk}(x) \lambda_h \lambda_k$ nelle variabili reali $\lambda_1, \ldots, \lambda_m$ sia definita o semi-definita (positiva) per ogni x di $A + \Sigma$.

Vediamo come si possa impostare il problema di derivata obliqua per l'equazione $E(u) = f$ seguendo le idee di un recente lavoro di G. FICHERA [6c].

Ricordiamo anzitutto che dicesi *iperpiano caratteristico* rispetto a $E(u)$ nel punto x un iperpiano tale che i coseni direttori della sua normale N verificano l'equazione

$$\sum_{h,k}^{1,m} a_{hk}(x) \cos(x_h, N) \cos(x_k, N) = 0$$

Indichiamo allora con Σ_i' $(i = 1, \ldots, r)$ l'insieme dei punti di Σ_i nei quali l'iperpiano tangente è caratteristico rispetto a $E(u)$; e introduciamo poi la funzione

$$b(x) = \sum_{h}^{1,m} \left[b_h(x) - \sum_{k}^{1,m} \frac{\partial a_{hk}(x)}{\partial x_k} \right] \cos(x_h, n)$$

---

[5] Nel presente lavoro diremo che una funzione $u(x)$ definita in un insieme I appartiene rispettivamente alle classi $\mathcal{L}^{(p)}(I)$ $(p > 0)$, $C^{(0)}(I)$, $C^{0,h}(I)$, $C^{(r)}(I)$ (r intero positivo), $C^{r,h}(I)$ se è rispettivamente di potenza p-esima sommabile in I, continua in I, hölderiana in I, continua con le derivate fino all'ordine r in I, hölderiana con le derivate fino all'ordine r in I. Una porzione di ipersuperficie regolare si dirà poi di classe C^r se per ogni suo punto esiste un intorno rappresentabile parametricamente con funzioni di classe $C^{(r)}(I)$.

la quale è definita in tutti i punti di ogni Σ_i $(i = 1, \ldots, r)$ che non siano sul bordo di Σ_i e può per continuità prolungarsi in tutto Σ_i.

Detto infine $\Sigma_i^{(1)}$ l'insieme dei punti di Σ_i' in cui risulta $b(x) \geq 0$ poniamo

$$\Sigma^{(1)} = \Sigma_1^{(1)} + \ldots + \Sigma_r^{(1)}$$

$$\Sigma^{(2)} = (\Sigma_1' + \ldots + \Sigma_r') - \Sigma^{(1)}$$

$$\Sigma^{(3)} = \Sigma - (\Sigma^{(1)} + \Sigma^{(2)})$$

onde $\Sigma^{(1)}$, $\Sigma^{(2)}$, $\Sigma^{(3)}$ esauriscono Σ e non hanno a due a due punti comuni.

Il *problema di derivata obliqua* per l'equazione

(10) $$E(u) = f$$

è allora il seguente:

Supposto $\Sigma^{(3)}$ non vuoto e fissati la funzione α su $\Sigma^{(3)}$ e l'asse l per ogni punto di $\Sigma^{(3)}$, determinare una soluzione u della (10) che verifichi le condizioni al contorno:

(11) $$u = \mu_2 \quad \text{su} \quad \Sigma^{(2)}$$

(12) $$\frac{\partial u}{\partial l} + \alpha u = h \quad \text{su} \quad \Sigma^{(3)}$$

dove μ_2, h e f sono funzioni assegnate rispettivamente su $\Sigma^{(2)}$, $\Sigma^{(3)}$ e A. Se l'asse l è in ogni punto penetrante in A diremo che il problema è « regolare ».

Naturalmente occorre, per completare l'enunciazione del problema e stabilire se esso sia « ben posto » nel senso di Hadamard, precisare in quale classe di funzioni va cercata la soluzione e in che senso essa verifica le condizioni (11) e (12). Ma ciò dipenderà volta per volta dall'operatore e dalle ipotesi fatte sui dati del problema e non si potrà pretendere una teoria abbastanza generale del problema se non limitandosi in un primo momento alla ricerca di una soluzione « debole » dello stesso.

È comunque interessante osservare anzitutto come nella formulazione del problema rientrino i problemi di derivata obliqua fino ad ora considerati della letteratura e precisamente i due casi delle equazioni *totalmente ellittiche* o, più semplicemente, *ellittiche* (la forma $\sum\limits_{h,k}^{1,m} a_{hk}(x)\,\lambda_h\,\lambda_k$ definita positiva per ogni x di $A + \Sigma$) e delle equazioni *paraboliche* « *del tipo del calore* » (cioè della forma

$$E(u) = \sum_{h,k}^{1,m-1} a_{hk}(x)\,\frac{\partial^2 u(x)}{\partial x_h\,\partial x_k} + \sum_{h}^{1,m-1} b_h(x)\,\frac{\partial u}{\partial x_h} + c(x)\,u(x) - \frac{\partial u}{\partial x_m}$$

dove la parte dell'operatore che non contiene derivate rispetto ad x_m è totalmente ellittica rispetto a $(x_1,\ldots,x_{m-1})$ per ogni x_m).

Nel primo caso si ha $\Sigma^{(3)} = \Sigma$; nel secondo caso $\Sigma^{(1)}$ è costituito dai punti di Σ in cui la normale n è parallela e di verso opposto all'asse x_m, mentre $\Sigma^{(2)}$ è formato dai punti nei quali la normale n è parallela ed equiversa a x_m.

In particolare rientrano nel nostro problema i due esempi del n. 1.

Anche nei due casi predetti il problema è però fino ad ora ben lungi dall'essere compiutamente trattato. Per l'equazione ellittica il problema generale è stato studiato a fondo nei lavori di A. LIENARD, G. GIRAUD, e della scuola russa di N. J. MUSHELIVILI solo nel caso $m = 2$ (si veda il corso parallelo svolto dal prof. FICHERA) ma nel caso $m > 2$ l'unico problema trattato finora è quello « regolare » (si vedano più avanti i nn. 3-8). Ancor meno si conosce finora per l'equazione del tipo del calore (v. n. 11); una trattazione esauriente e nel solo caso « regolare », è contenuta in un lavoro di M. PAGNI [18] del quale diremo nel n. 11.

Nei numeri seguenti noi cercheremo di dare una trattazione completa del problema « regolare » in m variabili; perverremo dapprima ad alcuni nuovi risultati nel caso dell'equazione generale ellittico-parabolica ed esporremo poi nel caso ellittico e in quello parabolico « del tipo del calore » i risultati più precisi finora noti.

n. 3 *Il problema « regolare » per l'equazione ellittico-parabolica: formula di Green e primi teoremi di unicità.* Precisiamo anzitutto ulteriormente le ipotesi sui dati del problema. Indicheremo con $\overline{\Sigma^{(i)}}$ $(i = 1, 2, 3)$ l'insieme di $\Sigma^{(i)}$ e dei suoi punti di accumulazione. Supporremo senz'altro d'ora innanzi per semplicità che i $\Sigma^{(i)}$ siano costituiti da un'unica porzione di superficie regolare di classe $C^{(2)}$. Supporremo inoltre che l'asse l sia definito in tutti i punti ξ di $\overline{\Sigma^{(3)}}$, abbia ivi i coseni direttori di classe $C^{(1)}(\Sigma^{(3)})$ e sia sempre penetrante in $A + \Sigma^{(1)} + \Sigma^{(2)}$ [6]. Infine faremo su α l'ipotesi che sia definita e continua su $\Sigma^{(3)}$.

Indichiamo con $C(E)$ la classe delle funzioni u definite e continue in $A + \Sigma$ insieme alla derivata $\dfrac{\partial u}{\partial x_h}$ se b_h non è identicamente nullo in $A + \Sigma$ e insieme alle derivate $\dfrac{\partial u}{\partial x_h}, \dfrac{\partial u}{\partial x_k}, \dfrac{\partial^2 u}{\partial x_h \, \partial x_k}$ se a_{hk} non è identicamente nullo in $A + \Sigma$.

È noto (v. ad es. M. Picone [19]) che per ogni coppia di funzioni u e v di $C(E)$ sussiste la seguente *formula di Green*

$$(13) \qquad \int\limits_{A} [u \, E^*(v) - v \, E(u)] \, dx = \int\limits_{\Sigma^{(1)} + \Sigma^{(2)}} b \, u \, v \, d\sigma +$$

$$+ \int\limits_{\Sigma^{(3)}} \left\{ a^{(l)} v \, \frac{\partial u}{\partial l} - a^{(\lambda)} u \, \frac{\partial v}{\partial \lambda} + b^{(l)} u \, v \right\} \lambda \, \sigma$$

col seguente significato dei simboli:

a) $E^*(v)$ è l'operatore aggiunto di $E(u)$:

$$E^*(v) \equiv \sum_{h,k}^{1,m} \frac{\partial^2 (a_{hk} v)}{\partial x_h \, \partial x_k} - \sum_{h}^{1,m} \frac{\partial (b_h v)}{\partial x_h} + c \, v$$

b) $\quad a^{(l)} = \dfrac{1}{\cos(l,n)} \sum\limits_{h,k}^{1,m} a_{hk} \cos(x_h, n) \cos(x_k, n) \qquad$ (si osservi che $a^{(l)} \geq 0$)

c) λ è l'asse «coriflesso» di l univocamente determinato insieme ad $a^{(\lambda)}$, in funzione di l, dalla posizione

$$a^{(\lambda)} \cos(x_h, \lambda) = 2 \sum_{k}^{1,m} a_{hk} \cos(x_k, n) - a^{(l)} \cos(x_h, l)$$

d) $b^{(l)} = b - \beta^{(l)}$ essendo $\beta^{(l)}$ una opportuna funzione determinabile in funzione di l e indipendente da u e v (v. con precisione ad es. [19, pag. 741 e seg.]) di cui qui interessa rilevare solo che è funzione continua su $\overline{\Sigma^{(3)}}$.

Ci proponiamo ora di stabilire un *teorema di unicità* in $C(E)$ per il problema «regolare» come è stato precisato nel presente nu-

---

[6] Ciò significa che i punti di l sufficientemente vicini a ξ nel verso positivo di l appartengono a $A + \Sigma^{(1)} + \Sigma^{(2)}$.

mero. Premettiamo anzitutto il seguente teorema, già di per sè notevole perchè estende alle equazioni ellittico-paraboliche un risultato ben noto nel caso ellittico e nel caso parabolico del tipo del calore; per risultati analoghi e per il procedimento che adopereremo si veda la memoria [6c] di G. FICHERA.

TEOREMA I: Se è $c(x) < 0$ in $A + \Sigma$, per ogni soluzione della $E(u) = 0$ appartenente alla classe $C(E)$ risulta

$$(14) \qquad \max_{A+\Sigma} |u(x)| \equiv \max_{\Sigma^{(2)}+\Sigma^{(3)}} |u(x)|$$

Sia p un intero positivo pari e v una fissata funzione della classe $C(E)$ (o più in particolare di classe $C^{(2)}(A + \Sigma)$) tale che:

$$(15) \qquad v = 0 \text{ su } \Sigma^{(3)}, \qquad v < 0 \text{ in } A + \Sigma^{(3)} + \Sigma^{(2)}$$

La (13), scritta relativamente alla coppia di funzioni u^p e v, diviene:

$$\int_A u^p \{E_0^*(v) + p\,c\,v\}\,dx = \int_A p\,(p-1)\,v\,u^{p-2}\,\Gamma(u)\,dx +$$
$$+ \int_{\Sigma^{(1)}} b\,v\,u^p\,d\sigma + \int_{\Sigma^{(2)}} b\,v\,u^p\,d\sigma - \int_{\Sigma^{(3)}} a^{(\lambda)}\,u^p\,\frac{\partial v}{\partial \lambda}\,d\sigma$$

dove

$$E_0^*(v) \equiv \overset{1,m}{\underset{h,k}{\Sigma}} \frac{\partial^2 (a_{hk}\,v)}{\partial x_h\,\partial x_k} - \overset{1,m}{\underset{h}{\Sigma}} \frac{\partial (b_h\,v)}{\partial x_h}$$

e

$$\Gamma(u) = \overset{1,m}{\underset{h,k}{\Sigma}} a_{hk} \frac{\partial u}{\partial x_h} \frac{\partial u}{\partial x_k}$$

Per le ipotesi fatte e per le (15) si ha allora

$$(16) \qquad \int_A u^p\,[E_0^*(v) + p\,c\,v]\,dx \leq \int_{\Sigma^{,2)}} b\,v\,u^p\,d\sigma - \int_{\Sigma^{(3)}} a^{(\lambda)}\,u^p\,\frac{\partial v}{\partial \lambda}\,d\sigma$$

Indichiamo con I_ϱ l'insieme dei punti di $A + \Sigma$ aventi da $\Sigma^{(3)}$ distanza $\leq \varrho$. La (16) può scriversi:

$$\int_{A-I_\varrho} u^p\,[E_0^*(v) - p\,c\,v]\,dx \leq - \int_{I_\varrho} u^p\,E_0^*(v)\,dx - \int_{I_\varrho} p\,u^p\,c\,v\,dx +$$
$$+ \int_{\Sigma^{(2)}} b\,v\,u^p\,d\sigma - \int_{\Sigma^{(3)}} b\,a^{(\lambda)}\,u^p\,\frac{\partial v}{\partial \lambda}\,d\sigma \leq - \int_{I_\varrho} u^p\,E_0^*(v)\,dx +$$
$$+ \int_{\Sigma^{(2)}} b\,v\,u^p\,d\sigma - \int_{\Sigma^{(3)}} a^{(\lambda)}\,u^p\,\frac{\partial v}{\partial \lambda}\,d\sigma$$

Per la continuità delle funzioni $E_0^*(v)$, $b\,v$, $a^{(\lambda)}\dfrac{\partial v}{\partial \lambda}$ nei rispettivi insiemi di definizione è possibile determinare una costante K indipendente da u, p e ϱ tale che:

$$\int\limits_{A-I_\varrho} u^p \lfloor E_0^*(v) + p\,c\,v\rfloor \,d\,x \leq K\left\{\max_{I_\varrho} u^p + \max_{\overline{\Sigma^{(2)}}} u^p + \max_{\overline{\Sigma^{(3)}}} u^p\right\}$$

$$\leq 3\,K \max_{I_\varrho+\overline{\Sigma^{(2)}}} u^p$$

Fissato ϱ è possibile determinare un p_ϱ tale che per ogni $p > p_\varrho$ riesca, in $A - I_\varrho$, $E_0^*(v) + p\,c\,v \geq 1$
e quindi:

$$\int\limits_{A-I_\varrho} u^p \,d\,x \leq 3\,K \max_{I_\varrho+\overline{\Sigma^{(2)}}} u^p$$

Elevando ad $\dfrac{1}{p}$, passando al limite $p \to \infty$, si ottiene, per un noto teorema di Riesz,

$$\max_{A-I_\varrho} |u| \leq \max_{I_\varrho+\overline{\Sigma^{(2)}}} |u|$$

e quindi, al limite per $\varrho \to 0$, si ha:

$$\max_{A+\Sigma} |u| \leq \max_{\overline{\Sigma^{(2)}}+\overline{\Sigma^{(3)}}} |u|$$

da cui la (14).

Si può di qui facilmente ricavare un teorema di unicità per il problema di derivata obliqua « regolare » :

Teorema II: *Se* $c(x) < 0$ *in* $A + \Sigma$ *e* $\alpha(x) < 0$ *in* $\overline{\Sigma^{(3)}}$, *ogni funzione* $u \in C(E)$ *soddisfacente alle condizioni:* $E(u) = 0$ *in* A, $u = 0$ *su* $\Sigma^{(2)}$, $\dfrac{\partial u}{\partial l} + \alpha u = 0$ *su* $\Sigma^{(3)}$, *è identicamente nulla in* $A + \Sigma$.

Infatti se u non fosse $\equiv 0$ in $A + \Sigma$ per il teorema I esisterebbe un punto x_0 di $\overline{\Sigma^{(3)}}$ tale che

$$\max_{A+\Sigma} |u(x)| = |u(x_0)| \neq 0$$

Se fosse $u(x_0) < 0$ si avrebbe

$$\min_{A+\Sigma} u(x) = u(x_0) \quad e \quad \left[\frac{\partial u}{\partial l}\right]_{x=x_0} = -\alpha(x_0)\, u(x_0) < 0;$$

se fosse $u(x_0) > 0$ si avrebbe invece

$$\max_{A+\Sigma} u(x) = u(x_0) \quad e \quad \left[\frac{\partial u}{\partial l}\right]_{x=x_0} = -\alpha(x_0)\, u(x_0) > 0.$$

In ogni caso, essendo l penetrante in $A + \Sigma^{(1)} + \Sigma^{(2)}$, si avrebbe un assurdo.

Se l'equazione è ellittica o parabolica « del tipo del calore » il teorema di unicità può essere generalizzato; i risultati in proposito sono assai noti e ci limiteremo qui a enunciarli.

TEOREMA III (si veda ad esempio [16a, pag. 8]). *Se $E(u)$ è el-littico, $c(x) \leq 0$ in $A + \Sigma$ e $\alpha(x) \leq 0$ su Σ (si ricordi che è ora $\Sigma^{(3)} \equiv \Sigma$) senza che siano entrambe identicamente nulle, ogni funzione u di $C(E)$, soddisfacente alle $E(u) = 0$ in A, $\frac{\partial u}{\partial l} + \alpha u = 0$ su Σ, è identicamente nulla in $A + \Sigma$; se invece risulta $c(x) \equiv 0$ in $A + \Sigma$ e $\alpha(x) \equiv 0$ su Σ allora $u(x)$ è costante in $A + \Sigma$.*

Si osservi anche che il teorema III vale in una classe $\mathcal{C}$ più vasta di $C(E)$: precisamente basta che u sia di classe $C(E)$ in ogni dominio interno di A, sia continua in $A + \Sigma$ e abbia derivata $\frac{\partial u}{\partial l}$ in ogni punto di Σ.

TEOREMA IV. (si veda ad esempio [19, pag. 715]). *Se $E(u)$ è parabolico « del tipo del calore » e $\alpha(x) \leq 0$ su $\Sigma^{(3)}$ ogni funzione u di $C(E)$, soddisfacente alle $E(u) = 0$ in A, $u = 0$ su $\Sigma^{(2)}$, $\frac{\partial u}{\partial l} + \alpha u = 0$ su $\Sigma^{(3)}$ è identicamente nulla in $A + \Sigma$.*

Anche questo teorema vale in ipotesi più generali per u, analoghe a quelle sopra viste per il teorema III.

Problema aperto e interessante è la generalizzazione del teorema II in modo da ottenere un risultato che comprenda fra l'altro i teoremi III e IV o in ogni caso perfezioni il teorema II; e già sarebbe interessante fermarsi a considerare classi di operatori parabolici che non siano « del tipo del calore ».

n. 4 *Il problema « regolare » per l'equazione ellittico-parabolica dal punto di vista delle soluzioni « deboli ».*

Manteniamo in questo numero le ipotesi fatte nei nn. 2 e 3 e poniamoci la questione dell'esistenza di una soluzione « debole » del problema. Torna assai semplice studiare tale questione secondo le idee di recente esposte da G. FICHERA nella memoria già citata [6c] e anche in lavori precedenti [6b].

Supponiamo anzitutto che i dati f, μ_2 *e* h *siano rispettivamente di classe* $\mathcal{L}^{(2)}(A)$, $\mathcal{L}^{(2)}(\Sigma^{(2)})$ *e* $\mathcal{L}^{(2)}(\Sigma^{(3)})$.

Poniamo poi la seguente

DEFINIZIONE: *Una funzione* $u(x) \in \mathcal{L}^2(A)$ *si dirà soluzione « debole » del problema « regolare »*

$$(17) \qquad\qquad E(u) = f \quad \text{in} \quad A \, ;$$

$$(18) \qquad u = \mu_2 \quad \text{su} \quad \Sigma^{(2)} \, ; \qquad \frac{\partial u}{\partial l} + \alpha\, u = h \quad \text{su} \quad \Sigma^{(3)}$$

se esistono due funzioni $\mu_1 \in \mathcal{L}^{(2)}(\Sigma^{(1)})$ *e* $\mu_3 \in \mathcal{L}^{(2)}(\Sigma^{(3)})$, *tali che risulti*

$$(19) \quad \int\limits_A \left[u\, E^*(v)\, dx - \int\limits_{\Sigma^{(1)}} b\, v\, \mu_1\, d\sigma + \int\limits_{\Sigma^{(3)}} \mu_3 \left\{ a^{(\lambda)} \frac{\partial v}{\partial \lambda} - [b^{(l)} - \alpha\, a^{(l)}]\, v \right\} d\sigma = $$

$$= \int\limits_A v\, f\, dx + \int\limits_{\Sigma^{(2)}} b\, v\, \mu_2\, d\sigma + \int\limits_{\Sigma^{(3)}} a^{(l)}\, h\, v\, d\sigma$$

per ogni $v \in C(E)$.

Ad un teorema di esistenza della soluzione « debole » si può giungere applicando un principio generale di analisi funzionale dovuto a G. FICHERA [6b], che è qui opportuno richiamare brevemente.

Sia V una varietà lineare rispetto al corpo reale (o complesso) e siano definite in V due trasformazioni lineari $M_1(v)$ ed $M_2(v)$ aventi codominio rispettivamente in due spazi di Banach $\mathcal{B}_1$ e $\mathcal{B}_2$ reali (o complessi).

Sia Φ un assegnato funzionale lineare e continuo definito in $\mathcal{B}_1$ e consideriamo l'equazione funzionale

$$(20) \qquad\qquad \Phi[M_1(v)] = \Psi[M_2(v)]$$

nell'incognita Ψ, funzionale lineare e continuo definito in $\mathcal{B}_2$.

Si ha il seguente :

TEOREMA V: *Condizione necessaria e sufficiente affinchè, asse-gnato comunque Φ esista una soluzione Ψ della (20) è che esista una costante k tale che*

$$(21) \qquad \| M_1(v) \| \leq k \| M_2(v) \| \quad \text{per ogni } v \in V.$$

Soddisfatta la (21) esiste una soluzione Ψ tale che

$$\| \Psi \| \leq k \| \Phi \|$$

e ogni altra soluzione si ottiene aggiungendo ad essa un funzionale ortogonale al codominio della trasformazione $M_2(v)$.

Indichiamo con V la varietà delle funzioni $v \in C(E)$, con $\mathcal{B}_1$ lo spazio hilbertiano completo dei vettori a tre componenti (f, μ_2, h), dove $f \in \mathcal{L}^{(2)}(A)$, $\mu_2 \in \mathcal{L}^{(2)}(\Sigma^{(2)})$, $h \in \mathcal{L}^{(2)}(\Sigma^{(3)})$, con $\mathcal{B}_2$ lo spazio hilbertiano completo dei vettori a tre componenti (u, μ_1, μ_3), dove $u \in \mathcal{L}^{(2)}(A)$, $\mu_1 \in \mathcal{L}^{(2)}(\Sigma^{(1)})$, $\mu_3 \in \mathcal{L}^{(2)}(\Sigma^{(3)})$.

Siano $M_1(v)$ e $M_2(v)$ le trasformazioni

$$M_1(v) \equiv [v, \, b\,v, \, a^{(l)}\,r]$$

$$M_2(v) \equiv \left[E^*(v), \, -\, b\,v, \, a^{(\lambda)} \frac{\partial v}{\partial \lambda} - (b^{(l)} - \alpha\,a^{(l)})\,v \right].$$

In virtù del teorema V l'esistenza di una soluzione « debole » del problema (17) - (18) per ogni terna di dati (f, μ_2, h) sarà allora provata qualora valga la seguente formula di maggiorazione per ogni $v \in C(E)$:

$$(22) \qquad \left(\int_A v^2 \, dx \right)^{\frac{1}{2}} + \left(\int_{\Sigma^{(2)}} (b\,v)^2 \, d\,\sigma \right)^{\frac{1}{2}} + \left(\int_{\Sigma^{(3)}} (a^{(l)}\,v)^2 \, d\,\sigma \right)^{\frac{1}{2}} \leq$$

$$\leq k \left\{ \left(\int_A [E^*(v)]^2 \, dx \right)^{\frac{1}{2}} + \left(\int_{\Sigma^{(1)}} (b\,v)^2 \, d\,\sigma \right)^{\frac{1}{2}} + \left(\int_{\Sigma^{(3)}} \left[a^{(\lambda)} \frac{\partial v}{\partial \lambda} - (b^{(l)} - \alpha a^{(l)})v \right]^2 d\,\sigma \right)^{\frac{1}{2}} \right\}$$

con k costante indipendente da v.

Ebbene, posto $c^*(x) = c(x) - \sum_h^{1,m} \frac{\partial b_h(x)}{\partial x_h} + \sum_{h,k}^{1,m} \frac{\partial^2 a_{hk}(x)}{\partial x_h \, \partial x_k}$ si può facilmente dimostrare il

TEOREMA VI : *Se esiste una funzione $w \in C(E)$ tale che*

$$(23) \qquad\qquad E(w) + c^* w > 0 \qquad\qquad \text{in} \quad A + \Sigma$$

$$(23') \qquad\qquad w \leq 0 \qquad\qquad \text{in} \quad A + \Sigma$$

$$(23'') \qquad\qquad w < -\,|\,b\,| \qquad\qquad \text{su} \quad \overline{\Sigma^{(1)}} + \overline{\Sigma^{(2)}}$$

$$(23''') \qquad a^{(l)} \frac{\partial w}{\partial l} - (b^{(l)} - \alpha\, a^{(l)})\, w > 0 \quad \text{su} \quad \overline{\Sigma^{(3)}}$$

allora vale la (22) *per ogni* v *di* $C(E)$ *e quindi esiste almeno una soluzione « debole » di* (17) - (18), *qualunque siano* $f \in \mathcal{L}^{(2)}(A)$, $\mu_2 \in \mathcal{L}^{(2)}(\Sigma^{(2)})$, $h \in \mathcal{L}^{(2)}(\Sigma^{(3)})$.

La validità della (22) è, nelle ipotesi fatte su w, una facile conseguenza della formula di Green (13) del n. 2 scritta ponendo w al posto di u e v^2 al posto di v.

È bene mettere in evidenza il

COROLLARIO : *Se* $a^{(l)} > 0$ *su* $\overline{\Sigma^{(3)}}$, $\alpha \leq 0$ *su* $\overline{\Sigma^{(3)}}$ *e* $c(x) < -M$ *in* $A + \Sigma$ (*essendo* M *una costante positiva opportunamente grande*) *allora la funzione* w *soddisfacente alle* (23)...(23''') *esiste certamente e quindi esiste la soluzione « debole » per ogni terna* (f, μ_2, h).

Si prenda infatti, come è ora possibile essendo $a^{(l)} > 0$ su $\overline{\Sigma^{(3)}}$, una funzione $w \in C(E)$ e tale che

$$w < 0 \text{ in } A + \Sigma, \quad w < -\,|\,b\,| \text{ su } \overline{\Sigma^{(1)}} + \overline{\Sigma^{(2)}}$$

$$a^{(l)} \frac{\partial w}{\partial l} - b^{(l)} w > 0 \text{ su } \overline{\Sigma^{(3)}}$$

La (23''') è verificata di conseguenza essendo $\alpha \leq 0$; e se $c < -M$, con M sufficientemente grande, è ovvio che w verifica anche la (23).

Si osservi a proposito dell'ipotesi $a^{(l)} > 0$ su $\overline{\Sigma^{(3)}}$ che essa in sostanza si riduce a supporre $a^{(l)} > 0$ sul bordo di $\Sigma^{(3)}$, perchè negli altri punti di $\Sigma^{(3)}$ $a^{(l)}$ è già in ogni caso positivo, per il modo come è definito (v. n. 3).

Si può ora porre la questione dell'unicità della soluzione « debole » così trovata; il problema è aperto, e in particolare è aperto il problema di sapere se nelle ipotesi del teorema II del n. 3, in cui c'è l'unicità della soluzione nella classe $C(E)$, c'è anche l'unicità della soluzione « debole ». Possiamo solo osservare che dal teorema V di Fichera segue che l'unicità della soluzione « debole » equivale ad un teorema di completezza hilbertiana e precisamente:

TEOREMA VII. *Condizione necessaria e sufficiente per l'unicità della soluzione « debole » di (17)-(18) è che i vettori di componenti* $E^*(v)$ *in* A *,* $a^{(\lambda)} \dfrac{\partial v}{\partial \lambda} - (b^{(l)} - \alpha\, a^{(l)})\, v$ *su* $\Sigma^{(3)}$, $b\, v$ *su* $\Sigma^{(1)}$ *costituiscano una base al variare di* v *in* $C(E)$ *per lo spazio di Hilbert dei vettori di componenti* f_1 *di classe* $\mathcal{L}^{(2)}(A)$, f_2 *di classe* $\mathcal{L}^{(2)}(\Sigma^{(2)})$, *e* bf_3 *di classe* $\mathcal{L}^{(2)}(\Sigma^{(1)})$.

Ritorneremo in seguito nel caso totalmente ellittico e parabolico del tipo del calore sul problema dell'unicità.

Altri problemi interessanti e tuttora aperti relativi alle soluzioni « deboli » sono i seguenti.

L'uso del principio esistenziale del FICHERA (teorema V) permette di studiare il problema (17)-(18) quando esso sia risolubile per *ogni* terna (f, μ_2, h) dei dati e dunque in ipotesi *presumibilmente* di unicità. In generale però non ci si troverà in queste condizioni, ma è *presumibile* che debba valere un teorema dell'alternativa. Come è d'abitudine in questioni di questo tipo si può allora tentare, una volta risolto il problema nei casi di unicità, di tradurre il caso generale in un'equazione funzionale del tipo di Riesz. Ma la cosa potrà presentare difficoltà. Una nuova via utile da seguire per il conseguimento del teorema dell'alternativa può essere anche l'uso di un principio esistenziale di S. FAEDO [5], estensione del teorema V sopradetto; ma per esso e per la sua applicazione al problema (17)-(18) si veda la conferenza di S. Faedo unita al presente corso.

Prima di chiudere questo numero sullo studio esistenziale del problema (17)-(18) dal punto di vista delle soluzioni deboli è necessario segnalare due recenti interessanti lavori di J. L. LIONS [12a,b] sull'esistenza di una soluzione debole diversa da quella da noi introdotta; in essi il problema regolare è studiato addirittura per equazioni d'ordine qualunque, trattasi però dei soli casi delle equazioni ellittiche e di una classe particolare di quelle del tipo del calore e lo studio delle condizioni al contorno è fatto in modo meno preciso di quanto noi faremo nei seguenti n. 5. e 8 per la soluzione da noi considerata (*).

_____

(*) Durante la correzione delle bozze sono venuto a conoscenza di un nuovo lavoro di J. L. LIONS, che uscirà sui Reports dell'University of Kansas, Lawrence,

n. 5. *Il caso dell'equazione · ellittica : « regolarizzazione » della soluzione debole, il teorema di inversione della formula di Green.*

Nel n. precedente abbiamo considerato l'esistenza di una soluzione « debole » del problema. Si pone ora la questione di vedere se essa è anche soluzione « forte », cioè se possiede ulteriori proprietà di regolarità, che dipenderanno ovviamente dal tipo di operatore differenziale considerato. Il problema è quanto mai complesso in generale. Ci limiteremo perciò a studiare il caso ellittico e quello parabolico del tipo del calore.

Iniziamo dal caso ellittico; in questo caso $\Sigma^{(3)}$ coincide con tutto Σ, che supporremo dunque per semplicità essere un'unica superficie regolare di classe C^2. Manteniamo anche le altre ipotesi fatte nei nn. 3 e 4 sui coefficienti di $E(u)$ e sull'asse l e su α.

Il problema regolare diventa ora

(17) $$E(u) = f \text{ in } A$$

(18') $$\frac{\partial u}{\partial l} + \alpha u = h \text{ su } \Sigma$$

Osserviamo che ora risulta $a^{(l)} > 0$ in tutto Σ. Il corollario del teorema VI ci assicura dunque la validità del

TEOREMA VIII. *Se $E(u)$ è ellittico in $A + \Sigma$, $\alpha \leq 0$ su Σ e $c(x) < -M$ su $A + \Sigma$ (con M sufficientemente grande) esiste una soluzione debole del problema « regolare » e precisamente : assegnate comunque due funzioni $f \in \mathcal{L}^{(2)}(A)$ e $h \in \mathcal{L}^{(2)}(\Sigma)$ esistono in corrispondenza due funzioni $u \in \mathcal{L}^{(2)}(A)$ e $\mu \in \mathcal{L}^{(2)}(\Sigma)$ tali che risulti*

(24)
$$\int_{\Sigma} a^{(l)} h v \, d\sigma + \int_{A} f v \, dx = \int_{\Sigma} \mu \left[a^{(\lambda)} \frac{\partial v}{\partial \lambda} - \right.$$
$$\left. - (b^{(l)} - \alpha \, a^{(l)}) v \right] d\sigma + \int_{A} u \, E^*(v) \, dx$$

per ogni $v \in C(E)$.

La « regolarizzazione » di tale soluzione « debole » nell'interno di A, cioè lo studio delle proprietà differenziali di u nell'interno di A è un fatto ormai ben noto, trattandosi di un'equazione ellittica ; esso non è legato alle condizioni al contorno ed è comune agli altri problemi al contorno (problema di Dirichlet e di Neumann o misto). Non ci soffermeremo perciò su di esso rimandando per

june 1957, nel quale il problema regolare per le equazioni paraboliche del tipo del calore in domini cilindrici è studiato dal punto di vista esistenziale mediante un procedimento, introdotto per lo studio dei problemi di propagazione per la prima volta da S. FAEDO.

notizie più precise e indicazioni a [13d]. Ci limiteremo solo a osservare che, usando ad esempio i ragionamenti svolti da L. Amerio in [1], si può dimostrare che se u è soluzione « debole » del problema, essa verifica anche le seguenti *formule di Green*:

(25) $\qquad u(x) = $

(25′) $\qquad\qquad 0 = $

$$\left.\begin{array}{c}\\\\\end{array}\right\} - \int_A f(y)\, s(x,y)\, d\,y + \int_\Sigma \mu(y)\left\{a^{(\lambda)}(y)\frac{\partial\, s(x,y)}{\partial\,\lambda_y} - \right.$$

$$\left. - [b^{(l)}(y) - \alpha(y)\, a^{(l)}(y)]\, s(x,y)\right\}d\,\sigma_y - \int_\Sigma a^{(l)}(y)\, h(y)\, s(x,y)\, d\,\sigma_y$$

rispettivamente per x quasi-ovunque in A e per x esterno ad A, dove $s(x,y)$ è una soluzione fondamentale dell'equazione $E(u) = 0$; dunque in particolare *se* $f \epsilon \mathcal{L}^{(2)}(A)$, u *ha derivate seconde di quadrato sommabile in ogni dominio interno ad* A *e verifica quasi ovunque in* A *l'equazione* $E(u) = f$, *se* f *è inoltre localmente hölderiana in* A, u *ha derivate seconde localmente hölderiane in* A *e verifica la* $E(u) = f$ *in ogni punto di* A.

Questa osservazione è assai utile anche per l'ulteriore problema della « regolarizzazione » della soluzione « debole » : la « regolarizzazione alla frontiera », cioè l'interpretazione della condizione al contorno (18′). Poichè u verifica le (25)-(25′) si può infatti utilizzare il cosidetto *teorema di inversione delle formule di Green* sul quale ora ci soffermeremo.

TEOREMA IX. *Se* f, μ, h, u *sono funzioni rispettivamente di classe* $\mathcal{L}^{(2)}(A)$, $\mathcal{L}^{(1)}(\Sigma)$, $\mathcal{L}^{(1)}(\Sigma)$, $\mathcal{L}^{(1)}(A)$ *e verificano la* (25) *per quasi-tutti gli* x *di* A *e la* (25′) *per tutti gli* x *esterni ad* A, *allora si ha, per quasi tutti i punti* ξ *di* Σ :

$$\lim_{x\to\xi(\text{su } \nu_\xi)} u(x) = \mu(\xi)\,;\quad \lim_{x\to\xi(\text{su } \nu_\xi)}\left[\frac{\partial\, u(x)}{\partial\, l_\xi} + \alpha(\xi)\, u(x)\right] = h(\xi)$$

Questo teorema è dovuto a L. AMERIO [1] nel caso che $l \equiv \nu$ su Σ. Per il caso $l \not\equiv \nu$ si veda [13b] e [13c]; la dimostrazione data in [13b] ricorre alla teoria degli integrali e delle equazioni integrali singolari, teoria che può in realtà evitarsi, con dimostrazione assai più semplice, come è fatto in [13c] e come ora vedremo; un teorema analogo, relativo al sistema all'elasticità, trovasi già in un lavoro di G. FICHERA [6d].

Il teorema IX segue immediatamente dal preventivo studio di certe formule limiti dei potenziali generalizzati di dominio, di semplice strato e di doppio strato obliquo:

$$w_1(x) = \int_A \delta_1(y)\, s(x,y)\, d\,y,$$

$$w_2(x) = \int_\Sigma \delta_2(y)\, s(x,y)\, d\,\sigma_y,$$

$$w_3(x) = \int_\Sigma \delta_3(y)\, \frac{\partial\, s(x,y)}{\partial\, \lambda_y}\, d\,\sigma_y;$$

e precisamente: per quasi-tutti gli ξ di Σ si ha

$$(26)\quad \lim [w_1(x') - w_1(x)] = 0\,; \quad (26')\ \lim \left[\frac{\partial\, w_1(x')}{\partial\, l_\xi} - \frac{\partial\, w_1(x)}{\partial\, l_\xi}\right] = 0\,;$$

$$(27)\quad \lim [w_2(x') - w_2(x)] = 0\,; \quad (27')\ \lim \left[\frac{\partial\, w_2(x')}{\partial\, l_\xi} - \frac{\partial\, w_2(x)}{\partial\, l_\xi}\right] = \frac{\delta_2(\xi)}{a^{(l)}(\xi)}\,;$$

$$(28)\qquad\qquad \lim [w_3(x') - w_2(x)] = -\frac{\delta_3(\xi)}{a^{(\lambda)}(\xi)}\,;$$

$$(28')\qquad\qquad \lim \left[\frac{\partial w_3(x')}{\partial\, l_\xi} - \frac{\partial w_3(x)}{\partial\, l_\xi}\right] = \frac{b^{(l)}(\xi)\, \delta_3(\xi)}{a^{(l)}(\xi)\, a^{(\lambda)}(\xi)}$$

dove $x \to \xi$ su ν_ξ^+ e x' è il simmetrico di x rispetto a ξ su ν_ξ.

Queste formule sono ben note nel caso $l = \nu$ (v. ad es. l'esposizione contenuta nella monografia [16a] di C. MIRANDA, cui rinvio senz'altro per tutte quelle proprietà di teoria del potenziale ormai note, che avremo bisogno di ricordare qui e nel seguito).

Nel caso $l \neq \nu$, rimanendo ovviamente immutate le (26), (26') (27), occorre dimostrare le (27'), (28), (28'); esse si possono dimostrare direttamente con artifici e ragionamenti del tutto analoghi a quelli che si usano nel caso $l = \nu$, opportunamente completati. (Si veda ad es. per la (28') [14]).

Ci limiteremo qui per semplicità a dàrne la dimostrazione nel caso che sia $E(u) \equiv \Delta_2 u$ e $m = 3$, usando però di un diverso artificio, che ci sarà utile anche in altra questione. Le dimostrazioni si possono ripetere anche nel caso di $E(u)$.

Dimostriamo dapprima la (27′). Sia $\delta_2(y)$ sommabile su Σ e sia ξ un punto di Lebesgue per $\delta_2(y)$. Nell'intorno di ξ Σ si può rappresentare, prendendo come piano (y_1, y_2) il piano tangente a ξ con origine in ξ e come y_3 l'asse n_ξ, mediante l'equazione :

$$y_3 = \varphi(y_1, y_2),$$

dove φ è $\in C^{(2)}(\mathcal{I})$ in un intorno $\mathcal{I}$ dell'origine e $\varphi(o, o) = 0$. Diciamo Γ_r il cerchio del piano (y_1, y_2) determinato da $y_1^2 + y_2^2 \leq r^2$ e Σ_r la porzione di Σ che si proietta su Γ_r. Supponiamo per semplicità [7] che sia $\delta_2(\xi) = 0$, cioè che :

$$(29) \qquad \int_{\Sigma_r} \delta_2(y)\, d\sigma = o(r^2).$$

Poichè la (27′) è nota per $l_\xi = n_\xi$ (si ricordi che in questo caso $n \equiv \nu$), basterà prendere in considerazione le sole derivate « tangenziali » di $w_2(x)$ e dimostrare che il loro « salto » è zero, cioè ancora dimostrare che :

$$\lim_{x_3 \to 0} \left[\frac{\partial\, w_2(x')}{\partial\, x_i} - \frac{\partial\, w_2(x)}{\partial\, x_i} \right] = 0 \qquad\qquad (i = 1, 2)$$

quando

$$x_3 > 0 \ \text{e}\ x \equiv (o, o, x_3), \quad x' \equiv (o, o, -x_3).$$

Per le proprietà di φ è possibile determinare quattro numeri positivi $p, q, H, R\,(R < 1)$ tali che per ogni (y_1, y_2) di Γ_r e qualunque sia x_3 si abbia, posto $\varrho = \sqrt{y_1^2 + y_2^2}$,

$$(30) \quad \begin{cases} |\varphi(y_1, y_2)| \leq H\varrho^2, \quad |\varphi'_{y_i}(y_1, y_2)| \leq H\varrho \qquad (i = 1, 2) \\[2mm] p(\varrho^2 + x_3^2) < \begin{array}{c} \overline{x\,y} \\ \diagup \quad \diagdown \\ \overline{x'y} \end{array} < q(\varrho^2 + x_3^2) \end{cases}$$

---

[7] Basta ricordare che se δ_2 è costante la (7′) scende immediatamente dalle formule di Green e ricondursi quindi al caso $\delta_2(\xi) = 0$.

Supposto $x_3 < R$ e indicato con Γ_{R,x_3} la corona circolare $x_3^2 \leq \varrho^2 \leq R^2$ si ha allora :

$$\frac{\partial w_2(x')}{\partial x_i} - \frac{\partial w_2(x)}{\partial x_i} = \int_{\Sigma - \Sigma_R} \delta_2(y) \left[\frac{\partial s(x',y)}{\partial x_i} - \frac{\partial s(x,y)}{\partial x_i} \right] d\sigma_y +$$

$$+ \int_{\Gamma_{R,x_3}} \delta_2(y_1, y_2) \left[\frac{\partial s(x',y)}{\partial x_i} - \frac{\partial s(x,y)}{\partial x_i} \right] \sqrt{1 + \varphi_{y_1}'^2 + \varphi_{y_2}'^2} \, dy_1 \, dy_2 +$$

$$+ \int_{\Gamma_{x_3}} \delta_2(y_1, y_2) \left[\frac{\partial s(x',y)}{\partial x_i} - \frac{\partial s(x,y)}{\partial x_i} \right] \sqrt{1 + \varphi_{y_1}'^2 + \varphi_{y_2}'^2} \, dy_1 \, dy_2$$

dove $\delta_2(y_1, y_2) = \delta_2(y)$ per $y \equiv [y_1, y_2, \varphi(y_1, y_2)]$.

Il primo integrale tende a zero ovviamente per $x_3 \to 0$.

Per il secondo, osserviamo che per le (30) si ha (v. ad es. [6a]):

$$\frac{\partial}{\partial x_i} \left[\frac{1}{x'y} - \frac{1}{xy} \right] = O\left(\frac{\varrho \, x_3}{(\varrho^2 + x_3^2)^{3/2}} \right).$$

Posto $y_1 = \varrho \cos \theta$, $y_2 = \varrho \operatorname{sen} \theta$; $\chi(\varrho, \theta) = |\delta_2(y_1, y_2) \sqrt{1 + \varphi_{y_1}'^2 + \varphi_{y_2}'^2}|$,

$\psi(\varrho) = \int_0^{\varrho} \int_0^{2\pi} \chi(r, \theta) \, r \, dr \, d\theta$, si ha per (29) $\psi(\varrho) = o(\varrho^2)$ e :

$$\left| \int_{\Gamma_{R,x_3}} \right| = O\left(\int_{x_3}^{R} d\varrho \int_0^{2\pi} \frac{\chi(\varrho, \theta) \, \varrho^2 \, x_3}{(\varrho^2 + x_3^2)^{3/2}} \, d\theta \right) =$$

$$= O\left(\int_{x_3}^{R} \frac{\psi'(\varrho) \, x_3 \, \varrho}{(\varrho^2 + x_3^2)^{3/2}} \, d\varrho \right) = (\text{integrando per parti}) = o(x_3).$$

Analogamente :

$$\left| \int_{\Gamma_{R,x_3}} \right| = O\left(\int_0^{x_3} d\varrho \int_0^{2\pi} \frac{\chi(\varrho, \theta) \, \varrho^2 \, x_3}{(\varrho^2 + x_3^2)^{3/2}} \, d\theta \right) = o(x_3) .$$

Analogamente si dimostra la (28).

Circa la (28′), constatato anche qui che essa è immediata se δ_3 è costante, ci si può mettere nelle stesse condizioni per ξ e δ_3 di prima. Si ha allora, detti $l_\xi^{(i)}$ e $\lambda_\xi^{(i)}$ $(i = 1, 2, 3)$ i coseni direttori di l_ξ e λ_ξ

$$\frac{\partial^2 s\,(x\,,\,y)}{\partial l_\xi\,\partial \lambda_y} = \frac{1}{4\,\pi} \sum_{i,j}^{1,3} l_\xi^{(i)} \frac{\partial}{\partial x_i} \lambda_y^{(j)} \frac{\partial}{\partial y_i} \cdot \frac{1}{xy}\;.$$

Tenendo conto che $\lambda_y^{(i)} \in C^{(1)}\,(\Sigma)$ e che $\lambda_\xi^{(1)} = -\,l_\xi^{(1)}$, $\lambda_\xi^{(2)} = -\,l_\xi^{(2)}$, $\lambda_\xi^{(3)} = l_\xi^{(3)}$, la differenza

$$\frac{\partial^2}{\partial l_\xi\,\partial \lambda_y} [s\,(x'\,,\,y) - s\,(x\,,\,y)] \quad \text{risulta} \quad O\!\left(\frac{x_3}{(\varrho^2 + x_3^2)^{3/2}}\right)$$

per y su Σ_R.

I calcoli relativi sono del tutto analoghi a quelli che si fanno nel caso $l = n$ (v. ad es. [6a]), accanto a note espressioni che compaiono per $l = n$ si trovano ora espressioni del tipo:

$$\left| \frac{1}{x'y^5} - \frac{1}{xy^5} \right| \{y_1^2 + |\,y_1\,y_2\,| + y_2^2 + |\,\lambda_y^{(3)} - \lambda_\xi^{(3)}\,|\,|\,y_1\,| + |\,\lambda_y^{(3)} - \lambda_\xi^{(3)}\,|\,|\,y_2\,|\}$$

che è facile maggiorare con $K \dfrac{x_3}{(\varrho^2 + x_3^2)^{3/2}}$ (K costante).

Ragionando allora come sopra, ci si riduce in definitiva a dimostrare che sono infinitesimi con x_3 gli integrali:

$$\int_{x_3}^{R} \frac{x_3\,\psi'\,(\varrho)}{(\varrho^2 + x_3^2)^{3/2}}\,d\varrho \quad \text{e} \quad \int_0^{x_3} \frac{x_3\,\psi'\,(\varrho)}{(\varrho^2 + x_3^2)^{3/2}}\,d\varrho\,,$$

il che si ottiene subito integrando per parti.

Il teorema IX è dunque dimostrato.

Applicando ora questo teorema alla soluzione « debole », di cui si è detto nel teorema VIII si ha così un'interpretazione e una precisazione delle condizioni al contorno.

TEOREMA X: *Se $E\,(u)$ è ellittico in $A + \Sigma$, ogni soluzione « debole » del problema regolare verifica anche le (25) - (25′) e di conseguenza le*

$$\lim_{x \to \xi\,(\text{su }\nu_\xi)} u\,(x) = \mu\,(\xi); \qquad \lim_{x \to \xi\,(\text{su }\nu_\xi)} \left[\frac{\partial u\,(x)}{\partial l_\xi} + \alpha\,(\xi)\,u\,(x) \right] = h\,(\xi)$$

per ξ quasi ovunque su Σ.

n. 6 *Il problema della « regolarizzazione » sulla frontiera della soluzione « debole » nel caso ellittico.*

Abbiamo dunque dato un'interpretazione della (18') per la soluzione debole precedentemente trovata. Ci si domanda però ora se è possibile, facendo su f e h ulteriori ipotesi di regolarità, per es. f hölderiana in A e h hölderiana su Σ, « regolarizzare » ulteriormente u su Σ.

Nel caso $l \equiv \nu$ si può procedere così, come è noto (v. [6b]): si passa al limite nelle (25) per $x \to \xi$ su ν_ξ^+; sfruttando altre note formule limiti, in particolare la:

$$(31) \qquad \lim_{x \to \xi \, (\text{su } \nu_\xi^+)} w_3(x) = \frac{\delta_3(\xi)}{2\,a^{(\nu)}(\xi)} + \int_\Sigma \delta_3(y) \frac{\partial\,s(\xi,y)}{\partial\,\nu_y}\, d\,\sigma_y$$

valida per quasi-tutti gli ξ di Σ, si ottiene la:

$$(32) \quad \frac{\mu(\xi)}{2} = \int_\Sigma \mu(y) \left\{ a^{(\nu)}(y) \frac{\partial\,s(\xi,y)}{\partial\,\nu_y} - [b^{(\nu)}(y) - \alpha(y)\,a^{(\nu)}(y)]\,s(\xi,y) \right\} d\sigma_y -$$

$$- \int_\Sigma a^{(\nu)}(y)\,h(y)\,s(\xi,y)\,d\sigma_y - \int_A f(y)\,s(\xi,y)\,d\,y$$

Dunque μ è soluzione di un'equazione integrale ordinaria con nucleo $O\left(\dfrac{1}{\xi\,y^{m-2}}\right)$ e con termine noto $\in C^{1,h}(\Sigma)$ per note proprietà di teoria del potenziale; con semplici iterazioni si ottiene che $\mu \in C^{1,h}(\Sigma)$ e quindi $u(x) \in C^{1,h}(A+\Sigma)$ e la (18') è verificata con continuità in tutti i punti di Σ.

Nel caso $l \neq \nu$ il procedimento indicato porta invece alla considerazione di integrali singolari ed equazioni integrali singolari. Il nucleo $\dfrac{\partial\,s(\xi,y)}{\partial\,\lambda_y}$ è infatti un nucleo di integrale singolare nel senso di Giraud [9 b, c]. Formalmente la (31) e la (32) andrebbero sostituite dalle:

$$(33) \qquad \lim_{x \to \xi \, (\text{su } \nu_\xi^+)} w_3(x) = \frac{\delta_3(\xi)}{2\,a^{(\lambda)}(\xi)} + \int_\Sigma^* \delta_3(y) \frac{\partial\,s(\xi,y)}{\partial\,\lambda_y}\, d\,\sigma_y$$

$$(34) \quad \frac{\mu(\xi)}{2} = \int_{\overset{*}{\Sigma}} \mu(y) \left\{ a^{(l)}(y) \frac{\partial s(\xi, y)}{\partial \lambda_y} - [b^{(l)}(y) - a^{(l)}(y) \alpha(y)] s(\xi, y) \right\} d\sigma_y -$$

$$- \int_{\Sigma} a^{(l)}(y) h(y) s(\xi, y) d\sigma_y - \int_{A} f(y) s(\xi, y) dy$$

dove negli integrali singolari si assumano come domini di esclusione quelle porzioni di Σ, che si proiettano sull'iperpiano tangente in ξ a Σ, nell'intersezioni di questo iperpiano con gli iperellissoidi definiti dalle limitazioni

$$\overset{1,m}{\underset{h,k}{\Sigma}} A_{hk}(\xi)(x_h - \xi_h)(x_k - \xi_k) \leq \varrho^2 \quad \left(A_{hk} = \frac{\text{complemento algebrico di } a_{hk}}{\det \| a_{hk} \|} \right)$$

Ma naturalmente si pongono quì varie questioni circa la validità della (33) e le proprietà dell'equazione integrale singolare (34): *esisterà l'integrale principale? Esisterà il* $\lim\limits_{x \to \xi} w_3(x)$? *Varrà ancora la* (33)? *Quali proprietà di regolarità avrà la* $u(y)$ *in quanto soluzione di* (34)? Si osservi che le questioni si pongono anche se si sono supposte h e f regolari finchè si vuole, poichè di μ sappiamo solo, dal teorema di esistenza, che è $\mathcal{L}^{(2)}(\Sigma)$.

D'altra parte la validità della (33) e lo studio dell'equazione (34) sono finora completamente noti solo nel caso che μ sia hölderiana su Σ (si veda GIRAUD [9 b, c], TRJITZINSKY [22]; e si osservi che la maggior parte dei recenti risultati di S. G. MIHLIN [15] e A. P. CALDERON - A. ZYGMUND [2 a, b, c] si riferiscono a integrali estesi a iperpiani e non a ipersuperficie e ciò non basta al nostro scopo).

Rimane dunque aperto il problema della regolarizzazione sulla frontiera della soluzione « debole » da noi trovata

n. 7 *Cenno sulla traduzione del problema nel caso ellittico in equazioni integrali singolari.*

Come già si è accennato nel n. 1, il problema regolare nel caso ellittico può essere studiato anche attraverso la teoria delle equazioni integrali singolari. I primi lavori di G. GIRAUD [9 a, b, c] sull'argomento seguono infatti tale indirizzo. Se si cerca la soluzione del problema (17) - (18') come somma di un potenziale di dominio e di uno di semplice strato si arriva ad un sistema di equazioni o ad una equazione integrale singolare analoghe all'equazione (34); ad esempio se $f \equiv 0$ e si cerca la soluzione u nella forma $w_2(x)$ (potenziale di semplice strato)[8] si arriva dapprima alla formula limite

$$(35) \quad \lim_{x \to \xi \ (\text{su } \nu_\xi^+)} \frac{\partial w_2(x)}{\partial l_\xi} = - \frac{\delta_2(\xi)}{2 \, a^{(l)}(\xi)} + \int_\Sigma^* \delta_2(y) \frac{\partial s(\xi, y)}{\partial l_\xi} \, d\sigma_y$$

e poi all'equazione integrale singolare

$$(36) \quad \frac{\delta_2(\xi)}{2 \, a^{(l)}(\xi)} = \int_\Sigma^* \delta_2(y) \left\{ \frac{\partial s(\xi, y)}{\partial l_\xi} + \alpha(\xi) s(\xi, y) \right\} d\sigma_y - h(\xi)$$

dove il nucleo $\dfrac{\partial s(\xi, y)}{\partial l_\xi}$ è singolare, come $\dfrac{\partial s(\xi, y)}{\partial \lambda_y}$, nel senso di Giraud. Ma come già dicemmo non è nostra intenzione esporre qui per esteso questo procedimento; vogliamo però rilevare che attraverso di esso il problema è stato finora studiato solo in ipotesi di sufficiente regolarità sui dati h e f: h hölderiana su Σ e f hölderiana su $A + \Sigma$. È possibile pervenire addirittura al *teorema dell'alternativa*, nella stessa forma che si ottiene ad es. per il problema di Neumann, la soluzione essendo intesa in senso « forte » (rappresentabile in sostanza con potenziali di dominio e di semplice strato con densità hölderiane).

Ma il procedimento presenta difficoltà, e proprio del tipo di quelle ore viste nel numero precedente, quando si facciano sui dati ipotesi meno restrittive (per es. già se si supponesse h solamente continuo su Σ). Si considerino infatti ad es. le (35) e (36): *in quali ipotesi più generali della hölderianità di δ_2 e h vale la* (35) *e si può studiare la equazione* (36)?

Sono ovviamente questioni del tutto analoghe a quelle poste nel numero precedente per la (33) e la (34); entrambi i procedimenti, quello sviluppato nei numeri 2-6 e quello ora accennato, portano dunque a problemi di teoria delle equazioni integrali singolari finora non completamente risolti (si veda anche in proposito il corso parallelo del prof. Zygmund).

---

(8) E si osservi che può anche essere necessario che detti potenziali siano relativi non a $E(u)$ ma all'operatore variato, attraverso un opportuno parametro λ, $E(u) - \lambda u$. Si veda oltre ai lavori citati di Giraud, anche l'esposizione del procedimento contenuta in [16 a, n. 23] e in [16 b].

n. 8 *Traduzione del problema nel caso ellittico in equazioni integrali (non singolari) di Fredholm.*

Noi vedremo ora come possano evitarsi tali questioni di integrali singolari studiando il problema (17) - (18') con un procedimento (Oseen [17]; Giraud [9 *d*]) che permette di tradurre il problema in equazioni integrali ordinarie di Fredholm. Così facendo, non solamente risolveremo (17) - (18') ma potremo anche, come conseguenza, rispondere ad alcune delle questioni ora sollevate sugli integrali singolari.

L'idea iniziale consiste nel rappresentare la soluzione attraverso integrali di dominio e di superficie del tipo:

$$(37) \qquad v(x) = - \int_A \varrho(y) \, H(x,y) \, dy + \int_\Sigma \psi(y) \, H(x,y) \, d\sigma_y$$

dove però alla soluzione fondamentale $s(x,y)$ *viene sostituito un nucleo* $H(x,y)$, *avente in comune con essa la singolarità quando* $x \to y$ *(del tipo cioè* $O\left(\dfrac{1}{\overline{x \, y}^{m-2}}\right)$*), ma che dipenda anche dal dominio* $A + \Sigma$ *e dall'asse* l_y, *in modo che per* $x \to \xi$ *(* ξ *e* y *su* Σ*) il comportamento di* $\dfrac{\partial H(x,y)}{\partial_x l_\xi}$ *([9]) sia dello stesso tipo della* $\dfrac{\partial s(x,y)}{\partial_x \nu_\xi}$ *e quindi che*

$$(38) \qquad \frac{\partial H(\xi,y)}{\partial_\xi l_\xi} = O\left(\frac{1}{\overline{\xi y}^{m-1-\varepsilon}}\right) \qquad (0 < \varepsilon \le 1),$$

e inoltre che sia $\qquad E_x[H(x,y)] = O\left(\dfrac{1}{\overline{x \, y}^{m-\varepsilon}}\right)$

Una $H(x,y)$ siffatta si potrà chiamare nucleo ausiliario. Attraverso di essa il problema è ricondotto al sistema di equazioni inte-

---

([0]) A scanso di equivoci, in questo numero e nel seguito col simbolo $\dfrac{\partial}{\partial_x l_y}$ e analoghi intenderemo la derivazione fatta rispetto alla variabile x, lungo la direzione l_y.

grali ordinarie nelle incognite ϱ e ψ

$$(39) \begin{cases} \varrho\,(x) - \int_A E_x\,[H(x,y)]\,\varrho\,(y)\,d\,y + \int_\Sigma E_x\,[H(x,y)]\,\psi\,(y)\,d\,\sigma_y = f\,(x),\ x \in A. \\[2ex] -\dfrac{\psi\,(\xi)}{2} - \int_A \left[\dfrac{\partial\,H\,(\xi,y)}{\partial_\xi\,l_\xi} + \alpha\,(\xi)\,H\,(\xi,y)\right]\varrho\,(y)\,d\,y + \\[2ex] + \int_\Sigma \left[\dfrac{\partial\,H\,(\xi,y)}{\partial_\xi\,l_\xi} + \alpha\,(\xi)\,H\,(\xi,y)\right]\psi\,(y)\,d\,\sigma_y = h\,(\xi),\quad \xi \in \Sigma \end{cases}$$

cui si può applicare la teoria di Fredholm.

Il nucleo ausiliario non è evidentemente unico. GIRAUD, che ha studiato il problema per le equazioni ellittiche generali, è partito dal risolvere anzitutto il problema:

$$(40) \qquad \Delta_2\,u + c\,u = f \text{ in } A\ ;\ \frac{\partial\,u}{\partial\,l} = h \text{ su } \Sigma$$

nell'ipotesi c costante < 0, A il semispazio $x_m \geq 0$, l asse costante, f e h infinitesime opportunamente all'∞. Costruito un nucleo ausiliario per (40), Giraud è passato, con una delicata trasformazione, alla costruzione di H nel caso che $E\,(u)$ sia un operatore ellittico con $c < 0$ e $\alpha \leq 0$ ed ha studiato in questo caso il sistema (39) supponendo $f \in C^{0,h}\,(A + \Sigma)$ e $h \in C^0\,(\Sigma)$.

Sorge allora il problema dell'equivalenza tra (17) - (18′) e (39). Si osservi anzitutto che se $\varrho \in C^{0,h}\,(A + \Sigma)$ e $\psi \in C^0\,(\Sigma)$ la $v\,(x)$ data dalla (37) appartiene alla classe $\mathcal{C}$ cui è possibile applicare il teorema III del n. 3.

Ora *se $c < 0$ e $\alpha \leq 0$, (17) - (18′) ha una sola soluzione $\in \mathcal{C}$*, come si è visto nel n. 3 (teorema III); per dedurre che anche (39) ha una ed una sola soluzione, qualunque siano f e h, e dunque l'equivalenza richiesta, Giraud suppone in più che c, oltre che negativo, sia in modulo sufficientemente grande. Probabilmente può bastare supporre $c < 0$, $\alpha \leq 0$, sfruttando il fatto che per $c < 0$ esiste la soluzione fondamentale principale di $E\,(u) = 0$ (previo prolungamento dei coefficienti di $E\,(u)$ in tutto lo spazio).

Ciò ha comunque poca importanza poichè, dimostrata l'esistenza e l'unicità in questo caso particolare, si ottiene l'esistenza della fun-

zione di Green per (17) - (18') $G(x, y)$ [10], con la quale, con artificio noto, si può studiare il problema nel caso generale (c e α qualunque); (17) - (18') si può infatti scrivere introducendo un parametro λ:

$$(41) \qquad E(u) - \lambda u = f - \lambda u; \quad \frac{\partial u}{\partial l} + \alpha u - \lambda u = h - \lambda u$$

Se λ è preso in modo che $c - \lambda < 0$, $\alpha - \lambda \leq 0$ e si possa costruire la funzione di Green col metodo su esposto (basterà pren-
dere $\lambda > 0$ e sufficientemente grande), (il problema (17) - (18') si traduce nell'equazione integrale:

$$u(x) = \lambda \int_A G(x, y) u(y) \, dy - \lambda \int_\Sigma G(x, y) u(y) \, d\sigma_y -$$

$$- \int_A f(y) G(x, y) \, dy + \int_\Sigma h(y) G(x, y) \, d\sigma_y,$$

equivalente al sistema nelle incognite u e μ

$$(42) \quad \begin{cases} u(x) - \lambda \int_A G(x, y) u(y) \, dy + \lambda \int_\Sigma G(x, y) \mu(y) \, d\sigma_y = - \\[2mm] \qquad - \int_A G(x, y) f(y) \, dy + \int_\Sigma G(x, y) h(y) \, d\sigma_y, \, x \in A \\[4mm] \mu(\xi) - \lambda \int_A G(\xi, y) u(y) \, dy + \lambda \int_\Sigma G(\xi, y) \mu(y) \, d\sigma_y = - \\[2mm] \qquad - \int_A G(\xi, y) f(y) \, dy + \int_\Sigma G(\xi, y) h(y) \, d\sigma_y, \, \xi \in \Sigma \end{cases}$$

dove $\mu(\xi)$ è la traccia di $u(x)$ su Σ.

Abbiamo dunque che, nelle ipotesi fatte sui dati ($f \in C^{o,h}(A+\Sigma)$,
$h \in C^{(0)}(\Sigma)$), se cerchiamo la soluzione del problema (17)-(18') nella

---

[10] Per costruire $G(x, y)$ bisogna, com'è noto, risolvere il problema aggiunto
di (17) - (18'), il quale è ancora un problema dello stesso tipo. Pur di prendere
$\alpha \leq 0$ e $c < 0$ e sufficientemente grande anche l'aggiunto si trova nelle condizioni cui applicare il metodo ora esposto.

classe $\mathcal{C}$, il problema stesso si può tradurre in un sistema di equazioni integrali ordinarie di Fredholm ad esso equivalente e precisamente nel sistema (39) se $\alpha \leq 0$ e $c < 0$ e in modulo sufficientemente grande, nel sistema (42) se α e c non verificano queste ultime condizioni.

Si può così ottenere in definitiva li *teorema dell' alternativa* per (17)-(18′) nella stessa forma che per i problemi di DIRICHLET o di NEUMANN: e precisamente

TEOREMA XI: *Nelle ipotesi fatte su* $E(u)$, $A + \Sigma$, l, α, *se* $f \in C^{0,h}(A + \Sigma)$, $h \in C^{(0)}(\Sigma)$ *vale nella classe* $\mathcal{C}$ *per il problema* (17)-(18′) *la seguente alternativa: o il problema omogeneo ammette solo la soluzione nulla identicamente e allora* (17)-(18′) *è risolubile qualunque siano* f *e* h, *oppure il problema omogeneo ammette* q *autosoluzioni linearmente indipendenti e allora* (17)-(18′) *è risolubile allora e allora solo che* f *e* h *soddisfano certe* q *condizioni di compatibilità* (*necessarie e sufficienti*). *Queste condizioni si possono scrivere o attraverso la considerazione del sistema omogeneo aggiunto di* (42) *oppure nella forma*

$$\int_A f w_i \, d x + \int_\Sigma h w_i \, d \sigma = 0 \qquad (i = 1, 2, \ldots q)$$

dove $w_1, \ldots, w_q$ *sono un sistema fondamentale di autosoluzioni linearmente indipendenti del problema omogeneo aggiunto di* (17)-(18′). [11]

È importante *osservare che il procedimento è ora applicabile in ipotesi assai più generali sui dati* f *e* h *di quelle in cui si è messo* Giraud; e precisamente nelle stesse ipotesi in cui si può svolgere la teoria dei potenziali $w_i(x)$ $(i = 1, 2, 3)$ ordinari (v. n. 5 dove però sia $l \equiv \nu$) con gli stessi risultati. E così si potrà supporre $f \in \mathcal{L}^{(2)}(A)$ e $h \in \mathcal{L}^{(1)}(\Sigma)$, arrivando a risolvere il problema (17)-(18′) senza far uso della teoria delle equazioni integrali singolari, evitando così le difficoltà di cui si è detto a proposito dei precedenti metodi (v. n. 6 e 7).

Questa osservazione appare chiara se si prende in particolare in considerazione il sistema (39), supponendo perciò che sia $\alpha \leq 0$ e $c < 0$ e in modulo sufficientemente grande. Siano allora $f \in \mathcal{L}^{(2)}(A)$

---

[11] ll problema omogeneo aggiunto di (17)-(18′) è come è noto il problema

$$E^*(w) = 0 \text{ in } A; \quad a^{(\lambda)} \frac{\partial w}{\partial \lambda} - (b^{(l)} - \alpha a^{(l)}) w = 0 \text{ su } \Sigma$$

e $h \in \mathcal{L}^{(1)}(\Sigma)$ e si cerchino $\varrho \in \mathcal{L}^{(2)}(A)$ e $\psi \in \mathcal{L}^{(1)}(\Sigma)$ in modo che la $v(x)$ data da (37) verifichi le

$$E(v) = f \text{ quasi-ovunque in } A$$

$$\lim_{x \to \xi (\text{su } \nu_\xi)} \left[\frac{\partial\, v(x)}{\partial\, l_\xi} + \alpha(\xi)\, v(x) \right] = h(\xi) \text{ quasi-ovunque su } \Sigma$$

Per le proprietà del nucleo $H(x, y)$ il problema (17)-(18') così impostato si traduce nel sistema (39) che si risolve, in modo unico, anche in queste nuove ipotesi.

L'esposizione dettagliata di questi risultati di Giraud non è però possibile in poco tempo. Per questo ci limiteremo ad un caso particolare, quello trattato inizialmente dall'Oseen. Ciò è già sufficiente per dare un'idea del tipo di difficoltà che si incontrano nel costruire la funzione $H(x, y)$ e nello studiare gli integrali del tipo (37).

Sia dunque il problema

$$(43) \qquad \Delta_2 u = 0 \text{ in } A \,;\, \frac{\partial\, u}{\partial\, l} = h \text{ su } \Sigma$$

nello spazio a tre dimensioni.

Supponiamo inizialmente in dominio $A + \Sigma$ e l'asse l tali che in ogni punto y di Σ il raggio di origine y e opposto a l_y non incontri ulteriormente $A + \Sigma$; per esempio, per fissare le idee, A sia *convesso*.

Avendo fatto $f = 0$ ci si potrà limitare a costruire $H(x, y)$ per $y \in \Sigma$ e $x \in A + \Sigma - y$. Ebbene, si può allora imporre (ecco qui l'idea originale di Oseen) addirittura ad H la condizione:

$$(44) \qquad \frac{\partial\, H(x, y)}{\partial_x\, l_y} = \frac{\partial\, s(x, y)}{\partial_x\, n_y} \qquad \left[s(x, y) = \frac{1}{4\pi} \cdot \frac{1}{xy} \right]$$

e allora, con una semplice integrazione, si ha come funzione ausiliaria la

$$(45) \qquad H(x, y) = \frac{1}{4\pi} \frac{\partial}{\partial_x\, n_y} \log |\overrightarrow{yx} + \overrightarrow{yx} \cdot \overrightarrow{l_y}]$$

dove $\overrightarrow{yx}$ è il vettore di primo estremo y e secondo x e $\overrightarrow{l_y}$ il vettore unitario su l_y; H si può anche scrivere così:

$$(46) \qquad H(x, y) = \frac{1}{4\pi} \cdot \frac{1}{xy} \cdot \frac{\overrightarrow{n_y} (\overrightarrow{l_y} + \overrightarrow{r_{y,x}})}{1 + \overrightarrow{l_y} \cdot \overrightarrow{r_{y,x}}}$$

dove $\vec{n_y}$ e $\vec{r}_{y,x}$ sono i vettori unitari rispettivamente su n_y e $\vec{yx}$.
. $H(x,y)$ è funzione armonica di x in $A + \Sigma - y$ e coincide con
la soluzione fondamentale se $l_y = n_y$; si vede subito da (46) inoltre che esistono due numeri *positivi* m e M tali che:

$$0 < \frac{m}{\overline{xy}} \le H(x,y) \le \frac{M}{\overline{xy}}$$

Cerchiamo dunque la soluzione di (43) nella forma:

$$(47) \qquad v(x) = \int_{\dot{\Sigma}} \psi(y) H(x,y) \, d\sigma_y \quad .$$

Se ξ e $y \in \Sigma$ si ha:

$$\frac{\partial H(x,y)}{\partial_x l_\xi} = \frac{\partial H(x,y)}{\partial_x l_y} + \frac{\partial H(x,y)}{\partial_x l_\xi} - \frac{\partial H(x,y)}{\partial_x l_y} = \frac{\partial s(x,y)}{\partial_x n_y} +$$

$$+ K(\xi,x,y) = -\frac{\partial s(x,y)}{\partial_y n_y} + K(\xi,x,y)$$

dove

$$(48) \quad K(\xi,x,y) = \frac{\partial H(x,y)}{\partial_x l_\xi} - \frac{\partial H(x,y)}{\partial_x l_y} = O\left(\frac{\overline{\xi y}}{\overline{xy}^2}\right) \text{ per } \xi, y \in \Sigma \text{ e } x \in n_\xi^+.$$

in virtù del fatto che l_y è di classe $C^{(1)}(\Sigma)$.

Ma allora, per un noto lemma di teoria del potenziale (v. ad
es. Miranda [16a, pag. 27]) $\dfrac{\partial v(x)}{\partial l_\xi}$ si comporta esattamente come un
potenziale di doppio strato ordinario e si hanno perciò i seguenti
risultati:

a) se $\psi \in \mathcal{L}^{(1)}(\Sigma)$, per quasi-tutti gli ξ di Σ si ha

$$(49) \qquad \lim_{x \to \xi \,(\text{su } n_\xi^+)} \frac{\partial v(x)}{\partial l_\xi} = -\frac{\psi(\xi)}{2} + \int_{\Sigma} \psi(y) \frac{\partial H(\xi,y)}{\partial_\xi l_\xi} \, d\sigma_y$$

$$(50) \qquad \frac{\partial H(\xi,y)}{\partial_\xi l_\xi} = O\left(\frac{1}{\overline{\xi y}}\right)$$

b) se $\psi \in C^{(0)}(\Sigma)$, la (49) è dunque verificata in ogni punto
ξ di Σ e anzi uniformemente rispetto a ξ;

c) se $\psi \in \mathcal{L}^{(2)}(\Sigma)$, $v(x)$ ha derivate prime $\in \mathcal{L}^{(2)}(A)$;

d) se $\psi \in C^{0,h}(\Sigma)$, $v(x)$, che assume su Σ il valore

$$v(\xi) = \int_\Sigma \psi(y) \, H(\xi, y) \, d\sigma_y \,, \quad \text{è di classe } C^{1,h}(\Sigma) \text{ e quindi, essendo}$$

armonica, $\in C^{1,h}(A + \Sigma)$.

È evidente ora che in virtù delle (50) e (49) il problema (43) porta all'equazione integrale ordinaria:

$$(51) \qquad -\frac{\psi(\xi)}{2} + \int_\Sigma \psi(y) \, \frac{\partial H(\xi, y)}{\partial_\xi l_\xi} \, d\sigma_y = h(\xi)$$

cui si può applicare la teoria di Fredholm anche se $h \in \mathcal{L}^{(2)}(\Sigma)$ (ψ si troverà allora essa pure in $\mathcal{L}^{(1)}(\Sigma)$).

Rimane solo da verificare *l'equivalenza di* (51) *e* (43) *e stabilire le condizioni di compatibilità del problema*; per il che basta considerare la (51) nella classe delle h e ψ hölderiana su Σ. Trattandosi di equazioni di Fredholm possiamo procedere nel modo seguente.

L'equazione omogenea di (51) ha senz'altro autosoluzioni, poichè se ciò non fosse, la (51) sarebbe risolubile qualunque fosse h, mentre se h è sempre positivo su Σ, ciò non è possibile per noti risultati sul massimo e minimo delle funzioni armoniche.

Dico che c'è una sola autosoluzione linearmente indipendente. Ricordiamo anzitutto che due soluzioni $\in C$ di (43) possono differire al più per una costante (v. teorema III, n. 3).

Osserviamo poi ancora che se $v(x) \equiv 0$ su Σ (e quindi in $A + \Sigma$), è necessariamente $\psi(x) \equiv 0$ su Σ, cioè il *nucleo* $H(x, y)$ *è chiuso su* Σ. È noto che tale proprietà di chiusura vale per il nucleo $s(x, y)$; la si può dimostrare anche per $H(x, y)$, estendendo proprio il ragionamento che si usa fare per $s(x, y)$. C'è qui la difficoltà che $H(x, y)$ è per ora da noi definita solo per $x \in A + \Sigma - y$. Occorre estendere la definizione anche per $x \in C(A + \Sigma)$ (complementare 'di $A + \Sigma$) in modo opportuno (il secondo membro di (44) non si presta perchè ha una singolarità, se x è sul semiraggio opposto a l_y). Si può procedere ad es. nel modo seguente.

Fissato y su Σ si consideri il problema di Dirichlet esterno

$$\begin{cases} \Delta_2 \, w(x) = 0 & \text{per} \quad x \in C(A + \Sigma) \\ w(x) = H(x, y) & \text{per} \quad x \in \Sigma \\ \lim_{x \to \infty} w(x) = 0 \,. \end{cases}$$

Si otterrà così una funzione $w_y(x)$, per ogni y fissato, la quale dipenderà dal parametro $y \in \Sigma$. Poniamo allora

$$H(x,y) = w_y(x) \quad \text{per} \quad y \in \Sigma \quad \text{e} \quad x \in \mathcal{C}(A + \Sigma).$$

Completata così la funzione $H(x,y)$ al variare di x in tutto lo spazio e di y su Σ è facile verificare, per semplici proprietà di simmetria della $H(x,y)$ [12], che, posto

$$(52) \qquad v(x) = \int_\Sigma \psi(y) H(x,y) \, d\sigma_y$$

anche per $x \in \mathcal{C}(A + \Sigma)$, la funzione $v(x)$, definita dalla (47) per $x \in A + \Sigma$ e dalla (52) per $x \in \mathcal{C}(A + \Sigma)$ risulta continua in tutto lo spazio, nulla su Σ, convergente a zero all'∞, armonica in A e in $\mathcal{C}(A + \Sigma)$ e inoltre, poichè λ_ξ è l'asse simmetrico, rispetto a n_ξ, di l_ξ, verifica la

$$\lim_{x \to \xi \,(\text{su } n_\xi^-)} \frac{\partial v(x)}{\partial \lambda_\xi} = \frac{\psi(\xi)}{2} + \int_\Sigma \psi(y) \frac{\partial H(\xi,y)}{\partial_\xi l_\xi} \, d\sigma_y$$

cosicchè in virtù anche della (49) si ha

$$(53) \qquad \lim_{\substack{x \to \xi \,(\text{su } n_\xi^+) \\ x' \to \xi \,(\text{su } n_\xi^-)}} \left[\frac{\partial v(x')}{\partial \lambda_\xi} - \frac{\partial v(x)}{\partial l_\xi} \right] = \psi(\xi).$$

Se dunque risulta $v(x) \equiv 0$ su Σ (e quindi in A) sarà $v(x) \equiv 0$ anche in $\mathcal{C}(A + \Sigma)$, poichè $v(x) \to 0$ per $x \to \infty$. Dunque la (53) ci dice che $\psi(\xi) \equiv 0$ su Σ.

Ne viene di conseguenza che un'autosoluzione dell'equazione omogenea di (51) dà luogo ad una funzione $v(x)$ costante e $\neq 0$ e dunque detta equazione ha una sola autosoluzione linearmente indipendente. Lo stesso avverrà allora per l'equazione omogenea aggiunta di (51).

---

[12] Se A fosse il semispazio $x_3 > 0$ (e Σ il piano $x_3 = 0$) la funzione $H(x,y)$ per $x \in \mathcal{C}(A + \Sigma)$ si otterrebbe proprio per semplice simmetria rispetto a Σ dalla funzione $H(x,y)$ per $x \in A$.

In virtù del teorema III del n. 3 possiamo allora affermare che c'è equivalenza tra il problema (43) e l'equazione (51), e la condizione di compatibilità per h sarà

$$(54) \qquad \int_{\Sigma} h\,(y)\,\tau\,(y)\,d\,\sigma_y = 0$$

dove $\tau\,(y)$ è un'autosoluzione dell'equazione omogenea aggiunta della (51).

Possiamo in definitiva riassumere i risultati relativi al problema (43) nel seguente

TEOREMA XII. *Supposto* $h \in C^{(0)}\,(\Sigma)$, *il problema* (43) *considerato nella classe* $\mathcal{C}$ *delle funzioni continue in* $A + \Sigma$, *armoniche in* A *e aventi in tutti i punti di* Σ *la derivata* $\dfrac{\partial u}{\partial l}$, *è risolubile allora e allora solo che* h *verifica la* (54), *dove* τ *è un'autosoluzione dell'equazione omogenea aggiunta della* (51); *soddisfatta la* (54) *ogni soluzione si esprime mediante la* (47) *dove* ψ *è una qualunque soluzione dell'equazione* (51).

Supposto invece $h \in \mathcal{L}^{(1)}\,(\Sigma)$ *il problema* (43) *può studiarsi ancora, se si ricerca la soluzione nella classe delle funzioni rappresentabili mediante la* (47) *con* $\psi \in \mathcal{L}^{(1)}\,(\Sigma)$ *e la condizione al contorno si interpreta nel senso*

$$\lim_{x \to \xi\,(\text{su } n_{\xi}^{+})} \frac{\partial v\,(x)}{\partial l_{\xi}} = h\,(\xi) \quad \text{quasi-ovunque su } \Sigma.$$

Condizione necessaria e sufficiente per la risolubilità è sempre la (54) *e tutte le soluzioni si ottengono dalla* (47) *dove* ψ *è una qualunque soluzione della* (51).

Naturalmente anche ora si può interpretare la condizione di compatibilità (54) in termini di problema omogeneo aggiunto di (43) (v. teorema XI).

L'estensione delle cose dette, e in particolare del teorema XII, al caso più generale per il dominio $A + \Sigma$ si può fare in modo analogo, quando si sia costruito un nucleo ausiliario $H\,(x,y)$. Questa costruzione può farsi ad es. nel seguente modo. Per le ipotesi fatte su $A + \Sigma$ (Σ di classe C^2) esiste un numero $d > 0$ tale che per ogni y di Σ gli eventuali punti diversi da y comuni

3

ad $A + \Sigma$ e al raggio opposto a l_y abbiano distanza $> 2\,d$; poniamo allora per $y \in \Sigma$ e $x \in A + \Sigma - y$

$$H(x, y) = \frac{1}{4\pi} \frac{\partial}{\partial_x n_y} \{ \log [\overrightarrow{yx} + \overrightarrow{yx} \cdot \vec{l}_y] - \log [R(x, y) + \vec{R}(x, y) \cdot \vec{l}_y] \}$$

dove $\vec{R}(x, y)$ è il vettore $\overrightarrow{yx} + d\vec{l}_y$ applicato a y e $R(x, y)$ è il suo modulo.

La $H(x, y)$ così costruita gode delle stesse proprietà della (45); in particolare ha, come funzioni di x, nell'intorno di ogni $y \in \Sigma$, lo stesso comportamento della (45); la (44) va però sostituita dalla

$$\frac{\partial H(x, y)}{\partial_x l_y} = \frac{\partial s(x, y)}{\partial_x n_y} + L(x, y)$$

con $L(x, y)$ funzione limitata.

n. 9 *Alcune importanti conseguenze.* — Vediamo ora alcune interessanti conseguenze della traduzione di (17)-(18′) in equazioni integrali ordinarie (v. [13b]).

Introduciamo anzitutto alcune definizioni: indicheremo con $\{u\}$ la classe delle funzioni $u \in \mathcal{L}^{(1)}(A)$, verificanti le formule di Green (25) e (25′), essendo $f \in \mathcal{L}^{(2)}(A)$, $\mu \in \mathcal{L}^{(1)}(\Sigma)$ e $h \in \mathcal{L}^{(1)}(\Sigma)$; con $\{v\}$ la classe delle funzioni rappresentabili dalla (37) (supposto che $H(x, y)$ esista), essendo $\varrho \in \mathcal{L}^{(2)}(A)$ e $\psi \in \mathcal{L}^{(1)}(\Sigma)$; con $\{w\}$ la classe delle funzioni rappresentabili come somma $w_1 + w_2$ di un potenziale di dominio w_1 e di uno di semplice strato w_2, dove la densità δ_1 di w_1 sia $\in \mathcal{L}^{(2)}(A)$ e quella δ_2 di w_2 sia $\in \mathcal{L}^{(1)}(\Sigma)$ e inoltre $s(x, y)$ sia la soluzione fondamentale principale (supposta esistente) di $E(u) = 0$.

Vogliamo mettere tra loro in relazione queste classi.

Anzitutto si dimostra analogamente a quanto ha fatto G. FICHERA [6a,e] per il caso $l \equiv \nu$, il

TEOREMA XIII: *Se $c < 0$ in $A + \Sigma$ e $\alpha \leq 0$ su Σ allora ogni funzione di $\{u\}$ si può rappresentare anche nel seguente modo:*

$$(55) \qquad u(x) = -\int_A G(x, y) f(y)\, dy + \int_\Sigma h(y)\, G(x, y)\, d\sigma_y$$

dove $G(x, y)$ è la funzione di Green del problema (17)-(18′).

Infatti nelle ipotesi fatte per il teorema XI del n. 8 esiste la funzione di Green di (17)·(18′)

$$G(x,y) = s(x,y) - g(x,y)$$

dove $g(x,y)$ si ottiene notoriamente (v. ad es. [16a]) risolvendo il problema aggiunto di (17)·(18′) con i dati dipendenti da $s(x,y)$ ed ϑ, fissato x in A, funzione regolare di y in tutto $A + \Sigma$; è facile allora verificare, come conseguenza del teorema VIII, che per ogni x interno ad A risulta soddisfatta la

$$o = -\int_A f(y)\, g(x,y)\, dy + \int_\Sigma \mu(y) \left\{ a^{(\lambda)}(y) \frac{\partial g(x,y)}{\partial \lambda_y} - \right.$$

$$\left. - [b^{(l)}(y) - \alpha(y)\, a^{(l)}(y)]\, g(x,y) \right\} d\sigma_y - \int_\Sigma a^{(l)}(y)\, h(y)\, s(x,y)\, d\sigma_y$$

da cui tenendo conto della (25) si ha la (55).

Si ha allora immediatamente il teorema di unicità nella classe $\{u\}$ per il problema (17)·(18′) e quindi anche l'unicità della soluzione « debole » da noi introdotta nel n. 4 (infatti ogni tale soluzione appartiene come si è visto nel n. 5 alla classe $\{u\}$. Si ha precisamente:

TEOREMA XIV. *Se $c < 0$ e $\alpha \le 0$ c'è al più una soluzione del problema* (17)·(18′) *nella classe* $\{u\}$: *e dunque c'è al più una soluzione « debole » dello stesso.*

Naturalmente per il teorema VII del n. 4 si possono di qui ricavare *teoremi di completezza* hilbertiana di certi sistemi di funzioni, assai utili nei procedimenti di calcolo approssimato delle soluzioni, quali ad es. il metodo del Picone (v. [19]). Ma su ciò non insistiamo rinviando il lettore per più ampi dettagli ai lavori [1] e [6a] in cui la questione è ampiamente trattata nel caso $l \equiv \nu$; risultati analoghi valgono anche per $l \neq \nu$.

Possiamo ora stabilire le relazioni tra $\{u\}$ e $\{v\}$. Precisamente:

TEOREMA XV. *Se $\alpha \le 0$ e $c < -N$* (con N costante positiva *sufficientemente grande*) *allora $\{u\} \equiv \{v\}$.*

Infatti se $\alpha \le 0$ e $C < 0$, per quanto si è visto nel n. 8, esiste il nucleo $H(x,y)$ e si può dunque considerare la classe $\{v\}$. È allora immediato verificare che ogni v di $\{v\}$ soddisfa anche alle (25) e (25′); basta approssimare in media del secondo ordine ϱ con una successione $\{\varrho_n\}$ di funzioni di classe $C^{0,h}\,(A + \varSigma)$ e in media del primo ordine ψ con una successione $\{\psi_n\}$ di funzioni di classe $C^{0,h}\,(\varSigma)$; le funzioni

$$v_n\,(x) = -\int_A \varrho_n\,(y)\,H\,(x\,,y)\,d\,y + \int_\varSigma \psi_n\,(y)\,H\,(x\,,y)\,d\,\sigma_y$$

soddisfano allora alle (25) e (25'); e per $n \to \infty$ si ottiene il teorema.

Se poi $c < -N$, con N sufficientemente grande, allora anche ogni u di $\{u\}$ appartiene a $\{v\}$. Infatti data la u, si risolva in $\{v\}$, come è ora possibile, mediante il sistema (39), il problema (17)-(18') con quella f e quella h corrispondenti ad u. Per quanto si è ora detto la soluzione v così trovata appartiene ad $\{u\}$ e per il teorema XIV deve coincidere con u.

Segue da quest'ultimo teorema XV, nelle ipotesi ammesse, la « regolarizzazione » della soluzione debole trovata nei nn. 4 e 5 (teorema VIII) anche sulla frontiera; e infatti se ad es. $f \in C^{0,h}\,(A + \varSigma)$ ed $h \in C^{(0)}\,(\varSigma)$ la soluzione di (17)-(18') nella classe $\{v\}$ è rappresentabile con la (37) mediante una $\varrho \in C^{0,h}\,(A + \varSigma)$ e una $\psi \in C^{(0)}\,(\varSigma)$ e quindi appartiene alla classe $\mathcal{C}$; e ciò avviene dunque per la soluzione debole poichè coincide con v.

Si ha infine anche il

TEOREMA XVI. *Se* $\alpha \le 0$ *e* $c < -N$ *(N costante positiva sufficientemente grande) allora* $\{w\} \equiv \{v\}$ *(e quindi anche* $\{w\} \equiv \{u\}$) (per il caso $l \equiv \nu$ si veda [6a]).

Intanto osserviamo che, nelle ipotesi fatte, esiste certamente, previo prolungamento dei coefficienti di $E\,(u)$ in tutto lo spazio, la soluzione fondamentale principale di $E\,(u) = 0$ (v. ad es. [16a], n. 20);

Consideriamo poi lo spazio di Banach $\mathcal{H}$ i cui elementi η siano le coppie ordinate di funzioni (η_1, η_2) con $\eta_1 \in \mathcal{L}^{(2)}(A)$ e $\eta_2 \in \mathcal{L}^{(1)}(\varSigma)$, normalizzato ponendo

$$\|\,\eta\,\| = \left(\int_A \eta_1^2\,(y)\,d\,y\right)^{1/2} + \int_\varSigma |\,\eta_2\,(y)\,|\,d\,\sigma_y.$$

Analogamente sia $\mathcal{H}'$ lo spazio di Banach delle coppie $\tau \equiv (\tau_1, \tau_2)$ di funzioni con $\tau_1 \in \mathcal{L}^{(2)}\,(A)$ e $\tau_2 \in \mathcal{L}^{(1)}\,(A)$, normalizzato ponendo

$$\|\,\tau\,\| = \left(\int_A \tau_1^2\,(y)\,d\,y\right)^{1/2} + \int_A |\,\tau_2\,(y)\,|\,d\,y.$$

Le funzioni v di $\{v\}$ e w di $\{w\}$ dànno allora origine a due trasformazioni lineari e continue di $\mathcal{H}$ in $\mathcal{H}'$; precisamente

$$T_1(\eta) = \left[-\int_A \eta_1(y)\, H(x\,,y)\, d\,y \,, \quad \int_\Sigma \eta_2(y)\, H(x\,,y)\, d\,\sigma_y \right]$$

$$T_2(\eta) = \left[-\int_A \eta_1(y)\, s(x\,,y)\, d\,y \,, \quad \int_\Sigma \eta_2(y)\, s(x\,,y)\, d\,\sigma_y \right]$$

T_1 e T_2 hanno lo stesso codominio considerate sulle varietà $\mathcal{K}$ di $\mathcal{H}$ delle coppie $(\eta_1\,,\eta_2)$ hölderiane rispettivamente su $A + \Sigma$ e Σ. Infatti se

$$v(x) = -\int_A \eta_1(y)\, H(x\,,y)\, d\,y + \int_\Sigma \eta_2(y)\, H(x\,,y)\, d\,\sigma_y$$

con η_1 e η_2 hölderiane, allora $v(x) \in C^{1,h}(A + \Sigma)$ e dunque $\dfrac{\partial v}{\partial \nu}$ è hölderiana su Σ; risolviamo allora in $\{w\}$ il problema di Neumann

$$E(w) = E(v) \quad \text{in} \quad A\,; \qquad \frac{\partial w}{\partial \nu} = \frac{\partial v}{\partial \nu} \quad \text{su} \quad \Sigma\,.$$

Ciò è possibile (v. ad es. [16a, n. 22]) ed in modo unico, cosicchè $w \equiv v$ e inoltre le densità δ_1 e δ_2 che individuano w sono hölderiane rispettivamente su $A + \Sigma$ e su Σ.

Viceversa data

$$w(x) = -\int_A \eta_1(y)\, s(x\,,y)\, d\,y + \int_\Sigma \eta_2(y)\, s(x\,,y)\, d\,\sigma_y$$

con η_1 e η_2 hölderiane, allora $w(x) \in C^{1,h}(A + \Sigma)$ e dunque ammette una derivata $\dfrac{\partial w}{\partial l}$ hölderiana su Σ; risolviamo allora in $\{v\}$ il problema

$$E(v) = E(w) \quad \text{in} \quad A\,; \qquad \frac{\partial v}{\partial l} = \frac{\partial w}{\partial l} \quad \text{su} \quad \Sigma$$

mediante il procedimento del n. 8; si ottiene una funzione v che per il teorema III necessariamente coincide con w, ed è individuata dalle funzioni ϱ e ψ hölderiane rispettivamente in $A + \Sigma$ e Σ.

Dunque T_1 e T_2 hanno lo stesso codominio in $\mathcal{K}$; poichè $\mathcal{K}$ è una base propria per $\mathcal{H}$ si deduce che T_1 e T_2 hanno lo stesso codominio anche in · tutto $\mathcal{H}$, cioè $\{v\} \equiv \{w\}$ c. v. d.

Uno studio più approfondito delle relazioni tra $\{u\}$, $\{v\}$ e $\{w\}$ andrebbe fatto più in generale, anche quando manchi il teorema di unicità. Esso è ad es. possibile, con ragionamenti del tutto analoghi a quelli ora visti, nel caso dell'operatore $\Delta_2 u$ e del problema (43); *si ha in particolare la coincidenza tra la classe dei potenziali di semplice strato ordinari con densità sommabile su Σ e la classe delle funzioni rappresentabili con la (47), essendo ψ di classe $\mathcal{L}^{(1)}(\Sigma)$.*

n. 10. *Applicazioni alla teoria degli integrali singolari.*

Si pone ora la domanda: le considerazioni svolte nei n. 8 e 9 e fatte nell'intento di evitare nel problema di derivata obliqua regolare l'uso di integrali singolari, possono essere utili in qualche modo alle questioni sugli integrali singolari poste nei n. 6 e 7? La risposta è affermativa.

Si prenda ad esempio il potenziale di semplice strato $w_2(x)$ e la (35) con $\delta_2 \in \mathcal{L}^{(1)}(\Sigma)$ e ciò nell'ipotesi anche di c qualunque. Si pongono come si è detto le questioni:

I) *esistenza del* $\displaystyle\lim_{x \to \xi \, (\mathrm{su}\, \nu_\xi^+)} \frac{\partial w_2(x)}{\partial l_\xi}$;

II) *convergenza puntuale dell'integrale singolare che compare a secondo membro della* (35);

III) *validità della* (35).

Ebbene, I) *e* II) *sono fatti equivalenti,* III) *segue da* I) *e* II).

Dimostriamo dapprima l'equivalenza di I) e II), ponendoci per semplicità nel caso $E(u) \equiv \Delta_2 u$ e $m = 3$ e mantenendo le notazioni già adottate per la (27').

Basta limitarsi, essendo note le proprietà della derivata normale di $w_2(x)$ a studiare le derivate «tangenziali» $\dfrac{\partial w_2(x)}{\partial x_i}$ $(i = 1, 2)$, le quali solo danno luogo all'integrale singolare. Poichè la (35) è nota per δ_2 costante, basterà supporre ξ punto di Lebesgue per δ_2 e tale che valga la (29). Allora per $x_3 > 0$ e $x \equiv (0, 0, x_3)$ si ha:

$$\frac{\partial w_2(x)}{\partial x_i} = \int\limits_{\Sigma - \Sigma_R} \delta_2(y) \frac{\partial s(x,y)}{\partial x_i} \, d\sigma_y + \int\limits_{\Gamma_{R,x_3}} \delta_2(y_1, y_2) \frac{\partial s(x,y)}{\partial x_i} \sqrt{1 + \varphi_{y_1}'^2 + \varphi_{y_2}'^2} \, dy_1 dy_2 +$$

$$+ \int\limits_{\Gamma_{x_3}} \delta_2(y_1, y_2) \frac{\partial s(x,y)}{\partial x_i} \sqrt{1 + \varphi_{y_1}'^2 + \varphi_{y_2}'^2} \, dy_1 dy_2 .$$

D'altra parte si ha :

$$
\int\limits_{\Sigma}^{*} \delta_2\,(y)\left[\frac{\partial\,s\,(x\,,\,y)}{\partial\,x_i}\right]_{x=0} d\,\sigma_y = \lim_{x_3\to 0}\int\limits_{\Sigma-\Sigma_{x_3}} \delta_2\,(y)\left[\frac{\partial\,s\,(x\,,\,y)}{\partial\,x_i}\right]_{x=0} d\,\sigma_y =
$$

$$
= \int\limits_{\Sigma-\Sigma_R} \delta_2\,(y)\left[\frac{\partial\,s\,(x\,,\,y)}{\partial\,x_i}\right]_{x=0} d\,\sigma_y +
$$

$$
+ \lim_{x_3\to 0}\int\limits_{\Gamma_{R,x_3}} \delta_2\,(y_1\,,\,y_2)\left[\frac{\partial\,s\,(x\,,\,y)}{\partial\,x_i}\right]_{x=0}\sqrt{1+\varphi_{y_1}'^2+\varphi_{y_2}'^2}\,d\,y_1\,dy_2
$$

Basterà dunque dimostrare le due relazioni :

$$
\lim_{x_3\to 0}\int\limits_{\Gamma_{R,x_3}} \delta_2\,(y_1\,y_2)\left[\frac{1}{xy^3}-\frac{1}{ox^3}\right] y_i\sqrt{1+\varphi_{y_1}'^2+\varphi_{y_2}'^2}\,d\,y_1\,d\,y_2 = 0
$$

$$
\lim_{x_3\to 0}\int\limits_{\Gamma_{x_3}} \delta_2\,(y_1\,,\,y_2)\,\frac{y_i}{xy^3}\sqrt{1+\varphi_{y_1}'^2+\varphi_{y_2}'^2}\,d\,y_1\,d\,y_2
$$

Il primo integrale si tratta in modo analogo al secondo integrale considerato a proposito della (27'); c'è però qui da osservare che si dovrà ora usare la maggiorazione

$$
\frac{1}{xy^3}-\frac{1}{oy^3} = o\left(\frac{x_3}{(\varrho^2+x_3^2)^{3/2}\,\varrho}\right)
$$

la quale si ottiene attraverso il teorema del valor medio rapidamente. Anche il secondo integrale si tratta con artifici analoghi; per i dettagli si veda [13c].

Dunque la I) e II) sono equivalenti per quasi-tutti i punti di Σ; e di qui e dal fatto che la (35) vale per δ_2 costante, si ottiene per gli stessi punti la validità della (35) quando si sappia che vale la I) o la II).

Orbene i risultati del n. 9 ci permettono di affermare che *se* $\alpha \leq 0$ *e* $c < -N$ (*N sufficientemente grande*) *allora la* I), *quando* $s\,(x\,,\,y)$ *è la soluzione fondamentale principale, è verificata per quasi-tutti gli* ξ *di* Σ. Basta infatti ricordare il teorema XVI.

Dunque nell'ipotesi dette $(\alpha \leq 0 \, , c < -N)$ *per quasi-tutti gli* ξ *di* Σ *esiste il* $\lim\limits_{x \to \xi (\text{su } \nu_\xi^+)} \dfrac{\partial \, w_2 \, (x)}{\partial \, l_\xi}$, *esiste l'integrale principale e vale la* (35).

Questo stesso risultato vale anche per i potenziali di semplice strato ordinari (v. l'osservazione finale del n. 9).

E si osservi inoltre che con ciò si è anche dimostrato in virtù anche dei risultati noti per $l \equiv \nu$ che, *nelle stesse ipotesi, per i potenziali di semplice strato esistono per quasi-tutti i punti* ξ *di* Σ *i limiti su* ν_ξ *delle derivate tangenziali e questi sono rappresentabili dagli integrali singolari che si ottengono derivando formalmente sotto il segno di integrale, e il risultato vale naturalmente anche per gli ordinari potenziali di semplice strato.*

Possiamo anche dire di più : sempre se $c < -N$ e $\alpha \leq 0$ l'equazione (36) ammette una e una sola soluzione per ogni $h \in \mathcal{L}^{(1)}(\Sigma)$; anche ciò è ovvia conseguenza del teorema XVI.

n. 11 — *Il problema « regolare » per l'equazione del calore.*

Passiamo ora a considerare l'equazione parabolica del tipo tipo del calore. Come abbiamo già osservato pochi sono i risultati finora noti. Nel n. 3 abbiamo ricordato un teorema di unicità nella classe $C(E)$; l'esistenza di una soluzione debole segue poi dal n. 4.

Ricordiamo ora anche che in casi particolari il problema può essere studiato attraverso l'uso della trasformata di Laplace : precisamente quando, essendo il campo A un cilindro retto a basi perpendicolari all'asse x_m, e l'asse l ponetrante in A e giacente sempre su un iperpiano caratteristico, i coefficienti di $E(u)$, i dati f e h e l'asse l non dipendono dalla variabile x_m (si veda ad es. [19] e anche recenti lavori di J. L. Lions [12a,b]) (**).

Qui vorremmo ora esporre rapidamente i risultati di un lavoro di M. Pagni [18], attualmente in corso di stampa, nel quale, limitatamente alla classica equazione del calore, è studiato completamente ed esaurientemente il problema di derivata obliqua regolare gia accennato nel n. 1.

Il procedimento e i metodi usati sono interessanti anche perchè dovrebbero poter servire in casi più generali di equazioni paraboliche.

E interessanti sono pure le relazioni con un nuovo tipo di integrali singolari, cui già accennammo nel n. 1 e che meriterebbero di essere ulteriormente studiati.

_____

(**) Sempre per domini cilindrici si veda anche il lavoro citato nella nota (*).

Prendiamo dunque in considerazione l'equazione (6) e il problema relativo impostato nel n. 1; per comodità di scrittura indicheremo con t la variabile x_3 e scriveremo dunque l'equazione nel seguente modo

$$(56) \qquad E(u) \equiv \frac{\partial^2 u}{\partial x_1^2} + \frac{\partial^2 u}{\partial x_2^2} - \frac{\partial u}{\partial t} = 0$$

Si supponga poi che A sia limitato da una base inferiore $\Sigma^{(2)}$, posta sul piano $t = 0$ e costituita da un dominio di detto piano limitato da una curva regolare di classe C^2, da una base superiore $\Sigma^{(1)}$, posta sul piano $t = t_0$ e pure delimitata da una curva di classe C^2, e da una superficie laterale $\Sigma^{(3)}$ di classe C^2 e dotata di piano tangente che formi coi piani caratteristici $t = $ cost. un angolo maggiore di una costante > 0. Sia poi assegnato in ogni punto di $\overline{\Sigma^{(3)}}$ un asse l giacente sul piano caratteristico passante per detto punto, sempre penetrante in $A + \Sigma^{(1)} + \Sigma^{(2)}$, i cui coseni direttori, rispetto a x_1 e x_2, $l^{(1)}$ e $l^{(2)}$ siano funzioni di classe $C^1(\Sigma)$.

Il problema che consideriamo per la (56) sarà determinato dalle condizioni

$$(57) \qquad u = 0 \text{ su } \Sigma^{(2)}; \qquad\qquad (58) \qquad \frac{\partial u}{\partial l} = h \text{ su } \Sigma^{(3)}$$

dove h è una funzione assegnata su $\Sigma^{(3)}$.

Abbiamo già detto nel n. 1 che se si cerca la soluzione nella classe dei cosidetti « potenziali di semplice strato del calore »

$$(59) \qquad w(x, t) = \int_{\Sigma^{(3)}} \delta(y, \tau) s(x, t; y, \tau) \, d\sigma \qquad \begin{cases} (x, t) \equiv (x_1, x_2, t) \\ (y, \tau) \equiv (y_1, y_2, \tau) \end{cases}$$

dove $s(x, t : y, \tau)$ è la soluzione fondamentale di (56) cioè

$$(60) \qquad s(x, t; y, \tau) = \begin{cases} 0 & \text{per } t \leq \tau \\ \dfrac{e^{-\frac{(x_1 - y_1)^2 + (x_2 - y_2)^2}{4(t - \tau)}}}{4\pi(t - \tau)} & \text{per } t > \tau \end{cases}$$

ci si trova di fronte a un nuovo tipo di integrali e di equazioni integrali singolari.

Supposta infatti δ hölderiana rispetto a (y_1, y_2) uniformemente rispetto a t, $w(x, t)$ ammette, come è ben noto [8], derivate prime continue in $A + \Sigma$ e in particolare la $\dfrac{\partial w}{\partial l}$; orbene si può facilmente dimostrare [18] che per la $\dfrac{\partial w}{\partial l}$ vale la seguente formula limite:

$$(61) \qquad \lim_{(x,t)\to(\xi,t)(\mathrm{su}\,\nu_{\xi,t})} \dfrac{\partial\,w\,(x\,,\,t)}{\partial\,l_{\xi,t}} = -\dfrac{\delta\,(\xi\,,\,t)}{2a^{(l)}(\xi,t)} + \int_{\Sigma^{(3)}}^{*} \delta\,(y\,,\,\tau)\,\dfrac{\partial\,s\,(\xi\,,\,t\,;\,y\,,\,\tau)}{\partial\,l_{\xi,t}}\,d\,\sigma$$

dove $a^{(l)}\,(\xi\,,\,t) = \dfrac{\cos^2\,(n_{\xi,t}\,,\,\nu_{\xi,t})}{\cos\,(n_{\xi,t}\,,\,l_{\xi,t})}$ e $\nu_{\xi,t}$ è la conormale in $(\xi\,,\,t)$ e l'integrale con asterisco è da intendersi nel senso già detto nel n. 1.

Il problema (56)-(57)-(58) porta dunque alla considerazione dell'equazione integrale singolare

$$(62) \qquad -\dfrac{\delta\,(\xi\,,\,t)}{2\,a^{(2)}\,(\xi,t)} + \int_{\Sigma^{(3)}}^{*} \delta\,(y\,,\,\tau)\,\dfrac{\partial\,s\,(\xi\,,\,t\,;\,y\,,\,\tau)}{\partial\,l_{\xi,t}}\,d\,\sigma = h\,(\xi\,,\,t)$$

equazione di tipo sostanzialmente nuovo, a quanto mi consta, avendo il nucleo $\dfrac{\partial\,s\,(\xi\,,\,t\,;\,y\,,\,\tau)}{\partial\,l_{\xi,t}}$, come si è detto nel n. 1, una singolarità non sommabile del tipo

$$O\left(\dfrac{(\xi_1-y_1)^2+(\xi_2-y_2)^2}{t-\tau}\,e^{-\frac{(\xi_1-y_1)^2+(\xi_2-y_2)^2}{4(t-\tau)}}\right)$$

Sarebbe certamente interessante studiare direttamente la (61) e quindi attraverso di essa il problema posto e già in ipotesi di sufficiente regolarità per h e δ.

Si può però anche pensare di seguire procedimenti analoghi a quelli qui esposti nei n. 4, 5, 6 e nel n. 8 per le equazioni ellittiche.

L'esistenza, nell'ipotesi che il dato $h \in \mathcal{L}^{(2)}(\Sigma^{(3)})$, di una soluzione «debole», nel senso definito nel n. 4, la sua «regolarizzazione» nell'interno di A, l'interpretazione delle condizioni al contorno (57)-(58) attraverso un teorema di inversione della formula di Green, si possono anche ora dimostrare ottenendo risultati analoghi a quelli per le equazioni ellittiche qui esposti nel n. 5. (v. [18] e [1b]).

Rimane aperto però anche qui il problema della «regolarizzazione» sulla frontiera della soluzione «debole», e gli stessi problemi visti nel n. 6 per le equazioni ellittiche si pongono anche ora: ad es. in quali ipotesi più generali su δ varrà la (61)?

Il procedimento più utile per lo studio del problema (56)-(57)-(58), si rivela, direi ancor di più che nel caso ellittico, dato il nuovo tipo di singolarità del nucleo dell'integrale singolare di (61) e (62), quello del n. 8, consistente nella traduzione in un'equazione integrale ordinaria del problema stesso [13].

E a questa traduzione si può infatti arrivare (v. [18]) rappresentando la soluzione nella forma

$$(63) \qquad v(x, t) = \int_{\Sigma^{(3)}} \psi(y, \tau) H(x, t; y, \tau) \, d\sigma$$

dove H è un opportuno nucleo avente proprietà analoghe a quelle del nucleo ausiliario di Giraud-Oseen (v. n. 8).

Rinviando per brevità a [18] per il caso generale, ci limitiamo qui a dare la costruzione di H nel caso in cui le intersezioni di A con i piani caratteristici sono domini convessi. Si può allora porre per $(y, \tau) \in \Sigma^{(3)}$ e $(x, t) \in A + \Sigma$

$$H(x, t; y, \tau) = \begin{cases} 0 \text{ per } \tau \geq t \\ \dfrac{\vec{l} \cdot \vec{n}}{4\pi(t-\tau)} e^{-\frac{r^2}{4(t-\tau)}} - \dfrac{(\vec{n} \cdot \vec{m})(\vec{m} \cdot \vec{r})}{4\pi(t-\tau)^{3/2}} e^{-\frac{r^2}{4(t-\tau)}} \cdot \\ \cdot \left\{ \Phi\left(\dfrac{\vec{l} \cdot \vec{r}}{2(t-\tau)^{1/2}}\right) - \dfrac{\sqrt{\pi}}{2} \right\} e^{\frac{(\vec{l} \cdot \vec{r})^2}{4(t-\tau)}} \text{ per } \tau < t \end{cases}$$

dove $\vec{r}$ è il vettore di primo estremo $(y_1, y_2, 0)$ e secondo estremo $(x_1, x_2, 0)$, r il suo modulo, $\vec{m}$ è il vettore unitario di coseni direttori $(-l^{(2)}, l^{(1)}, o)$, $\vec{l}$ e $\vec{n}$ sono i vettori unitari rispettivamente su $l_{y,\tau}$ e $n_{y,\tau}$ e $\Phi(x) = \int_0^x e^{-t^2} dt$. Così costruito, H verifica tra l'altro la (56) come funzione di (x, t) e la

$$\frac{\partial H(x, t; y, \tau)}{\partial_{x,t} l_{y,\tau}} = \frac{\partial s(x, t; y, \tau)}{\partial_{x,t} n_{y,\tau}}$$

[13] Il procedimento si è rivelato utile in altri problemi al contorno del tipo di quello della derivata obliqua: ad es. nei problemi al contorno per il sistema di equazioni dell'equilibrio elastico. (v. S. Campanato [13].)

Si ottiene così, nell'*ipotesi della sola continuità di h su* $\overline{\Sigma^{(3)}}$, *per il problema* (56) - (57) - (58) *il teorema di esistenza e di unicità nella classe delle funzioni u continue in* $A + \Sigma$, *con derivate* $\dfrac{\partial u}{\partial x_1}, \dfrac{\partial u}{\partial x_2},$ $\dfrac{\partial^2 u}{\partial x_1^2}, \dfrac{\partial^2 u}{\partial x_2^2}, \dfrac{\partial u}{\partial t}$ *continue in* $A + \Sigma^{(1)}$, *e che ammettono in ogni pnnto di* $\Sigma^{(3)}$ *la derivata* $\dfrac{\partial u}{\partial l}$. Anzi si ha di più, *nella sola ipotesi che* $h \in \mathcal{L}^{(1)}$ $\Sigma^{(3)}$, *l'esistenza e l'unicità della soluzione nella classe delle funzioni rappresentabili con la* (63), ψ *essendo di classe* $\mathcal{L}^{(1)}(\Sigma^{(3)})$.

E di qui si possono anche ottenere i risultati analoghi a quelli del numero 9 e 10, sui quali per brevità non ci soffermiamo (v. [18]); ricordiamo solo le applicazioni agli integrali singolari che compaiono in (61) e (62) *e precisamente la validità della* (61) *per quasi tutti i punti di* $\Sigma^{(3)}$ *nella sola ipotesi della sommabilità di* δ, *e l'esistenza della soluzione della* (62) *nella sola ipotesi della sommabilità di h*.

n. 12. *Lo studio del cosidetto potenziale di dominio per l'equazione del calore e i problemi nuovi di integrali singolari ad esso connessi.*

Il presente numero non si inquadra nel problema di derivata obliqua trattato in tutti i numeri precedenti, bensì si riallaccia a un altro problema di teoria del potenziale che dà luogo alla considerazione di integrali singolari: quello delle derivate seconde del potenziale di dominio. Esso è esaurientemente trattato per il caso delle equazioni ellittiche nel corso parallelo del prof. Zygmund e nella conferenza del prof. Stampacchia. Io vorrei qui invece soffermarmi sull'analogo problema per le equazioni paraboliche del tipo del calore, onde mettere in evidenza e proporre allo studio un nuovo tipo di integrali singolari, analoghi a quelli or ora visti nel n. 11 per il problema di derivata obliqua.

Limitiamoci per semplicità all'operatore in due variabili x, t

$$(64) \qquad E(u) \equiv \frac{\partial^2 u}{\partial x^2} - \frac{\partial u}{\partial t}$$

e consideriamo il potenziale di dominio:

$$(65) \qquad u(x, t) = \int_A f(y, \tau)\, s(x, t; y, \tau)\, dy\, dt$$

dove supporremo, senza alterare perciò la generalità, che A sia il rettangolo $a < x < b$, $o < t < t_0$ e

$$s(x, t; y, \tau) = \begin{cases} 0 & \text{per } t \leq \tau \\ \dfrac{e^{-\frac{(x-y)^2}{4(t-\tau)}}}{2\sqrt{\pi}\sqrt{t-\tau}} & \text{per } t > \tau \end{cases}$$

E' noto che in ipotesi di sufficiente regolarità per f (per es. hölderiana in $A + \Sigma$) u *ammette continue in ogni punto di A le derivate* $\dfrac{\partial^2 u}{\partial x^2}$ e $\dfrac{\partial u}{\partial t}$ *e soddisfa alla equazione*:

(66) $$\frac{\partial^2 u}{\partial x^2} - \frac{\partial u}{\partial t} = f$$ (teorema di LEVI-GEVREY [8], [11]) [14]

Ebbene, si può dare nelle stesse ipotesi su f una forma esplicita di tali derivate attraverso integrali principali.

Se (x, t) è un punto di A e $\varrho > 0$, indichiamo con $\mathcal{C}(x, t, \varrho)$ (o con $\mathcal{C}_\varrho$ più semplicemente) la curva di *livello* della soluzione fondamentale, cioè la curva tale che:

$$\frac{e^{-\frac{(x-y)^2}{4(t-\tau)}}}{\sqrt{t-\tau}} = \frac{1}{\varrho},$$

vale a dire la curva di equazione nel piano (y, τ)

(67) $$\begin{cases} y = x + \sqrt{2}\,\varrho \operatorname{sen}\theta \sqrt{-\log \operatorname{sen}^2 \theta} \\ \tau = t - \varrho^2 \operatorname{sen}^2 \theta \end{cases} \qquad -\frac{\pi}{2} \leq \theta \leq \frac{\pi}{2}$$

e con $I(x, t, \varrho)$ (o semplicemente I_ϱ) il dominio delimitato da $\mathcal{C}_\varrho$. Anche qui, come nel n. 11, sono questi domini I_ϱ delimitati dalle curve di livello di $s(x, t; y, \tau)$ che giuocano il ruolo di **domini di esclusione** negli integrali principali che **considereremo** [15]. Dimostreremo infatti:

---

[14] Si vedano anche i lavori più recenti [4].

[15] Essi servono anche per stabilire formule di media per la (66) (v. Pini [20 b]).

TEOREMA XVII. *Per ogni* (x, t) *di* A *è*

$$(68) \qquad \frac{\partial^2 u(x, t)}{\partial x^2} = -f(x, t) + \int_A^* f(y, \tau) \frac{\partial^2 s(x, t; y, \tau)}{\partial^t x^2} \, d\,y\, d\,\tau$$

dove $l'\int^*$ *è da intendersi come*

$$\lim_{\varrho \to 0} \int_{A-I_\varrho} f(y, \tau) \frac{\partial^2 s(x, t; y, t)}{\partial x^2} \, d\,y\, d\,\tau$$

E' noto [11] che nella (65) si può derivare rispetto a x sotto il segno di integrale e si ha:

$$\frac{\partial u(x, t)}{\partial x} = \int_A f(y, \tau) \frac{\partial s(x, t; y\tau)}{\partial x} \, d\,y\, d\,\tau$$

Poniamo ora:

$$(69) \qquad \varphi(x, t, \varrho) = \int_{A-I(x,t,\varrho)} f(y, \tau) \frac{\partial s(x, t; y, t)}{\partial x} \, d\,y\, d\,\tau$$

Derivando la (69) si ottiene, in virtù anche di semplici maggiorazioni analoghe a quelle sviluppate ad esempio nel n. 11 di [18],

$$\frac{\partial \varphi(x, t, \varrho)}{\partial x} = \int_{A-I_\varrho} f(y, \tau) \frac{\partial^2 s(x, t; y, \tau)}{\partial x^2} \, d\,y\, d\,\tau -$$

$$- \int_{\mathscr{C}_\varrho} f(y, \tau) \frac{\partial s(x, t; y, \tau)}{\partial x} \, d\,\tau$$

L'integrale $\int_{\mathscr{C}_\varrho}$ risulta poi uguale a:

$$f(x, t) \int_{\mathscr{C}_\varrho} \frac{\partial s(x, t, y, \tau)}{\partial x} \, d\,\tau + \int_{\mathscr{C}_\varrho} [f(y, \tau) - f(x, t)] \frac{\partial s(x, t; y, \tau)}{\partial x} \, d\,\tau$$

Usando allora la rappresentazione (67) per $\mathscr{C}_\varrho$, si ottiene:

$$\int_{\mathscr{C}_\varrho} \frac{\partial s(x, t; y, \tau)}{\partial x} \, d\,\tau = \frac{1}{\sqrt{2\,\pi}} \int_{-\pi/2}^{\pi/2} \cos \theta \sqrt{-\log \operatorname{sen}^2 \theta} \, d\,\theta = 1$$

Mentre invece per l'hölderiana di f risulta (usando della stessa rappresentazione (67) per $\mathcal{C}_\varrho$):

$$\lim_{\varrho \to 0} \int_{\mathcal{C}_\varrho} [f(y,\tau) - f(x\,t)] \frac{\partial s(x,t;y,\tau)}{\partial x} \, d\tau = 0$$

uniformemente rispetto a (x,t) in ogni dominio T interno a A. Così pure si ha:

$$\int_{A-I_\varrho} f(y,\tau) \frac{\partial^2 s(x,t;y,\tau)}{\partial x^2} \, dy \, d\tau =$$

$$= \int_{A-I_\varrho} [f(y,\tau) - f(x,t)] \frac{\partial^2 s(x,t;y,\tau)}{\partial x^2} \, dy \, d\tau +$$

$$+ f(x,t) \int_{A-I_\varrho} \frac{\partial^2 s(x,l;y\,\tau)}{\partial x^2} \, dy \, d\tau$$

Il primo integrale per $\varrho \to 0$ tende uniformemente in T a:

$$\int_{A} [f(y,\tau) - f(x,t)] \frac{\partial^2 s(x,t;y,\tau)}{\partial x^2} \, dy \, dt$$

in virtù dell'hölderianità di f e di noti risultati [11].

Il secondo integrale, detta $2d > 0$ la distanza di T da Σ, per $\varrho < d$ risulta eguale a

$$\int_{A-I_d} \frac{\partial^2 s(x,t;y,\tau)}{\partial x^2} \, dy \, d\tau + \int_{I_d-I_\varrho} \frac{\partial^2 s(x,t;y,\tau)}{\partial x^2} \, dy \, d\tau$$

Ora $\displaystyle\int_{I_d-I_\varrho}$, calcolato col cambiamento di variabili:

$$\begin{cases} y = x + \sqrt{2}\, r \,\text{sen}\, \theta \log \sqrt{-\,\text{sen}^2\, \theta} \\ \tau = t - r^2 \,\text{sen}^2\, \theta \end{cases} \qquad \begin{aligned} & \varrho \leq r \leq d \\ & -\frac{\pi}{2} \leq \theta \leq \frac{\pi}{2} \end{aligned}$$

risulta uguale a:

$$\frac{1}{2\sqrt{2\pi}} \int\limits_{\varrho}^{d} \frac{1}{\varrho} \, d\varrho \int\limits_{-\frac{\pi}{2}}^{-\frac{\pi}{2}} \left\{ \cos\theta \sqrt{-\log \text{sen}^2\theta} - \frac{\cos\theta}{\sqrt{-\log \text{sen}^2\theta}} \right\} d\theta = 0$$

(L'integrale interno si spezza nella differenza di due, entrambi di valore $= 2\pi$). Dunque per $\varrho \to 0$ $\dfrac{\partial \varphi(x,t;\varrho)}{\partial x}$ converge uniformemente in T a:

$$\int\limits_{A} [f(y,\tau) - f(x,t)] \frac{\partial^2 s(x,t;y,\tau)}{\partial x^2} \, dy \, d\tau +$$

$$+ f(x,t) \int\limits_{A-I_d} \frac{\partial^2 s(x,t;y,\tau)}{\partial x^2} \, dy \, d\tau - f(x,t)$$

e poichè anche $\varphi(x,t,\varrho)$ converge uniformemente in T a $\dfrac{\partial u}{\partial x}$ si ha:

$$\frac{\partial^2 u}{\partial x^2} = -f(x,t) + \int\limits_{A} [f(y,\tau) - f(x,t)] \frac{\partial^2 s(x,t;y,\tau)}{\partial x^2} \, dy \, d\tau +$$

$$+ f(x,t) \int\limits_{A-I_\varrho} \frac{\partial^2 s(x,t;y,\tau)}{\partial x^2} \, dy \, d\tau$$

Ebbene la somma degli ultimi due addendi è proprio, per quanto si è ora visto, l'integrale singolare che compare nella (68).

Analogamente si può dimostrare che:

$$(70) \qquad \frac{\partial u(x,t)}{\partial t} = \int\limits_{A}^{*} f(y,\tau) \frac{\partial s(x,t;y,\tau)}{\partial t} \, dy \, d\tau$$

con la stessa definizione data dell'integrale principale.

Si pongono ora diversi interessanti problemi, che la teoria analoga del potenziale di dominio nel caso ellittico suggerisce (si pensi al noto teorema di LICTENSTEIN-FRIEDRICHS e ai recenti risultati di A. P. CALDERON e A. ZYGMUND [2 a, b, c]) la maggior parte dei quali è ancora aperta.

Anzitutto si pone il problema dell'estensione del teorema di LEVI-GEVREY al caso in cui $f \in \mathcal{L}^{(p)}(A)$.

Tale estensione è stata conseguita finora nel solo caso $p = 2$ da B. PINI [20a] per l'equazione classica del calore e da E. GAGLIARDO [7] per le più generali equazioni paraboliche « del tipo del calore ».

Ci limiteremo a dare qui il risultato nel caso semplice dell'operatore (64).

Si dimostra anzitutto il

TEOREMA XVIII. *Se f è hölderiana in $A + \Sigma$ si ha per ogni dominio $\mathcal{D}$ interno ad A*

$$(71) \quad \int_{\mathcal{D}} \left\{ u^2 + \left(\frac{\partial u}{\partial x} \right)^2 + \left(\frac{\partial u}{\partial t} \right)^2 + \left(\frac{\partial^2 u}{\partial x^2} \right)^2 \right\} dx\, dt \leq K \int_A f^2\, dx\, dt$$

con K dipendente solo da $\mathcal{D}$ e da A.

Mediante procedimenti analoghi a quelli svolti da K. FRIEDRICHS per il caso ellittico, o, con un'analisi ancor più fine, mediante procedimenti basati su certi tipi di convergenza puntuale e analoghi a quelli introdotti da G. STAMPACCHIA per il caso ellittico (v. la conferenza tenuta da G. stampacchia in questo stesso corso) si può dimostrare il

TEOREMA XIX. *Se $f \in \mathcal{L}^{(2)}(A)$, $u(x, t)$ è per quasi-tutti gli x assolutamente continua in t e per quasi-tutti i t è assolutamente continua in x insieme alla $\dfrac{\partial u}{\partial x}$; inoltre $\dfrac{\partial u}{\partial t}, \dfrac{\partial u}{\partial x}, \dfrac{\partial^2 u}{\partial x^2}$, sono di classe $\mathcal{L}^2(A)$ e la (66) è verificata quasi ovunque in A* [16].

Che si può dire se $f \in \mathcal{L}^{(p)}(A)(p \neq 2)$? Qui sostanzialmente quelle che occorrerebbero sono le maggiorazioni analoghe alla (71); poichè, una volta in possesso di esse, ci si potrebbe servire dei risultati di Gagliardo [7] per l'estensione del teorema XIX.

Altro problema aperto, anche nel caso di $f \in \mathcal{L}^{(2)}(A)$, è poi l'estensione del teorema XVII: e più precisamente le questioni

---

[16] Veramente nel caso qui considerato di funzioni di due sole variabili si può dire di più che u è continua in A; abbiamo però enunciato il teorema nella forma più restrittiva, perchè solo in questa forma esso è estendibile al caso di un numero qualunque di variabili.

dell'esistenza degli integrali singolari di (68) e (70), della validità delle (68) e (70) e dei rapporti tra l'esistenza delle derivate $\frac{\partial^2 u}{\partial x^2}\left(\text{o } \frac{\partial u}{\partial t}\right)$ e quella dell'integrale singolare di (68) (o (70)).

Probabilmente non è difficile dimostrare l'equivalenza tra l'esistenza della derivata $\frac{\partial^2 u}{\partial x^2}\left(\text{o } \frac{\partial u}{\partial t}\right)$ e quella dell'integrale di (68) (o (70)) nell'ipotesi che $f \in \mathcal{L}^{(p)}(A)$; se f è continua in $A + \Sigma$ detta equivalenza è sostanzialmente contenuta, anche se non esplicitamente rilevata, in una recente estensione del teorema di Petrini al potenziale (65) data P. HARTMAN e A. WINTNER [10].

C'è dunque, a proposito dei potenziali di dominio per l'equazione del tipo del calore e per gli integrali singolari connessi, tutta una serie di problemi aperti che andrebbero studiati, onde ottenere quella completezza di risultati, che si è ormai raggiunta per i potenziali di dominio delle equazioni ellittiche.

BIBLIOGRAFIA

1a) L. Amerio - *Amer. Journal of Math.*, vol. 69, (1947), pp. 447-489.

1b) » - *Rend. di Mat. e delle sue appl.*, vol. 5, (1946), pp. 84-120.

2a) A. P. Calderon - A. Zygmund - *Acia Mathem.*, vol. 88, (1952), pp. 85-139.

2b) » *Trans. of the Amer. Math. Soc.*, vol. 78, (1955), pp. 209-224.

2c) » *Amer. Journal of Math.* vol. 77, (1956), pp. 289-309.

3) S. Campanato - *Rend. Sem. Mat. - Padova*, vol. 25, (1956), pp. 307-342.

4) C. Ciliberto - *Ricerche di Mat. vol. I* (1952), pp. 56-77 e 295-313.

5) S. Faedo - in corso di stampa sugli Annali Scuola Normale Sup. Pisa.

6a) G. Fichera - *Ann. Mat. pura ed appl.*, s. 4, t. 27 (1948) pp. 1-28.

6b) » *Atti Congresso sulle equaz. a derivate parz. di Trieste* 1954 - Ediz. Cremonese - Roma - pp. 174-227.

6c) » *Mem. Acc. Naz. Lincei*, s. 8, vol. 5, fasc. 1 (1956) pp. 1-30.

6d) » - *Rend. Sem. Mat. Padova*, vol. 17, 1948, pp. 9-28.

6e) » - *Rend. Sem. Mat. Cagliari*, vol. 18, 1948, pp. 1-22.

7) E. Gagliardo - *Ricerche di Mat.*, vol. 3 (1954), pp. 202-219 ; vol. 4 (1955), pp. 74-94; vol. 5 (1956), pp. 169-205.

8) M. Gevrey - *Journal de Mathem. pure et appl.*, (6) t. 9 (1913) pp. 305-471.

9a) G. Giraud - G. Bouligand - P. Delens - *Le problème de la dérivé oblique en théorie du potentiel.* Hermann, Paris 1935.

9b) G. Giraud - *Ann. Ec. Norm. Sup.*, t. 51 (1934), pp. 251-372.

9c) » » » » t. 53 (1936) pp. 1-40.

9d) » *Journal de Mathem. pure et appl.*, (9), t. 17 (1939), pp. 111-143.

10) P. Hartmann - A. Wintner - *Amer. Journ. of Math.*, vol. 75 (1953), pp. 598-610.

11) E. E. Levi - *Ann. Mat. pnra e appl.*, s. 3, t. 14 (1908), pp. 187-264.

12a) J. L. Lions - *Annals of Math.*, vol. 64 (1956), pp. 207-239.

12b) J. L. Lions - *C. R. Acad. Sc., Paris*, t. 244, 1957, pp. 1126-1128.

13a) E. Magénes - *Rend. Sem. Mat. Padova*, vol. 21 (1952), pp. 99-123 e 143-160.

13b) » *Ann. Mat. pura e appl*, s. 4, t. 40 (1955). pp. 143-160.

13c) » *Rend. Sem. Mat., Padova*, vol. 24 (1955), pp. 510-522.

13d) » *Ren. Sem. Mat. e Fis., di Milano*, vol. 27 (1955-56), pp. 2-23.

14) A. Malferrari - in corso di stampa su Ricerche di Matematica.

15) S. G. Mihlin - *Uspehi Math. Nauk*, vol. 3, n. 3 (25) (1948), pp. 29-118.

16a) C. Miranda - *Equazioni alle derivate parziali di tipo ellittico*, Springer-Berlin, 1955.

16b) » *Rend. Sem. Mat. Fis. di Milano* - vol. 24 (1952-53), pp. 107-122.

17) C. W. Oseen - *Arkiv for Math. Astr. Phys*, b. 25 A, n. 24 (1937), pp. 1-39.

18) M. Pagni - in corso di stampa sugli Ann. Sc. Norm. Sup. Pisa.

19) M. Picone - *Appunti di Analisi Superiore* - Rondinella, Napoli, 1940.

20a) B. Pini - *Rendic. Acc. Naz. Lincei*, s. 8, vol. 14 (1953), pp. 746-749.

20b) » *Rivista di Mat. dell'Università di Parma*, vol. 3 (1952), pp. 56-74.

21) F. Tricomi - *Math. Zeitschrifft*, vol. 27 (1928), pp. 87-133.

22) W. J. Trjitzinsky - *Acta Mathematica*, vol. 84 (1950), pp. 1-128.

INDICE

[*Entrata in Redazione il 14 agosto 1957*]

STAMPACCHIA, GUIDO
1957
Rendiconti di Matematica
(3-4), Vol. 16, pp. 415-429

Completamenti funzionali ed applicazione alla teoria dei potenziali di dominio (*)

di **GUIDO STAMPACCHIA** (Genova)

1. Assegnato uno spazio metrico S esiste — per un noto teorema di Hausdorff — uno spazio metrico completo S^* contenente un sottospazio S_0^*, isometrico ad S, e base per S^*. S^* si chiama il *completamento* di S; esso è lo spazio ove ogni punto è «l'astratto logico» delle successioni di Cauchy «equivalenti» fra loro [1].

Se S è poi uno spazio lineare e normato, il suo completamento S^* è uno spazio di Banach contenente un sottospazio S_0^* isomorfo ad S e base per S^* [2].

Sia ora S uno spazio lineare e normato i cui punti sono funzioni definite in uno stesso dominio T [3] dello spazio euclideo ad una o più dimensioni. Il completamento S^* di S non è necessariamente costituito da funzioni di S (se S non è completo). Può però accadere che ad ogni punto di S^* si possa associare una funzione (definita in un senso più generale); chiameremo allora lo spazio

---

(*) Questa Nota riproduce il testo di una conferenza tenuta nel 2⁰ ciclo di corsi del Centro Internazionale Matematico Estivo (CIME) svoltosi a Varenna dal 10 al 19 Giugno 1957 e dedicato a «Integrali singolari e questioni connesse.

[1] Se $\varrho(x,y)$ è la distanza di due punti di S, due successioni di Cauchy $\{x_n\}$, $\{y_n\}$ sono equivalenti se $\lim_{n\to\infty} \varrho(x_n, y_n) = 0$. La distanza fra due punti di S^* rappresentati da due successioni $\{x_n\}$, $\{y_n\}$ di Cauchy è data dall'espressione: $\lim_{n\to\infty} \varrho(x_n, y_n)$. Cfr., ad es. [8] p. 20; [5] p. 54.

[2] loc. cit. [5] p. 47.

[3] Più generalmente si potrebbero considerare spazi di funzioni definite non in tutti i punti di un dominio T oppure funzioni definite in uno spazio astratto.

55

$\overline{S}$ di tali funzioni un *completamento funzionale* di S, mentre S^*
sarà considerato come *completamento astratto* di S.

Ci proponiamo ora di indicare una teoria del completamento
funzionale secondo alcune idee che sono contenute in un lavoro
recente di N. Aronszaju - K. T. Smith [1]. Alcuni aspetti di questa
teoria si trovano peraltro già in un lavoro di F. Cafiero [2].

2. Premettiamo alcune definizioni.

Diremo (con Aronszaju e Smith) *classe eccezionale* $\mathcal{E}$ una famiglia d'insiemi di T che gode delle seguenti proprietà (con la nomen-
clatura di Halmos [7]):

α) è ereditaria: contenendo un insieme contiene tutti i sot-
toinsiemi di questo.

β) è σ-additiva: contenendo una successione d'insiemi contiene
anche la loro unione.

Le funzioni di uno spazio Σ si dicono *definite in T a meno di
insiemi della classe eccezionale* $\mathcal{E}$, se l'insieme dei punti di T ove
una delle funzioni di Σ non è definita è un insieme di $\mathcal{E}$; due
funzioni si riguardano come uguali quando l'insieme dei punti ove
una delle due funzioni non è definita oppure esse non assumono lo
stesso valore appartiene alla classe eccezionale $\mathcal{E}$.

Premesso ciò fissiamo uno spazio lineare e normato S di funzioni $f(x)$, definite in uno stesso dominio T di uno spazio euclideo
(ad esempio) ad n dimensioni, e proponiamoci di costruire un
completamento funzionale di S costituito da funzioni definite a
meno di insiemi di una opportuna classe eccezionale $\mathcal{E}$ (4).

È evidente che questo problema non è risolubile in modo unico.

3. Indichiamo con $\mathcal{A}$ la classe degli insiemi di T definiti dalle
disuguaglianze:

(1) $|f(x)| \geq 1$

al variare di $f(x)$ in S. Ciò vuol dire che un insieme B appartiene
ad $\mathcal{A}$ se esiste almeno una funzione di S per cui la (1) è verificata

---

(4) Si potrebbe, come già accennato in (3), partire da uno spazio di funzioni
definite a meno di una certa classe di insiemi eccezionali $\overline{\mathcal{E}}$ e di qui effettuare
il completamento funzionale.

in B e non è verificata fuori di B [5]. Introduciamo allora in $\mathcal{A}$ una funzione d'insieme $c\,(B)$ che soddisfa alle condizioni seguenti:

α) $c\,(B) \geq 0$

β) $c\,(E\,[\,|\,f\,(x)\,|\geq 1) \leq \varphi\,(\|\,f\,\|)$

ove $E\,[\,|\,f\,(x)\,|\geq 1]$ indica, come di consueto, l'insieme dei punti x ove è: $|\,f\,(x)\,|\geq 1$, e $\varphi\,(t)$ è una funzione definita per $0\leq t<+\infty$, crescente, e tale che: $\lim\limits_{t\to o+}\varphi\,(t)=\varphi\,(0)=0$.

La condizione α) postula la positività di tale funzione d'insieme, mentre la β) collega questa funzione d'insieme in $\mathcal{A}$ con la norma introdotta in S.

A partire ora dalla classe $\mathcal{A}$ di insiemi costruiamo la classe $\mathcal{A}_\sigma$ costituita dagli insiemi che sono unioni numerabili di insiemi di $\mathcal{A}$; in formule: $I\in\mathcal{A}_\sigma$ se $I=\overset{1..\infty}{\underset{k}{\cup}}B_k$, $B_k\in\mathcal{A}$.

Introduciamo in $\mathcal{A}_\sigma$ una nuova funzione d'insieme $\mu\,(I)$ ponendo:

$$(2)\qquad\qquad \mu\,(I)=\underset{I\subset\overset{\infty}{\underset{k=1}{\cup}}B_k}{\text{estr. inf.}}\ \overset{\infty}{\underset{k=1}{\Sigma}}\ c\,(B_k)$$

cioè: $\mu\,(I)$ è l'estremo inferiore delle somme $\overset{\infty}{\underset{k=1}{\Sigma}}\,c\,(B_k)$ costruite per tutte le successioni di insiemi $B_k\in\mathcal{A}$ tali che I sia contenuto nell'unione di questi.

La posizione (2) è analoga a quella che fornisce una misura esterna data una misura in una classe semplicemente additiva d'insiemi [6].

La funzione d'insieme così prolungata gode delle seguenti proprietà (come si dimostra facilmente):

1) $\mu\,(I)\geq 0$ (ed eventualmente $=+\infty$) per $I\in\mathcal{A}_\sigma$

2) $\mu\,(I)<+\infty$ per $I\in\mathcal{A}$

---

[5] In altri termini, la classe $\mathcal{A}$ è costituita dagli insiemi definiti dalla relazione:

$$E\,[\,|\,f\,(x)\,|\geq 1]$$

al variare di $f\,(x)$ in S.

[6] Cfr. [7] p. 41.

3) $\mu(I') \leq \mu(I)$ per $I' \subset I$

4) $\mu\left(\overset{\infty}{\underset{k=1}{U}} I_k\right) \leq \overset{\infty}{\underset{k=1}{\Sigma}} \mu(I_k)$

5) $\mu(E[|f(x)| \geq 1) \leq \varphi(\|f\|)$.

Si pone naturalmente la questione di sapere se la funzione $\mu(I)$ è un prolungamento della funzione $c(B)$ cioè se è:

$$c(B) = \mu(B) \quad \text{per} \quad B \in \mathcal{Cl} \quad \text{(in generale è: } c(B) \geq \mu(B)\text{)} .$$

La risposta è in generale negativa, ma si vede facilmente che: condizione necessaria e sufficiente affinchè $\mu(I)$ sia un prolungamento di $c(B)$ è che la funzione $c(B)$ verifichi in $\mathcal{Cl}$ la condizione:

$$c(B) \leq \overset{\infty}{\underset{k=1}{\Sigma}} c(B_k) \quad \text{se} \quad B \subset \overset{\infty}{\underset{k=1}{U}} B_k .$$

4. Definita in tal modo la funzione $\mu(I)$, non negativa, monotona e subadditiva nella classe σ-additiva $\mathcal{Cl}_\sigma$, indichiamo con $\mathcal{S}$ la classe eccezionale — ovviamente ereditaria e σ-additiva — costituita dagli insiemi I di T che godono della seguente proprietà: *comunque si fissa $\varepsilon > 0$, esiste un insieme I_ε di $\mathcal{Cl}_\sigma$ tale che $I \subset I_\varepsilon$ e $\mu(I_\varepsilon) < \varepsilon$* [7].

Costruita una tale classe eccezionale potremo prendere in considerazione funzioni definite a meno di insiemi di $\mathcal{S}$. Potremo di più parlare di funzioni $f(x)$ «quasi continue» nel senso che: *fissato $\varepsilon > 0$ è possibile determinare un insieme $I_\varepsilon \in \mathcal{Cl}_\sigma$ con $\mu(I_\varepsilon) < \varepsilon$ e tale che la funzione f risulti continua se considerata fuori di I_ε*.

Si può anche parlare, in relazione alle funzioni precedentemente introdotte, di convergenza «quasi uniforme»; diremo che *una successione di funzioni $\{f_n\}$ converge quasi uniformemente ad una funzione f se fissato $\varepsilon > 0$ è possibile determinare un insieme $I_\varepsilon \in \mathcal{Cl}_\sigma$ in modo che $\mu(I_\varepsilon) < \varepsilon$ e la convergenza sia uniforme fuori di I_ε*.

D'ora in avanti parlando di funzioni quasi continue e di successioni quasi uniformemente convergenti ci riferiremo alle nozioni ora introdotte.

---

[7] Osserviamo che mentre la classe $\mathcal{Cl}_\sigma$ dipende solo dalla natura delle funzioni di S, la classe eccezionale $\mathcal{S}$ dipende anche dalla funzione $c(B)$ in $\mathcal{Cl}$ e dalla funzione $\varphi(t)$. Il problema di individuare la classe eccezionale $\mathcal{S}$ nel modo più «ristretto» possibile è studiato in loco citato [1].

Le funzioni quasi continue nel senso usuale saranno dette quasi continue nel senso di Lebesgue e analogamente per la convergenza uniforme.

Premesse queste considerazioni è fondamentale per il seguito il seguente teorema che generalizza il noto teorema di Weil - Riesz

TEOREMA: *Sia* $\{f_k\}$ *una successione di Cauchy di S. È possibile estrarre da* $\{f_k\}$ *una successione parziale la quale converge in tutti i punti di T ad eccezione di quelli di un insieme di* $\mathcal{E}$; *la convergenza è uniforme fuori di un insieme I di* $\mathcal{A}_\sigma$ *ove* $\mu(I)$ *è inferiore ad un numero positivo prefissato.*

Fissata infatti una successione di numeri positivi $\{\delta_k\}$ infinitesima tale che

$$\varphi(2^k \delta_k) < \frac{1}{2^k}$$

estraiamo da $\{f_k\}$ una successione parziale che indicheremo, per semplicità, ancora con $\{f_k\}$ in modo che:

$$\| f_k - f_{k-1} \| < \delta_k.$$

Indichiamo poi con B_k l'insieme dei punti ove è soddisfatta la disuguaglianza

$$|f_k(x) - f_{k-1}(x)| \geq \frac{1}{2^k}$$

(è evidente che $B_k \in \mathcal{A}$). Se un punto x non appartiene ad alcuno dei B_k con $k > k_0$, si ha, qualunque sia l'indice p e per $k > k_0$:

$$|f_{k+p}(x) - f_k(x)| \leq \sum_{h=k+1}^{k+p} |f_h(x) - f_{h-1}(x)| \leq \sum_{h=k+1}^{k+p} \frac{1}{2^h} < \frac{1}{2^k}.$$

Quindi la successione estratta $\{f_k\}$ converge uniformemente fuori di

$$\bigcup_{k=1}^{\infty} B_k \qquad (\in \mathcal{A}_\sigma)$$

per ogni scelta di k_0. D'altra parte si ha, per la 4):

$$(3) \quad \mu(B_k) = \mu\left(E\left[|f_k(x) - f_{k-1}(x)| \geq \frac{1}{2^k} \right] \right) \leq \varphi(2^k \| f_k - f_{k-1} \|) \leq \varphi(2^k \delta_k) < \frac{1}{2^k}$$

e quindi per la 4):

$$\mu\left(\bigcup_{k=k_0}^{\infty} B_k\right) \leq \sum_{k=k_0}^{\infty} \mu\left(B_k\right) \leq \sum_{k+k_0}^{\infty} \frac{1}{2^k} \leq \frac{1}{2^{k_0-1}}\,.$$

Di qui si deduce che la successione estratta converge uniformemente in tutti i punti di T ad eccezione di quelli di un insieme I di $\mathcal{E}$ per cui $\mu\,(I)$ è inferiore ad un numero positivo prefissato.

Consideriamo infine l'insieme:

$$E = \lim \sup. B_k = \bigcap_{s=1}^{\infty} \bigcup_{k=s}^{\infty} B_k$$

ed osserviamo che, essendo, qualunque sia l'indice s:

$$E \subset \bigcup_{k=s}^{\infty} B_k$$

e sussistendo la (3), E è un insieme di $\mathcal{E}$. La successione estratta converge in tutti i punti di T che non appartengono ad E e ciò completa la dimostrazione del teorema ([8]).

Il teorema precedente permette di risolvere il problema del completamento funzionale come formulato all'inizio; infatti ad ogni successione di Cauchy di S $\{f_n\}$ possiamo associare almeno una successione estratta $\{f_{n_k}\}$ che converge, come detto nell'enunciato precedente, ad una funzione definita in T a meno di insiemi della classe eccezionale $\mathcal{E}$. Quindi ad ogni punto di S^* veniamo ad associare almeno una funzione definita a meno di insiemi di $\mathcal{E}$.

Siano ora f' ed f'' due funzioni associate ad uno stesso punto di S^* secondo il criterio precedente; segue facilmente che

$$\mu\left(E\left[f'(x) \neq f''(x)\right]\right) = 0$$

([8]) La dimostrazione del teorema è analoga a quella del ricordato teorema di Weil - Riesz relativo alla convergenza in misura di una sottosuccessione convergente fortemente in L^p. Che la dimostrazione di questo teorema non sfrutta l'additività della misura, ma solo la subadditività è stato osservato da diversi Autori: Cartan, Deny, Stampacchia, Deny - Lions, per particolari tipi di funzioni d'insieme subbadite. Una prima formulazione astratta di questo teorema è stata data da F. Cafiero [2]; successivamente Aronszajn e Smith hanno dato la formulazione riportata nel testo, che rinuncia — rispetto a quella di F. Cafiero — all'ipotesi che la funzione $\mu\,(I)$ sia definita in una famiglia completamente additiva.

cioè

$$E\left[f'(x) \doteq f''(x)\right] \in \mathcal{S}.$$

Ma di più, possiamo dire che le funzioni di $\overline{S}$ sono « quasi continue » se le funzioni della classe S sono continue [9].

Una conseguenza immediata di quanto dimostrato è la seguente : *Supposto che le funzioni di S siano continue e che in $\mathcal{A}$ si abbia* :

$$c\,(B) \geq m > 0 \qquad \text{per ogni} \qquad B \doteq \varnothing$$

si può concludere che le funzioni di $\overline{S}$ sono anche esse continue.

Infatti in tal caso il teorema precedente assicura che la convergenza delle successioni di Cauchy di S è uniforme e quindi lo spazio $\overline{S}$ è costituito da funzioni continue.

5. Diamo ora un semplice esempio — a titolo illustrativo — di quanto detto precedentemente.

Sia S costituito da funzioni di una variabile $f(x)$ continue con le derivate prime nell'intervallo $0 \leq x \leq 1$ e introduciamo la norma :

$$\|f\| = \left\{ \int_0^1 |f|^p \, dx \right\}^{\frac{1}{p}} + \left\{ \int_0^1 |f'|^p \, dx \right\}^{\frac{1}{p}} \qquad (p \geq 1).$$

Lo spazio lineare S, con la norma adottata, non è completo. Mostriamo che il suo completamento funzionale è costituito da funzioni assolutamente continue in $(0, 1)$.

Per questo osserviamo che in S valgono le relazioni :

(4)
$$f(x'') - f(x') = \int_{x'}^{x''} f'(t) \, dt$$

(5)
$$\int_0^1 \left[v(t) f'(t) + v'(t) f(t) \right] dt = 0 \qquad (v(0) = v(1) = 0)$$

---

[9] Non possiamo a questo punto concludere che vi è isomorfismo fra S^* ed $\overline{S}$; ciò sarebbe lecito se: per ogni successione di Cauchy $\{f_n\}$ di S, la quale converga a meno di insiemi di $\mathcal{S}$ a zero, si può concludere che : $\lim_{n \to \infty} \|f_n\| = 0$.

(6)
$$\max_{0\leq x\leq 1} |f(x)| \leq \|f(x)\| \,.$$

La (6) ci permette di asserire che e possibile assumere in $\mathcal{C}$, in modo da soddisfare le α) e β):

$$c(B)\equiv 1 \,.$$

Allora $\overline{S}$ è costituito di funzioni continue in $(0,1)$.

Per definire le derivate in $\overline{S}$ possiamo servirci delle (4) o delle (5). Infatti per ogni punto $f(x)$ di S^* possiamo individuare una funzione $\varphi (\in L^p)$ per cui

(4′)
$$f(x'') - f(x') = \int_{x'}^{x''} \varphi(t)\,dt$$

oppure

(5′)
$$\int_0^1 [v(t)\,\varphi(t) + v'(t)\,f(t)]\,dt = 0$$

per ogni $v(t)$ continua con derivate prime e tali che $v(0)=v(1)=0$.

La (4′) conduce a definire per le funzioni di $\overline{S}$ una derivata nel senso di Lebesgue (esistenza del limite del rapporto incrementale quasi ovunque in $(0,1)$), mentre la (5′) conduce a definire in $\overline{S}$ le derivate nel senso di Sobolev [15] e di Schwartz [12] [10].

6. Consideriamo ora la classe S delle funzioni di n variabili $f(x_1,\ldots,x_n)$ definite nel cubo T: $0\leq x_i\leq 1$ $(i=1,2,\ldots,n)$ ed ivi continue con le derivate prime ed introduciamo la norma:

$$\|f\| = \left\{ \int_T |f|^p\,dx \right\}^{\frac{1}{p}} + \left\{ \int_T |D_1 f|^p\,dx \right\}^{\frac{1}{p}} \qquad (dx \equiv dx_1 \ldots dx_n)$$

$$\left(|D_1 f| = \sqrt{\Sigma \left(\frac{\partial f}{\partial x_i}\right)^2} \right) \,.$$

---

[10] È semplice poi dimostrare, per noti teoremi di approssimazione che il completamento funzionale di S coincide con lo spazio delle funzioni assolutamente continue dotate di derivate prime in L^p.

In S sussistono le relazioni analoghe alle (4) e (5):

$$(7) \qquad \int\limits_{\partial R} f\, dx_1 \ldots < dx_i > \ldots dx_n = \int\limits_{R} \frac{\partial f}{\partial x_i}\, dx$$

ove R è un qualsiasi rettangolo n-dimensionale interno a T, ∂R il contorno orientato di R, e il primo membro è un integrale di una forma differenziale di grado $n-1$;

$$(8) \qquad \int\limits_{T} \left(\frac{\partial f}{\partial x_i}\, v + f\, \frac{\partial v}{\partial x_i} \right) dx = 0.$$

ove v è una funzione nulla su $\mathscr{F}T$.

Non sussiste però in generale una maggiorazione del tipo (6), per modo che il completamento funzionale può anche non essere costituito da funzioni continue.

Una limitazione del tipo (6) si presenta certamente se $p > n$; essa discende immediatamente dalla limitazione ([19] pp. 97-100, [10] pp. 15 teorema 2.2):

$$|f|_{1 - \frac{n}{p}} \leq c \left\{ \int\limits_{T} |D_1 f|^p\, dx \right\}^{\frac{1}{p}}$$

ove $|f|_\alpha$ indica il coefficiente di Hölder della funzione f relativo all'esponente α.

Se p è non maggiore di n potremo utilizzare ancora questo risultato nel modo seguente: supponendo $p > 1$, indichiamo con $r = [p]$ il massimo intero minore di p ($r < p$) e scriviamo una funzione dello spazio S nella forma:

$$f(x) = f(\xi, \eta); \qquad (\xi \equiv (x_1, x_2 \ldots x_r); \ \eta = (x_{r+1}, \ldots, x_n))$$

mettendo cioè in evidenza la sua dipendenza da un gruppo di r variabili (non necessariamente le prime r) e dal complesso delle rimanenti.

Fissando in modo generico η, la funzione f, pensata come funzione di ξ e cioè di r variabili, soddisfa ad una diseguaglianza del tipo:

$$\left\{ |f|_{1 - \frac{r}{p}} \right\}_{\eta = \text{cost}} \leq c \left\{ \int\limits_{\eta = \text{cost}} |D_1 f|^p\, d\xi \right\}^{\frac{1}{p}}.$$

Da questa diseguaglianza si deduce immediatamente una limitazione per il massimo valore assoluto di f, pensata come funzione delle sole variabili: $x_1 \ldots x_r$:

$$\max_{\xi} |f(\xi,\eta)|^p \leq c \left\{ \int_{\eta=\text{cost}} |f(\xi,\eta)|^p \, d\xi + \int_{\eta=\text{cost}} |D_1 f|^p \, d\xi \right\}$$

Indichiamo ora con E_η^f l'insieme dei valori di η dove $\max_{\xi} |f| \geq 1$; integrando rispetto ad η su questo insieme la relazione precedente otteniamo la limitazione:

(9) $\text{mis } E_\eta^f \leq c \, \|f\|^p \, .$

Queste considerazioni ci permettono di concludere che è possibile costruire nella classe $\mathcal{C}$ la funzione $c(B)$ ponendo:

$$c(B) = \Sigma \, \text{mis pr.}_{(n-r)} \, B$$

ove $\text{pr.}_{(n-r)} B$ indicano le proiezioni dell'insieme B sulle varietà a $(n-r)$ dimensioni coordinate e la somma è estesa alle misure delle $\binom{n}{n-r}$ proiezioni. Risultano in tal modo verificate le condizioni α) e β) richieste dalle considerazioni precedenti quando si abbia $\varphi(t) = t^p$ e in più è semplice verificare che $\mu(I)$ ottenuta in $\mathcal{C}_o$ con la posizione (2) è un prolungamento della funzione $c(B)$ data in $\mathcal{C}$.

La classe eccezionale $\mathcal{E}$ è costituita da insiemi che hanno proiezioni di misura nulla sulle varietà a $(n-r)$ dimensioni e le funzioni « quasi continue » sono le funzioni che sono continue quando si prescinda dai valori assunti in insiemi che hanno proiezioni di misura piccola sulle varietà ad $(n-r)$ dimensioni.

Possiamo allora dedurre che le funzioni di $\overline{S}$ sono funzioni continue rispetto ai gruppi di r variabili e sono quasi continue nel senso ora detto. Abbiamo così risolto il problema della quasi continuità delle funzioni di $\overline{S}$ ([10]).

Questo problema, come abbiamo già detto, non ammette una unica soluzione; ad esempio, limitatamente al caso $p = 2$, questo problema è stato studiato quando S è costituito da funzioni nulle

---

(10') Per questo punto di vista cfr. [16] [17].

sulla frontiera di T da Deny - Lions [4] assumendo per $c(B)$ la capacità newtoniana dell'insieme B ([11]).

Rimane il problema di assegnare un significato «generalizzato» alle derivate in S^*. Ciò può farsi in modi diversi secondo che si sfrutta la (7) oppure la (8). Sfruttando la (8) si arriva alla definizione di derivazione debole nel senso di Sobolev, Friedrichs, Schwartz. Per ogni funzione f di S^* esiste una n-pla di funzioni $(\varphi_1 \ldots \varphi_n)$ appartenenti ad L^p in T tali che

$$\int_T \left(f \cdot \frac{\partial v}{\partial x_i} + \varphi_i \, v \right) dx = 0$$

per ogni v continua con le derivate prime e nulla su $\mathscr{F}T$.

Si pone allora:

$$\varphi_i = \frac{\partial f}{\partial x_i}\,.$$

Ponendo invece a base la (7), basterà osservare che in $\overline{S}$ per *tutti* i rettangoli n-dimensionali di T ([12]) sono definite le funzioni di rettangolo:

$$(7')\qquad\qquad \int_{\partial R} f \, dx_1 \ldots < dx_i > \ldots dx_n$$

le quali risultano funzioni assolutamente continue; allora. per un noto teorema di Lebesgue esistono n funzioni $\varphi_1 \ldots \varphi_n$ ($\in L^p$) per cui

$$\int_{\partial R} f \, dx_1 \ldots < dx_i > \ldots dx_n = \int_R \varphi_i \, dx\,.$$

Quindi si deduce che le funzioni f di $\overline{S}$ sono per quasi tutte le $(n-1)$-ple di variabili assolutamente continue e inoltre quasi ovunque (nel senso di Lebesgue) si ha:

$$\frac{\partial f}{\partial x_i} = \varphi_i$$

ove le derivate a primo membro sono intese nel senso classico.

([11]) Cfr. [4] lemma 11 del cap. II p. 347. Aronszajn [1] ha poi dimostrato che tale completamento è un «completamento perfetto».

([12]) Il primo membro della (7') esiste per ogni rettangolo n-dimensionale di T a causa delle proprietà di quasi continuità della funzione f di $\overline{S}$. Cfr. [17] p. 37.

Un altro modo di affrontare la questione della derivabilità delle funzioni del completamento di S si collega con la teoria degli integrali singolari.

Per una qualunque funzione $f(x)$ dello spazio $\overline{S}$ che stiamo considerando si può scrivere la relazione ([13]):

$$(n-2)\,\sigma_n f(x) = \int_{\mathscr{F}T} f(y)\,\frac{\partial r^{2-n}}{\partial \nu}\,d\sigma - \int_T \operatorname{grad} f(y) \times \operatorname{grad}_x r^{2-n}\,dy$$

dove σ_n è la misura della ipersuperficie sferica di raggio unitario. Lo studio della derivabilità della funzione $f(x)$ è quindi collegato con l'esistenza dell'integrale principale che si ottiene derivando formalmente il secondo integrale a secondo membro e si connette quindi con i risultati del corso parallelo del prof. Zygmund.

Nello spazio che stiamo studiando si può anche considerare il problema della differenziabilità. Se $p > n$ le funzioni di $\overline{S}$ sono differenziabili secondo Stolz ([14]); se invece $p < n$ le funzioni f sono differenziabili asintoticamente di ordine r secondo una nozione introdotta indipendentemente da Radö e da Caccioppoli e Scorza Dragoni e generalizzata da Tibaldo e poi da Pezzana [11].

Una funzione $f(P)$ di $\overline{S}$ gode infatti per quasi tutti i punti di T della seguente proprietà:

$$\lim_{P \to \overline{P}} \frac{1}{\overline{P}\,\overline{P}} \left[f(P) - f(\overline{P}) - \sum_{i=1}^{n} f'_{x_i}(\overline{P})(x_i - \overline{x}_i) \right] = 0$$

$$[P \equiv (x_1 \ldots x_n)\,;\ \overline{P} \equiv (\overline{x}_1, \ldots \overline{x}_n)]$$

quando P tende a $\overline{P}$ senza abbandonare un insieme $E(\overline{P})$ tale che la proiezione del suo complementare su una delle varietà lineari ad $(n-r)$-dimensioni passante per $\overline{P}$ e parallela a $(n-r)$ assi, abbia densità uguale a zero in $\overline{P}$.

7. Con procedimenti molto simili a quelli fino ad ora considerati si può anche studiare le funzioni del completamento dello spazio delle funzioni continue con le derivate prime e seconde in

---

([13]) Cfr. ad es. [3].
([14]) Cfr. [9] e [18] e [13].

un dominio T assumendo come norma l'espressione:

$$\| f \|^p = \int_T | f |^p \, dx + \int_T | D_1 f |^p \, dx + \int_T | D_2 f |^p \, dx$$

dove D_1, D_2 indicano il complesso delle derivate prime e seconde di f.

Ripetendo in questo caso le considerazioni svolte nell'esempio precedente si ottengono risultati analoghi; in particolare come funzioni d'insieme $c(B)$ in $\mathcal{A}$ si può assumere la somma delle misure delle proiezioni di B sugli spazi coordinati ad $(n-2r)$-dimensioni (anziché $n-r$), dove r indica ancora il massimo intero minore di p. Lo spazio $\overline{S}$ risulterà questa volta costituito da funzioni continue se $p > \dfrac{n}{2}$.

8. Prendiamo ora in considerazione il potenziale newtoniano

(10)
$$u(x) = \int_{E^n} f(y) \frac{1}{| x - y |^{n-2}} \, dy \; .$$

Sono ben note le proprietà della funzione u quando f è una funzione hölderiana con esponente $\alpha < 1$. In tali ipotesi per f, la funzione $u(x)$ è continua con le derivate prime e seconde.

Da una fondamentale memoria di Zygmund e Calderon [20] si deduce che è possibile maggiorare la norma:

$$\| | u | \|^p = \int_T | u |^p \, dx + \int_T | D_1(x) |^p \, dx + \int_T | D_2 u |^p \, dx$$

mediante la norma $\| f \|_{L^p}$ della densità $f \, (p > 1)$.

Premesso ciò osserviamo che ad ogni successione di Cauchy in $L^p \{ f_k \}$ viene a corrispondere mediante la (10) una successione di Cauchy secondo la norma $\| | u | \|$; ciò basta ad assicurare che ad ogni funzione $f \in L^p$ possiamo far corrispondere una funzione $u(x)$ dello spazio considerato al n. 7 [15]. Possiamo allora concludere che la funzione $u(x)$ è continua quando si prescinde da insiemi

---

[15] Questo modo di considerare il potenziale newtoniano $u(x)$ nello spazio L^p differisce da quello considerato da Zygmund, il quale consiste nello studiare gli integrali principali ottenuti mediante derivazione formale (due volte).

le cui proiezioni sugli spazi a $n - 2r$ [$r =$ massimo intero $< p$] dimensioni hanno misura piccola a piacere. Si integra così un risultato di Zygmund relativo alle proprietà di continuità del potenziale newtoniano.

Le derivate prime $\dfrac{\partial u}{\partial x_i}$, oltre che assolutamente continue rispetto alle variabili separatamente, sono poi continue quando si prescinde da insiemi le cui proiezioni sugli spazi a $n - r$ dimensioni hanno misura piccola; inoltre queste hanno come derivate, quasi ovunque, funzioni appartenenti ad L^p.

Circa la differenziabilità delle $\dfrac{\partial u}{\partial x_i}$ si può dire che esse sono differenziabili nel senso classico se $p > n$. Se invece $p < n$ queste sono differenziabili asintoticamente di ordine r — nel senso detto al n. 6 —.

Circa la differenziabilità della funzione u possiamo asserire che essa è differenziabile asintoticamente di ordine s essendo s il massimo intero minore di $\dfrac{p\,n}{n - p}$ ($p < n$).

Infatti per un risultato di Sobolev [14] [15] se $D_2\, u \in L^p$ allora $D_1\, u \in L^q$ (localmente) ove $\dfrac{1}{q} = \dfrac{1}{p} - \dfrac{1}{n}$ e quindi il risultato precedente discende da quello di Pezzana citato. Segue in particolare, se $p > \dfrac{n}{2}$, che la funzione u è differenziabile nel senso classico.

9. Estensioni dei risultati del n. precedente sono state ottenute recentemente da D. Greco [6] per i potenziali di dominio generalizzati

$$\int L\,(x\,,\,y)\,f\,(y)\,dy$$

ove $L\,(x\,,\,y)$ è una funzione di Levi relativa ad un operatore ellittico del secondo ordine con coefficienti hölderiani con tecniche analoghe a quelle richiamate al n. precedente.

Queste tecniche adoperate possono essere utili anche per lo studio di potenziali quali quelli che si presentano nella teoria delle equazioni paraboliche, ma per questo rimandiamo al corso svolto da E. Magenes.

BIBLIOGRAFIA

[1] N. Aronszajn e K. T. Smith, *Functional spaces and functional completion.* Annales Inst. Fourier vol. 6 pp. 125-185 (1956).

[2] F. Cafiero, *Sugli insiemi compatti di funzioni misurabili negli spazi astratti.* Rend. Sem. Mat. di Padova vol. 20 pp. 48-58 (1951).

[3] A. P. Calderon, *On the differentiability of absolutely continous functions.* Riv. Mat. Univ. di Parma vol. II pp. 203-213 (1951).

[4] J. Deny - J. L. Lions, *Les espaces du type de Beppo Levi.* Annales de l'Institut Fourier (1955).

[5] G. Fichera, *Lezioni sulle trasformazioni lineari.* Trieste (1954).

[6] D. Greco, *Nuove formule integrali di maggiorazioni* ecc. Ricerche di Matematica vol. V (1956) pp. 126-149.

[7] Halmos, *Measure Theory.* New York (1950).

[8] L. A. Ljusternik e W. I. Sobolev, *Elemente der Funktionalanalisis.* Berlin (1955).

[9] C. Miranda, *Sui sistemi di tipo ellittico di equazioni lineari* ecc. Memorie Acc. Naz. Lincei serie VIII vol. III (1952).

[10] C. B. Morrey, *Multiple integral problems in the calculus of variations and related topics.* Univ. California Publ. Math. (N. S.) I, pp. 1-130, (1943).

[11] M. Pezzana, *Sulla differenziabilità delle funzioni di più variabili reali.* Rend. Sem. Mat. di Padova, vol. XXIII (1954) pp. 290-309.

[12] L. Schwartz, *Théorie des distributions* (1950).

[13] K. T. Smith, *Mean values and continuity of Riesz potentials.* Comm. on pure and applied Mathematics vol. IX (1956).

[14] S. L. Sobolev, *Su un teorema di analisi funzionale* (in russo) Mat. Sbornik vol. 4 (46) (1938) pp. 471-497.

[15] S. L. Sobolev, *Su alcune applicazioni dell'analisi funzionale alla fisica matematica.* Leningrado (1950).

[16] G. Stampacchia, *Sopra una classe di funzioni in due variabili,* ecc. Giorn. di Matem. di Battaglini vol. 79 pp. 169-208 (1950).

[17] G. Stampacchia, *Sopra una classe di funzioni in n variabili,* Ricerche di Matematica vol. I pp. 27-54 (1952).

[18] G. Stampacchia, *Sistemi di equazioni di tipo ellittico a derivate parziali* ecc. Ricerche di Matematica vol. I pp. 200-226.

[19] L. Tonelli, *L'estremo assoluto degli integrali doppi.* Annali Sc. Norm. Sup. di Pisa pp. 89-130 (1933).

[20] A. Zygmund e A. P. Calderon, *On the existence of certain singular integrals.* Acta Mathematica, vol. 88 (1952) pp. 85-139.

[*Entrata in redazione il 14 agosto 1957*]

ZYGMUND, A.
1957
Rendiconti di Matematica
(3-4), Vol. 16, pp. 468-505

On singular integrals (*)

by **A. ZYGMUND** (a Chicago)

§ 1. In these lectures I present some of the results obtained jointly with A. P. Calderón during the last few years. Not all the results stated here are accompanied by proofs, and for additional details the reader is referred to original papers (**).

NOTATION. We denote by E^n the n-dimensional Euclidean space, and by

$$x = (\xi_1, \xi_2, \ldots, \xi_n), \qquad y = (\eta_1, \eta_2, \ldots, \eta_n),$$

points of E^n. We write

$$|x| = (\Sigma \, \xi_i^2)^{\frac{1}{2}}$$

$$x + y = (\xi_1 + \eta_1, \ldots, \xi_n + \eta_n), \, \alpha x = (\alpha \, \xi_1, \alpha \, \xi_2, \ldots, \alpha \, \xi_n),$$

for any real α.

We denote by L^p the set of all (measurable) functions f such that $|f|^p$ is integrable over E^n, and we set

$$\|f\|_p = \left(\int |f|^p \, dx \right)^{1/p},$$

where $d\,x$ stands for $d\,\xi_1 \, d\,\xi_2 \ldots d\,\xi_n$ and the integral is extended over the whole E^n.

(*) Il contenuto di questa Memoria è stato esposto nelle lezioni del 2⁰ Ciclo dei corsi del Centro Internazionale Matematico Estivo (CIME) tenuto a Varenna dal 10 al 19 giugno 1957.

(**) See the bibliographical note at the end of the paper.

Given two integrable functions $f(y)$ and $K(y)$ we set

$$(1) \qquad f * K = \int f(y)\, K(x - y)\, d\,y \, .$$

It is a classical result that the integral exists (converges absolutely) almost everywhere and represents a function integrable over E^n. Moreover

$$f * K = K * f .$$

We are primarily interested in the case when $K(x)$ is positively homogeneous of degree $-\alpha$. We then have

$$K(x) = K\left(|x|\,\frac{x}{|x|}\right) = |x|^{-\alpha}\, K\left(\frac{x}{|x|}\right) .$$

Denote the projection $x/|x|$ of x onto the unit sphere $|y| = 1$ by x', and write $K(x/|x|) = \Omega(x')$. We have

$$(2) \qquad K(x) = \frac{\Omega(x')}{|x|^{\alpha}} ,$$

and we consider two possibilities a) $0 < \alpha < n$, b) $\alpha = n$.

In case a) the situation is comparatively easy. Suppose for simplicity that $\Omega \equiv 1$ and that f is integrable over E^n. In the equation

$$(3) \qquad \int \frac{1}{|y|^{\alpha}} f(x - y)\, d\,y = \int\limits_{|y| \leq 1} + \int\limits_{|y| > 1}$$

the first term on the right represents the convolution of f with an integrable function (equal to $|y|^{-\alpha}$ for $|y| \leq 1$ and equal to 0 elsewhere), and so exists almost everywhere and is integrable over the whole plane. The second integral on the right in (3) represents a bounded function. Hence the left-hand side in (3) exists almost everywhere and represents a locally integrable function. The result obviously holds if Ω is merely bounded, and one could extend to result to more general cases.

In case b) the situation is much les simple. We have

$$(4) \qquad \int \frac{\Omega(y')}{|y|^n} f(x - y)\, d\,y = \int\limits_{|y| \leq 1} + \int\limits_{|y| > 1} ,$$

and if we suppose that Ω is bounded, then the second integral on the right exists, as before, everywhere and represents a bounded function (by an application of Hölder's inequality we see that the conclusion holds if $f \in L^p$, with $p > 1$). The main difficulty, therefore, lies in the first integral on the right, and it is clear that this integral need not exist, as a Lebesgue integral, at any point: for example if $\Omega \equiv 1$, and f is a constant different from 0 in the neighborhood of a point x_0, then the integral diverges in the neighborhood of x_0. It follows that we must 1) impose restrictions on the kernel K, 2) redefine the meaning of the integral (4).

Given a kernel $K(x)$ and a number $\varepsilon > 0$ we denote by $K_\varepsilon(x)$ the kernel equal to $K(x)$ if $|x| \geq \varepsilon$ and equal to 0 otherwise; we call K_ε a *truncated* kernel. Consider the limit

$$(5) \qquad \lim_{\substack{\varepsilon \to 0 \\ |x-y| \geq \varepsilon}} \int f(y) \, K(x-y) \, d y = \lim_{\varepsilon \to 0} f * K_\varepsilon .$$

If it exists, we call it the *principal value* of the integral

$$\int f(y) \, K(x-y) \, d y .$$

To the limit (5) we may give various meanings: in the classical sense of pointwise convergence, convergence in the mean, convergence in measure, etc. If the limit exists, we shall denote it by $\widetilde{f}(x)$ (this notation does not display the dependence of $\widetilde{f}$ on the kernel K). We are interested in the following problems:

  a) the existence of $\widetilde{f}$;

  b) the properties of $\widetilde{f}$.

We impose on K two conditions. Firstly, we suppose that

$$(6) \qquad \int_{\Sigma} \Omega(x') \, d x' = 0 ,$$

where Σ denotes the unit sphere $|x| = 1$. This condition is indispensable if the limit (5) is to exist at a point in the neighbourhood of which the function f is constant and distinct from 0. Secondly we must impose some conditions of regularity on Ω. For many purposes it is sufficient to assume that Ω satisfies a Lipschitz condition of positive order on Σ; in symbols,

(7) $$\Omega \in \text{Lip } \alpha, \qquad \alpha > 0.$$

The main theorem which we are going to discuss later may be stated as follows.

THEOREM 1. *Suppose that Ω satisfies both (6) and (7). Then for any $f \in L^p$, $1 \leq p < \infty$, the integral*

(8) $$\int f(y) \, K(x - y) \, d y$$

exists, in the principal-value sense, almost everywhere.

The result may be completed as follows.

THEOREM 2. *If $f \in L^p$, where p is finite and strictly greater than 1, then $\tilde{f}$ is also in L^p, and*

(9) $$\|\tilde{f}\|_p \leq A_p \|f\|_p,$$

where the constant A_p depends on p and the kernel K, but not on f.

We now consider a few examples.

1) If $n = 1$, then Σ consists of the two points $x = \pm 1$, and the condition (6) reduces to $\Omega(+1) + \Omega(-1) = 0$. Hence, if $n = 1$ we have, except for a numerical factor, only one kernel K. Suppose that $\Omega(+1) = 1/\pi$. Then

$$K(x) = \frac{\Omega(x')}{|x|} = \frac{\text{sign} x}{\pi \, |x|} = \frac{1}{\pi \, x},$$

and

(10) $$\tilde{f}(x) = \frac{1}{\pi} \int_{-\infty}^{+\infty} \frac{f(x - y)}{y} \, d y = \frac{1}{\pi} \int_{-\infty}^{+\infty} \frac{f(y)}{x - y} \, d y$$

is the classical Hilbert transform of f. For this reason we shall call the general integral (8) a *Hilbert transform* of f. The theory of the transform (10) has been developped considerably. We list some of the very well known results.

a) If f is in L, then $\tilde{f}(x)$ exists almost everywhere (Lusin-Privalov, Plessner);

b) If f is in L^p, $1 < p < \infty$, then $\widetilde{f}$ is in L^p and $\|\widetilde{f}\|_p \leq$
$\leq A_p \|f\|_p$ (M. Riesz);

c) If f is L, then $\widetilde{f}$ is locally integrable in any power less than 1 (Kolmogorov);

d) If f is in both in L and Lip α, $0 < \alpha < 1$, then $\widetilde{f}$ is in Lip α (Privalov).

2) If $n = 2$, $z = x + iy = r e^{i\varphi}$, we have

$$K(z) = r^{-2} \, \Omega(\varphi).$$

Developping Ω into a Fourier series we have

$$\Omega(\varphi) = \sum_{k=-\infty}^{+\infty}{}' \alpha_k \frac{e^{ik\varphi}}{r^2},$$

where the prime indicates that $\alpha_0 = 0$ (see (6)). We may therefore consider the special kernels $K_k = r^{-2} e^{ik\varphi}$, and for $k = 1, 2$ we find the classical kernels

$$r^{-2} \cos \varphi, \qquad r^{-2} \sin 2\varphi.$$

The case $n = 2$ is already sufficiently typical for the general properties of the Hilbert transform, though the proofs in this case are somewhat easier than in the general case due to the fact that Ω becomes a function of a single variable φ. Moreover we can apply here the theory of functions of a complex variable, which is impossible for $n \geq 3$.

3) $n = 3$. If we introduce polar coordinates r, φ, θ, we have

$$K(x) = r^{-3} \, \Omega(\theta, \varphi).$$

We may develop Ω into a series of spherical harmonics, $\Omega(\theta, \varphi) \sim \sum_{k=1}^{\infty} Y_k(\theta, \varphi)$, and we come across special kernels $r^{-3} Y_k(\theta, \varphi)$.

§ 2. Before we pass to the proof of Theorem 1 of the preceding section, which is one of our main objects, we consider a number of possible generalizations. Let $K(x)$ satisfy, as before, the conditions

(1) $$\int_{\Sigma} \Omega(x') \, dx' = 0, \qquad\qquad \Omega \in \text{Lip } \alpha, \, \alpha > 0$$

and let $K_\varepsilon(x)$ be the truncated K, that is to say $K_\varepsilon(x) = K(x)$ if $|x| \geq \varepsilon$ and $K(x) = 0$ otherwise. We write

$$\widetilde{f}_\varepsilon(x) = f * K_\varepsilon = \int f(y) K_\varepsilon(x-y) \, dy = \int_{|x-y| \geq \varepsilon} f(y) K(x-y) \, dy,$$

and we set

$$\widetilde{f}_*(x) = \operatorname*{Sup}_{\varepsilon > 0} |\widetilde{f}_\varepsilon(x)|.$$

In view of Theorem 1 of § 1, the function $\widetilde{f}_*$ is finite almost everywhere for each $f \in L^p$, $1 \leq p < \infty$. The following results which complement Theorem 2 are important for applications.

THEOREM 3. *If f is in L^p, $1 < p < \infty$, so is $\widetilde{f}_*$, and we have*

$$\|\widetilde{f}_*\|_p \leq A_p \|f\|_p,$$

where A_p is a constant independent of f.

THEOREM 4. *If f is in L^p, $1 < p < \infty$, then*

$$\lim_{\varepsilon \to 0} \|\widetilde{f} - \widetilde{f}_\varepsilon\|_p = 0.$$

In some problems we encounter what may be called *convolutions with a variable kernel*. Let $z = (\zeta_1, \zeta_2, \ldots, \zeta_n)$ and suppose that

$$(2) \qquad\qquad K(x, z) = \frac{\Omega(x, z')}{|z|^n},$$

where for each fixed x the kernel K satisfies the condition

$$\int_\Sigma \Omega(x, z') \, dz' = 0,$$

and satisfies a Lipschitz condition of positive order with respect to z, and with respect to x, uniformly in the remaining variable. We may consider the function

$$(3) \qquad\qquad \widetilde{f}(x) = \int f(y) K(x, x-y) \, dy.$$

The integral on the right is not a convolution since the kernel $K(x, z)$ depends on x, but it can be shown that the theorems stated above remain valid in this more general case.

There are other types of singular integrals which are of interest in applications. Consider, for example, in the two dimensional case the integral

$$(4) \qquad \widetilde{f}(x, y) = \frac{1}{\pi^2} \int\limits_{-\infty}^{+\infty} \int\limits_{-\infty}^{+\infty} \frac{f(s, t)\, d s\, d t}{(x - s)(y - t)}.$$

The operation which transforms $f(x, y)$ into $\widetilde{f}(x, y)$ may be called a *double Hilbert transform*, since, formally at least, it consists of successive applications of ordinary Hilbert transforms to each variable x and y. The kernel $K(x, y) = 1/\pi^2 x y$ has singularities along the x and y axes, and to define $\widetilde{f}$ we must first eliminate in (4) a neighbourhood of these axes and then pass to the limit making the eliminated neighbourhood shrink indefinitely. This could be done in various ways, but the following procedure seems to be the most natural: we define $\widetilde{f}(x, y)$ as

$$(5) \qquad \lim_{\varepsilon, \eta \to 0} \frac{1}{\pi^2} \int\limits_{|x-s|>\varepsilon} \int\limits_{|y-t|>\eta} \frac{f(s, t)\, d s\, d t}{(x - s)(y - t)},$$

where ε and η tend to 0 independently of each other. The neighbourhood we remove therefore has the form of a cross symmetric with respect to the x and y axes, but the two beams of the cross have different widths.

The above definition can be generalized. Suppose that $x = (\xi_1, \xi_2, \ldots, \xi_m)$ and $y = (\eta_1, \eta_2, \ldots, \eta_n)$ are points of E^m and E^n respectively, and let

$$K(x, y) = K'(x) K''(y),$$

where $K'(x)$ and $K''(y)$ are of the types discussed at the beginning of the section. We consider the *double Hilbert transform*

$$(6) \quad \widetilde{f}(x, y) = \int\limits_{E^m} \int\limits_{E^n} f(s, t)\, K(x - s, y - t)\, d s\, d t = \lim_{\varepsilon, \eta \to 0} \int\limits_{|x-s|>\varepsilon} \int\limits_{|y-t|>\eta},$$

which is a transformation on functions $f(x, y) = f(\xi_1, \ldots, \xi_m, \eta_1, \ldots, \eta_n)$ of $m + n$ independent real variables. About such transforms we know the following results.

THEOREM 5. *If both $f(x, y)$ and $|f(x, y)| \log^+ |f(x, y)|$ are integrable, then the limit in (6) exists and is finite at almost all points of E^{m+n}.*

THEOREM 6. *If $|f(x, y)|^p$ is integrable over E^{m+n}, and p is greater than 1, then $\widetilde{f}(x, y)$ exists almost everywhere and*

$$\|\widetilde{f}(x, y)\|_p \leq A_p \|f(x, y)\|_p ,$$

where A^p is a constant which is independent of f.

The proof of these results depends strongly on Theorem 3 and its suitable extension to the case $p = 1$. The curious aspect of the situation, not yet completely clarified, is the requirement that $f \log^+ |f|$ be integrable. It is not known whether the conclusion of Theorem 5 holds for functions which are merely integrable. There is a conjecture that perhaps the limit (6) exists almost everywhere, even for f merely integrable, provided that ε and η tend to 0 in such a way that both ratios ε/η and η/ε remain bounded; the problem remains open and seems rather difficult. We add that we can, of course, introduce kernels which are products of p kernels of standard type, and consider corresponding extensions of (6). Theorems 5 and 6 then still hold provided in the former we replace the integrability of $|f| \log^+ |f|$ by that of $|f| (\log^+ |f|)^{p-1}$.

Let $\ldots, x_{-1}, x_0, x_1, x_2, \ldots$ be a two-way infinite sequence of numbers. We denote by l^p the class of all such sequences X for which the number $(\Sigma |x_m|^p)^{1/p}$ is finite, and we denote the number by $\|X\|_p$.

Consider the transformation

(7) $$\widetilde{x}_n = \sum_{m=-\infty}^{+\infty}{}' \frac{x_m}{n - m}, \qquad (n = \ldots, -1, 0, 1, 2, \ldots)$$

where the prime indicates that the index $m = n$ is omitted in summation. We write $\widetilde{X} = \{\widetilde{x}_n\}$. The transformation is (except for the-

factor $1/\pi$) a discrete analogue of the Hilbert transformation

$$(8) \qquad \tilde{f}(x) = \frac{1}{\pi} \int\limits_{-\infty}^{+\infty} \frac{f(y)\,d\,y}{x-y}\,,$$

and a classical result asserts that $\|\tilde{X}\|_2 \le \pi\,\|X\|_2$. The result was extended by M. Riesz, who showed that $\|\tilde{X}\|_p \le A_p\,\|X\|_p$ for each $p > 1$.

We may consider a generalization of the transform (7) to spaces of higher dimensions. Let $e_1,\,e_2,\,\ldots,\,e_n$ be a system of n mutually orthogonal non zero vectors in E^n. Consider the set of all lattice points h generated by this system. Hence the h are of the form $\mu_1\,e_1 + \mu_2\,e_2 + \ldots + \mu_n\,e_n$, where $\mu_1,\,\mu_2,\,\ldots,\,\mu_n$ are arbitrary integers. Since the set of all lattice points is denumerable, we may arrange them into a single infinite sequence $\{h_q\} = (h_0,\,h_1,\,\ldots)$. Given any infinite sequence of numbers $\{x_r\} = (x_0,\,x_1,\,\ldots)$ we may consider the transformation

$$(9) \qquad \tilde{x}_q = \sum_{r=0}^{+\infty}{}' K\,(h_q - h_r)\,x_r\,, \qquad (q = 0\,,1\,,2\,,\ldots)$$

which obviously generalizes (7), and for which we have the following analogue of M. Riesz's theorem:

THEOREM 8. *If the kernel* $K\,(x) = \Omega\,(x')/|\,x\,|^n$ *satisfies the conditions* (1), *then the transformation* (9) *is from* l^p *into* l^p, *for* p *strictly greater than* 1. *More precisely, if* $\tilde{X} = \{\tilde{x}_q\}$, *then* $\|\tilde{X}\|_p \le A_p\,\|X\|_p$.

We shall now consider singular integrals for periodic functions. We recall that parallel to the theory of Hilbert transforms (8) we have a theory of *conjugate functions*

$$(10) \qquad \tilde{f}(x) = \frac{1}{\pi} \int\limits_{-\pi}^{\pi} f(y)\,\frac{1}{2}\cot\frac{1}{2}\,(x-y)\,d\,y\,.$$

The function f here is initially defined in $(-\pi,\,\pi)$ and then extended to all x by the condition of periodicity. The properties of conjugate functions are close to those of Hilbert transforms (8), and this is not surprising since using the formula

(11) $$\frac{1}{2}\cot\frac{1}{2}x = \frac{1}{x} + \overset{+\infty}{\underset{n=-\infty}{\Sigma}}\left(\frac{1}{x+2\pi n} - \frac{1}{2\pi n}\right),$$

we can put (10) in the form

$$\tilde{f}(x) = \frac{1}{\pi}\int\limits_{-\infty}^{+\infty}\frac{f(y)\,d\,y}{x-y}\,.$$

We can apply the same procedure to the general kernel $K(x)$. Suppose for simplicity that the orthogonal vectors $e_1, e_2, \ldots, e_n$ are all of length 2π and set

(12) $$K^*(x) = K(x) + \overset{+\infty}{\underset{q=1}{\Sigma'}}\left\{K(x+h_q) - K(h_q)\right\}$$

assuming, for simplicity of notation, that $h_0 = 0$.

Using the fact that $\Omega \in \text{Lip}\,\alpha$, it is not difficult to see that the series (12) converges uniformly over any finite portion of E^n, provided we drop the first few terms of the series which have singularities there; the function $K^*(x)$ is of period 2π in each of the components ξ_j of x.

Let Q^n be the hypercube in E^n with center at the origin and half-dimensions π. Consider the function

(13) $$\tilde{f}(x) = \int\limits_{Q^n}f(y)\,K^*(x-y)\,d\,y\,.$$

Since $K - K^*$ is continuous in Q^n, Theorem 1 implies that the integral (13) exists almost everywhere in Q^n, and from Theorem 2 we can deduce without difficulty the following result:

THEOREM 9. *If f is in L^p on Q^n, where $p > 1$, then $\tilde{f}$ is also in L^p, and $\|\tilde{f}\|_p \leq A_p\|f\|_p$, where $\|f\|_p$ stands for $\left(\int\limits_{Q^n}|f(x)|^p\,d\,x\right)^{1/p}$.*

We conclude this section with a few words about singular integrals on curves.

Let C be a rectifiable curve in the complex plane, and let $f(\zeta)$ be and integrable function on C (that is, f an integrable function of the arc length). Consider the integral

(14)
$$\int_C \frac{f(\zeta)\,d\zeta}{z-\zeta} \, ,$$

where z is also on C. By the *principal value* of this integral we mean the limit, as $\varepsilon \to 0$, of

$$\int_{C_\varepsilon(z)} \frac{f(\zeta)\,d\zeta}{z-\zeta} \, ,$$

where $C_\varepsilon(z)$ is the part of the curve C which is outside the circle with center z and radius ε. One would expect that under these conditions the integral (14) would exist at almost all points of C; whether this is so we do not know, and the best result so far obtained is the following

THEOREM 10. *If the curve C has bounded curvature and x and f is integrable on C, then the integral (14) exists, in the sense of principal value, at almost all points of C.*

Definitions of singular integrals can be extended from Euclidean spaces to curved varieties, but very little is known in the general case, and we do not discuss the topic here.

§ 3. Given a function $f(x) = f(\xi_1, \ldots, \xi_n)$, we denote by $\widehat{f}$ the Fourier transform of f,

$$\widehat{f}(x) = (2\pi)^{-\frac{1}{2}n} \int f(y)\, e^{-i(xy)}\, dy \, ,$$

where (xy) stands for the scalar product $\xi_1 \eta_1 + \ldots + \xi_n \eta_n$ of the vectors $x = (\xi_1, \ldots, \xi_n)$ and $y = (\eta_1, \ldots, \eta_n)$. We take for granted elementary properties of the Fourier transform $\widehat{f}$, in particular the facts that if $f \in L^2$, then $\widehat{f}$ exists (in the metric L^2), that $\|\widehat{f}\|_2 = \|f\|_2$, and that we have the inversion formula

(1)
$$f(y) = (2\pi)^{-\frac{1}{2}n} \int \widehat{f}(x)\, e^{i(xy)}\, dx \, .$$

Moreover we shall need the fact that if we define the convolution h of functions f and g by the formula

$$h(x) = (2\pi)^{-\frac{1}{2}n} \int f(y)\, g(x-y)\, dy,$$

and if one of the functions f, g is in L and the other in L^2, then

(2) $$\widehat{h} = \widehat{f}\,\widehat{g}.$$

Since a singular integral $\widehat{f}$ is a convolution of two functions f and g, we may expect (2) to be valid in this case in some sense, and we are led to study the Fourier transform of the kernel $K(x) = \Omega(x')/|x|^n$. The kernel being not integrable near the origin, we must first define the Fourier transform of K.

Let $K_{\varepsilon,\eta}(x)$ be the function coinciding with K for $\varepsilon \le |x| \le \eta$ and equal to 0 otherwise. We define the Fourier transform of K by the formula

(3) $$\widehat{K}(x) = \lim_{\varepsilon \to 0} \lim_{\eta \to \infty} \widehat{K}_{\varepsilon,\eta}(x),$$

and we first study the behavior of $\widehat{K}_{\varepsilon,\eta}$. We suppose temporarily that Ω is merely bounded and satisfies the usual condition

$$\int_{\Sigma} \Omega(x')\, dx' = 0.$$

We introduce polar coordinates and set $|x| = r$, $|y| = \varrho$, $(x\,y) = r\varrho \cos\varphi$. We have $dy = \varrho^{n-1}\, d\varrho\, d\sigma$, where $d\sigma$ stands for the element of area of Σ, and

(4) $$(2\pi)^{n/2}\, \widehat{K}_{\varepsilon,\eta}(x) = \int_{\Sigma} d\sigma \int_{\varepsilon}^{\eta} \varrho^{-1} \Omega(y')\, e^{-ir\varrho\cos\varphi}\, d\varrho =$$

$$= \int_{\Sigma} \Omega(y')\, d\varrho \int_{\varepsilon r}^{\eta r} \frac{e^{-i\varrho\cos\varphi}}{\varrho}\, d\varrho.$$

Let $g(\varrho)$ be the function equal to 1 for $\varrho \le 1$ and to 0 for $\varrho > 1$. Then, in view of the condition $\int_{\Sigma} \Omega(y')\, dy' = 0$, the right hand side *of* (4) is

$$\int\limits_{\Sigma} \Omega\,(y')\int\limits_{\varepsilon r}^{\eta r}\frac{e^{-i\varrho\cos\varphi}-g\,(\varrho)}{\varrho}\,d\,\varrho\;.$$

Denote the inner integral by I. We will show that

(5) $$|\,I\,|\leq\log\frac{1}{|\cos\varphi\,|}+C\,,$$

where C is an absolute constant.

Consider first the case $\varepsilon\,r\leq 1\leq\eta\,r$, and set

$$C_1=\sup_{R\geq 1}\left|\int\limits_1^R\frac{e^{-i\varrho}}{\varrho}\,d\,\varrho\right|\,.$$

We have

$$I=\int\limits_{\varepsilon r}^1\frac{e^{-i\varrho\cos\varphi}-1}{\varrho}\,d\,\varrho+\int\limits_1^{\eta r}\frac{e^{-i\varrho\cos\varphi}}{\varrho}\,d\,\varrho=I_1+I_2\,,$$

say. The inequality $|\,e^{it}-1\,|\leq t$ implies that

$$|\,I_1\,|\leq 1\,.$$

On the other hand,

$$|\,I_2\,|=\left|\int\limits_{|\cos\varphi|}^{\eta r|\cos\varphi|}\frac{e^{-i\varrho}}{\varrho}\,d\,\varrho\right|$$

and, consequently,

$$|\,I_2\,|\leq\int\limits_{|\cos\varphi|}^1\varrho^{-1}\,d\,\varrho=\log\frac{1}{|\cos\varphi\,|}\,,\qquad|\,I_2\,|\leq C_1+\log\frac{1}{|\cos\varphi\,|}\,,$$

according as $\eta\,r\,|\cos\varphi\,|$ is ≤ 1 or ≥ 1, so that in any case we have (5) with $C=C_1+1$.

In the cases $\eta\,r\leq 1$ and $\varepsilon\,r\geq 1$ the situation is similar. In the former, using the same estimate as for I_1 above, we obtain $|\,I\,|\leq 1$; and in the latter

$$|\,I\,|=\left|\int\limits_{\varepsilon r}^{\eta r}\frac{e^{-i\varrho\cos\varphi}}{\varrho}\,d\,\varrho\right|\leq\left|\int\limits_{\varepsilon r|\cos\varphi|}^1\frac{e^{-i\varrho}}{\varrho}\,d\,\varrho\right|+\left|\int\limits_1^{\eta r|\cos\varphi|}\frac{e^{-i\varrho}}{\varrho}\,d\,\varrho\right|\,.$$

The contribution, if any, of the interval $(1, \eta\, r\,|\cos \varphi\,|)$ does not exceed C_1, and the rest is numerically majorized by

$$\int_{\varepsilon r|\cos\varphi|}^{1} \frac{d\varrho}{\varrho} = \log \frac{1}{\varepsilon\, r\,|\cos \varphi\,|} \leq \log \frac{1}{|\cos \varphi\,|}.$$

Thus (5) is established.

Return to (4). Since the integral I converges as first $\eta \to +\infty$ and then $\varepsilon \to 0$, provided $\cos \varphi \neq 0$, and since the right-hand side of (5) is integrable over Σ, we deduce that

(i) $\widehat{K}_{\varepsilon,\eta}(x)$ is bounded, uniformly in ε and η;

(ii) if $\eta \to \infty$ and then $\varepsilon \to 0$, $\widehat{K}_{\varepsilon,\eta}(x)$ tends pointwise to a bounded function which we may denote by $\widehat{K}(x)$ and call the *Fourier transform* of K.

Suppose now that $f \in L^2$, and set

$$\widetilde{f}_{\varepsilon,\eta} = f * K_{\varepsilon,\eta}.$$

Since $K_{\varepsilon,\eta} \in L$, we have, by (2),

(6)
$$\widehat{\widetilde{f}}_{\varepsilon,\eta} = \widehat{f}\, \widehat{K}_{\varepsilon,\eta}.$$

Since the difference $\widehat{f}\,\widehat{K} - \widehat{f}\,\widehat{K}_{\varepsilon,\eta}$ tends pointwise to 0 and is majorized by a function in L^2, we deduce that

(7)
$$\|\widehat{f}\,\widehat{K} - \widehat{f}\,\widehat{K}_{\varepsilon,\eta}\|_2 \to 0.$$

Let $\widetilde{f}$ be the function whose Fourier transform is $\widehat{f}\,\widehat{K}$. From (7) and (6) we have

(8)
$$\|\widetilde{f} - \widetilde{f}_{\varepsilon,\eta}\|_2 \to 0.$$

In other words, the integral

$$\widetilde{f}_{\varepsilon,\eta}(x) = \int_{\varepsilon \leq |x-y| \leq \eta} f(y)\, K(x-y)\, d\,y$$

converges in L^2 to limit $\widetilde{f}$ as $\eta \to \infty$ and then $\varepsilon \to 0$.

6

In the argument just completed we assumed that Ω was bounded over Σ. Since the right-hand side of (5) is integrable over Σ in any power > 1, an application of Hölder's inequality shows that (8) holds if Ω is in some L^p, $p > 1$. But we can go one step further. The right side R of (5) is integrable exponentially over Σ, that is $\exp \lambda R$ is integrable for some $\lambda > 0$. Using therefore, instead of Hölder's, Young's inequality

$$(8a) \qquad u\,v \le u \log (u + 1) + e^v\,(u\,,\,v \ge 0),$$

we can deduce (8) under the hypothesis that $\Omega \log^+ |\,\Omega\,|$ is integrable over Σ :

TEOREM 11. *If* $\Omega \log^+ |\,\Omega\,|$ *is integrable over* Σ, *and* $\int\limits_{\Sigma} \Omega(x')\,dx' = 0$,

we have (8) *for each* $f \in L^2$.

The result is not a special case of Theorems 1 and 2 for $p = 2$: we assume now much less about Ω, but we assert only convergence in L^2, not pointwise convergence.

From the preceding argument we can easily obtain an explicit formula for $\widehat{K}$. Suppose again, for simplicity, that Ω is bounded. We have

$$(9) \qquad (2\,\pi)^{\frac{1}{2}\,n}\,\widehat{K}\,(x) = \lim_{\varepsilon \to +0}\,\lim_{\eta \to +\infty} \int\limits_{\Sigma} \Omega\,(y') \left\{ \int\limits_{\varepsilon r}^{\eta r} \frac{e^{-i\varrho\cos\varphi}}{\varrho}\,d\,\varrho \right\} d\,\sigma =$$

$$= \lim_{\varepsilon \to 0} \int\limits_{\Sigma} \Omega\,(y') \left\{ \int\limits_{\varepsilon r}^{\infty} \frac{e^{-i\varrho\cos\varphi}}{\varrho}\,d\,\varrho \right\} d\,\sigma .$$

Let $\omega = \mathrm{sign}\,(\cos \varphi)$. The inner integral can be written

$$(10) \qquad \int\limits_{\varepsilon r|\cos\varphi|}^{\infty} \frac{e^{-i\omega\varrho}}{\varrho}\,d\,\varrho = \int\limits_{\varepsilon r|\cos\varphi|}^{\infty} \frac{\cos \varrho}{\varrho}\,d\,\varrho - i\,\omega \int\limits_{\varepsilon r|\cos\varphi|}^{\infty} \frac{\sin \varrho}{\varrho}\,d\,\varrho .$$

The real part on the right is

$$\int\limits_{\varepsilon r}^{\infty} \frac{\cos \varrho}{\varrho}\,d\,\varrho + \int\limits_{\varepsilon r|\cos\varphi|}^{\varepsilon r} \frac{\cos \varrho - 1}{\varrho}\,d\,\varrho + \int\limits_{\varepsilon r|\cos\varphi|}^{\varepsilon r} \frac{d\,\varrho}{\varrho} .$$

Of the three integrals, the first is independent of φ and so can be dropped in (9), in view of the fact that the integral of Ω over Σ is zero; the second integral tends to as $\varepsilon \to 0$, r remaining fixed; the third integral is $\log (1/|\cos \varphi|)$. The imaginary part on the right of of (10) differs from $-\dfrac{1}{2} \pi i \omega$ by a quantity tending to 0 with ε. Collecting the results we see that

$$(11) \quad \widehat{K}(x) = (2\pi)^{-\frac{1}{2}n} \int\limits_{\Sigma} \Omega(y') \left\{ \log \frac{1}{|\cos \varphi|} - \frac{1}{2} \pi i \ \text{sign} \cos \varphi \right\} d\sigma .$$

This formula was proved under the hypothesis that Ω was bounded, but, of course, remains valid if $\Omega \log^+ |\Omega|$ is integrable over Σ.

The formula (11) shows that $K(x)$ *is a homogeneous function of degree* 0.

§ 4. Our next topic of discussion is Theorems 1, 2 and 3 stated previously. Complete proofs of these theorems would take us too much time and we cannot go into them, but there are some aspects of the proofs, and some special cases, which are of indepededent interest an which can be discussed easily.

We call the kernel $K(x)$ *even*, if $K(-x) = K(x)$, and *odd* if $K(-x) = -K(x)$. Every kernel $K(x)$ is a sum of its even component $\dfrac{1}{2} \{K(x) + K(-x)\}$ and odd component $\dfrac{1}{2} \{K(x) - K(-x)\}$.

It turns out that some of results are comparatively easy to prove for odd kernels; more precisely, in the case of odd kernels results for n-dimensional Hilbert transforms are deducible from corresponding result for the classical, one-dimensional, Hilbert transform. This is of interest since a number of important kernels are odd. This is true in particular of the *Riesz kernel*

$$K(x) = x/|x|^{n+1} ;$$

it is a vector function, and so transforms every scalar function f into a vector function $\widetilde{f} = f * K$.

Let K be an odd kernel, $K(-x) = -K(x)$, and suppose first that $f \in L^2$. Consider the truncated transform

$$\widetilde{f}_\varepsilon(x) = \int\limits_{|y| \geq \varepsilon} \frac{f(x-y)}{|y|^n} \Omega(y') \, dy = - \int\limits_{|y| \geq \varepsilon} \frac{f(x+y)}{|y|^n} \Omega(y') \, dy ;$$

(the equality of the last two integrals uses the odd character of the kernel K). It follows that

$$\widetilde{f}_\varepsilon(x) = -\frac{1}{2}\int\limits_{|y|\geq\varepsilon}\frac{f(x+y)-f(x-y)}{|y|^n}\,\Omega(y')\,dy'$$

If we set $|y| = \eta$, we have $dy = \eta^{n-1}\,d\eta\,d\sigma$, and if t denotes a unit vector we can write $y = t\eta$, and we obtain

(1) $$\widetilde{f}_\varepsilon(x) = -\frac{1}{2}\int\limits_{\Sigma}\Omega(t)\left\{\int\limits_{\eta\geq\varepsilon}\frac{f(x-t\eta)-f(x+t\eta)}{\eta}\,d\eta\right\}dt.$$

If we set

$$g_\varepsilon(x,t) = -\int\limits_{\eta\geq\varepsilon}\frac{f(x+t\eta)-f(x-t\eta)}{\eta}\,d\eta,$$

we have

(2) $$\widetilde{f}_\varepsilon(x) = \frac{1}{2}\int\limits_{\Sigma}\Omega(t)\,g_\varepsilon(x,t)\,dt.$$

It is clear that (except for the numerical factor $1/\pi$) $g_\varepsilon(x,t)$ is a truncated one-dimensional Hilbert transform at the point x of the function f restricted to the straight line L_t passing through the point x and parallel to the vector t. It is therefore natural to apply here results for one-dimensional Hilbert transform. Suppose that $h(x)$ is a function of the single variable x and of the class L^2. A classical result asserts that

(3) $$\|\widetilde{h}_\varepsilon(x)\|_2 \leq A\|h(x)\|_2.$$

The inequality is a corollary of Theorem 11, but can be proved directly and immediately by observing that the Fourier transform of the truncated kernel $1/x$ is

$$(2\pi)^{-\frac{1}{2}}\int\limits_{|t|\geq\varepsilon}e^{-ixt}\,t^{-1}\,dt = -(2/\pi)^{\frac{1}{2}}\,\mathrm{sign}\,x\cdot\int\limits_{\varepsilon|x|}^{\infty}\frac{\sin t}{t}\,dt,$$

and so is uniformly bounded in x and ε, and tends pointwise to a limit as $\varepsilon \to 0$. If we apply (3) to the function $g_\varepsilon(x,t)$ we have

$$\int_{L_t} |g_\varepsilon(x,t)|^2 \, dL_t \le A \int_{L_t} |f(x)|^2 \, dL_t \, ,$$

and, integrating this over all straight lines parallel to the direction t, we abtain

(4) $$\left(\int |g_\varepsilon(x,t)|^2 \, dx \right)^{\frac{1}{2}} \le A \left(\int |f(x)|^2 \, dx \right)^{\frac{1}{2}} = A \, \|f\|_2 \, .$$

Return to (2). Applying Minkowki's inequality (which asserts that the norm of an integral never exceeds the integral of the norm), we deduce that

(5) $$\|\widetilde{f}_\varepsilon\|_2 \le \frac{1}{2} \int_\Sigma |\Omega(t)| \, \| g_\varepsilon(x,t) \|_2 \, dt \le \frac{1}{2} A \, \| \Omega \|_1 \, \|f\|_2 \, ,$$

where $\| \Omega \|_1$ designates the integral of $|\Omega|$ over Σ.

The inequality (3) which we used in the preceding argument is a special case of the more general inequality

(6) $$\| \widetilde{h}_\varepsilon(x) \|_p \le A_p \, \| h(x) \|_p$$

of M. Riesz, valid for all p strictly greater than 1. If we assume that $f(x)$ is in $L^p(E^n)$, and use (6) instead of (3), the preceding argument gives the following generalization of (5):

(7) $$\| \widetilde{f}_\varepsilon(x) \|_p \le A_p \, \| \Omega \|_1 \, \| f(x) \|_p \, ,$$

for any $f(x)$ in L^p, $p > 1$.

The inequality (6) admits of considerable generalization. In connection with Theorem 3 we introduced the function

$$\widetilde{f}_*(x) = \sup_{\varepsilon > 0} |\widetilde{f}_\varepsilon(x)|$$

(thus $\widetilde{f}_*$ is always non-negative, possibly infinite). It is known that the one-dimensional inequality (6) can be strengthened to

(8) $$\| \widetilde{h}_*(x) \|_p \le A_p \, \| h(x) \|_p \, ,   \qquad (p > 1)$$

an inequality which is equivalent to saying that for any measurable step function $\varepsilon(x)$ we have

$$\| \tilde{h}_{\varepsilon(x)}(x) \|_p \leq A_p \| h(x) \|_p , \qquad (p > 1)$$

where A_p is a constant depending on p, but not the choice of $\varepsilon(x)$. Suppose now that the ε in (2) is a function of x, say a step function (by a step function in E^n we mean a function constant in a finite number of non-overlapping n-dimensional rectangles and 0 elsewhere). We have

$$|\tilde{f}_{\varepsilon(x)}(x)| \leq \frac{1}{2} \int_\Sigma | \Omega(t) g_{\varepsilon(x)}(x,t) | \, dt \leq \int_\Sigma | \Omega(t) | g_*(x,t) \, dt ,$$

if we set

$$g_*(x,t) = \sup_{\varepsilon > 0} | g_\varepsilon(x,t) | ,$$

and so also

$$\tilde{f}_*(x) \leq \frac{1}{2} \int_\Sigma | \Omega(t) | g_*(x,t) \, dt ,$$

from which, by the previous argument, we deduce

(9) $$\| \tilde{f}_*(x) \|_p \leq A_p \| \Omega \|_1 \| f(x) \|_p \qquad (p > 1).$$

This inequality implies that $\tilde{f}_* < \infty$ almost everywhere, and in particular that at almost all points x the integral $\tilde{f}_\varepsilon(x)$ remains bounded as $\varepsilon \to 0$. But at also implies easily that for almost all x the limit $\tilde{f}(x) = \lim \tilde{f}_\varepsilon(x)$ necessarily exists. To see this we observe that $\tilde{f}$ exists everywhere if f is continuously differentiable and, say vanishes outside a sufficiently large sphere. The class of such functions f is dense in every L^p. Now, if we set

$$\delta(x) = \delta(x,f) = \limsup_{\varepsilon \to +0} \tilde{f}_\varepsilon(x) - \liminf_{\varepsilon \to +0} \tilde{f}_\varepsilon(x) ,$$

then (9) implies that

(10) $$\| \delta(x,f) \|_p \leq 2 A_p \| \Omega \|_1 \| f \|_p .$$

Now $\delta(x,f) = \delta(x, f-g)$ for any g such that $\tilde{g}(x) = \lim \tilde{g}_\varepsilon(x)$ exists and, selecting g such that $\| f - g \|_p$ is arbitrarily small, we deduce that $\|\delta(x,f)\|_p = 0$, $\delta(x,f) = 0$ almost everywhere, so that $\widetilde{f} = \lim \widetilde{f_\varepsilon}$ exists almost everywhere.

Applying this to (7) we see that

$$(11) \qquad \|\widetilde{f}\|_p \leq A_p \|\Omega\|_1 \|f\|_p .$$

Let us summarize the results obtained so far in this section. *Taking for granted results for the one-dimensional Hilbert transform, and assuming that the function Ω is odd and integrable over Σ (this, of course, implies that the integral of Ω over Σ is 0) we deduced that $\widetilde{f}(x) = \lim \widetilde{f_\varepsilon}(x)$ exists almost everywhere, and that $\widetilde{f_\varepsilon}$ is majorized by a function in L^p; in particular*

$$\lim \|\widetilde{f} - \widetilde{f_\varepsilon}\|_p = 0 .$$

The method we used, which we may call the *method of rotation*, may be applied to more general kernels, already considered in § 2, provided the kernels are odd. Consider the integral

$$(12) \qquad \widetilde{f_\varepsilon}(x) = \int\limits_{|y|\geq\varepsilon} f(x-y)\, \frac{\Omega(x,y')}{|y|^n}\, dy ,$$

where f is in $L_p, p > 1$, and Ω is a function of the variable $y' \in \Sigma$ and of the parameter $x \in E^n$. We assume that Ω is odd in y', and that there exists a function $\Omega^*(y')$ integrable on Σ and such that

$$(13) \qquad |\Omega(x,y')| \leq \Omega^*(y')$$

for all x. If $g_\varepsilon(x,t)$ has the same meaning as above, then arguing as before we have

$$\widetilde{f_\varepsilon}(x) = \frac{1}{2} \int\limits_{\Sigma} \Omega(x,t)\, g_\varepsilon(x,t)\, dt ,$$

$$|\widetilde{f_\varepsilon}(x)| \leq \frac{1}{2} \int\limits_{\Sigma} |\Omega^*(t)|\, |g_\varepsilon(x,t)|\, dt ,$$

from which it follows that

$$\|\widetilde{f_\varepsilon}(x)\|_p \leq A_p \|\Omega^*\|_1 \|f(x)\|_p \qquad\qquad (p > 1) .$$

The last inequality can be extended to

$$\|\widetilde{f}_* (x)\|_p \leq A_p \, \|\, \Omega^* \,\|_1 \, \|\, f(x) \,\|_p \, ,$$

where $\widetilde{f}_* (x) = \sup\limits_{\varepsilon > 0} |\widetilde{f}_\varepsilon (x)|$, which, as before, implies that $\widetilde{f}(x) = = \lim \widetilde{f}_\varepsilon (x)$ exists almost everywhere.

§ 5. In this section we consider the limiting case $p = 1$, and we show that if Theorem 1 is valid for $p = 2$, then it is also valid for $p = 1$. Thus the result is of conditional nature, but is of interest since in the preceding section we showed the validity of Theorem 1 for odd kernels and any $p > 1$. The method we use is itself of interest and has wider application.

We begin with the proof of the following lemma.

LEMMA I. *Let P be a bounded perfect set in E^n, and Δ a sphere containing P. Let $\delta(x)$ be the distance of x from P. Then for any $\lambda > 0$ and almost all points x in P we have*

$$(1) \qquad I(x) = \int\limits_{\Delta} \frac{\delta^\lambda(y)}{|x - y|^{n+\lambda}} \, dy < \infty \, .$$

We shall call the integral in (1) the *integral of Marcinkiewicz.*

It is enough to prove the lemma in the case $n = 1$ which is entirely typical. We will show that

$$(2) \qquad \int\limits_{P} I(x) \, dx < \infty \, .$$

Clearly

$$\int\limits_{P} I(x) \, dx = \int\limits_{P} dx \int\limits_{\Delta} \frac{\delta^\lambda(y)}{|x - y|^{\lambda+1}} \, dy = \int\limits_{P} dx \int\limits_{Q} \frac{\delta^\lambda(y)}{|x - y|^{\lambda+1}} \, dy \, .$$

where $Q = \Delta - P$. We have

$$\int\limits_{P} I(x) \, dx = \int\limits_{Q} \delta^\lambda(y) \, dy \int\limits_{P} \frac{dx}{|x - y|^{\lambda+1}} \leq \int\limits_{Q} \delta^\lambda(y) \, dy \cdot 2 \int\limits_{\delta(y)}^{\infty} \frac{dt}{t^{\lambda+1}} =$$

$$= \int\limits_{Q} \delta^\lambda(y) \, dy \cdot \frac{2}{\lambda} \, \delta^{-\lambda}(y) \, dy \leq \frac{2}{\lambda} \, |Q| \, .$$

This proves (2), and so also the lemma.

LEMMA II. *Let $f(x)$ be a function integrable in a cube $I \subset E$, and let y be a positive number sufficiently large. Then there exists a sequence of cubes $I_1, I_2, \ldots$ contained in I, without interior points in common with each other, and such that*

$$(3) \qquad\qquad y < \frac{1}{|I_k|} \int\limits_{I_k} |f| \, dx \le 2^n y \qquad (k = 1, 2, \ldots).$$

Moreover, if $Q = \Sigma I_k$, $P = I - Q$, we have

$$|f| \le y$$

almost everywhere in P.

Let y be any positive number not less than the average value of $|f|$ over I:

$$\frac{1}{|I|} \int\limits_I |f| \, dx \le y.$$

We decompose I into 2^n equal cubes, and set aside those cubes over which the average value of $|f|$ exceeds y. Each of the remaining cubes we subdivide into 2^n equal parts and set aside those of the cubes over which the average value of f exceeds y. Each of the remaining cubes we again subdivide into 2^n equal parts and proceed as before, and so on. Let $I_1, I_2, \ldots$ be the sequence of all the cubes we set aside in this process. The I_k are all contained in I and have no interior points in common with each other. Clearly we have (3).

In this process of subdivision each point of $P = I - Q = I - \Sigma I_k$ is contained in a sequence of cubes converging to it and over which the average value of $|f|$ is $\le y$. It follows that $|f| \le y$ at almost all points of P. This completes the proof of the lemma.

We now pass to the proof of the result stated at the beginning of the section, and we assume that $\int\limits_{\Sigma} \Omega \, dy' = 0$ and that $\Omega \in \mathrm{Lip} \, \lambda$, $\lambda > 0$. Since the existence of f is a local property, we may assume that the function f is 0 outside a cube I. We may also suppose that $f \ge 0$. Let y be a number positive and sufficiently large.

Let $I_1, I_2, \ldots, P, Q$ have the same meaning as in Lemma II. We set

$$g = \begin{cases} f \text{ in } P \\ \mathcal{M}f \text{ in each } I_k, \end{cases}$$

where $\mathcal{M}f$ designates the average value of f in I_k, and $g = 0$ outside I. If we set $f = g + h$, then

$$h = \begin{cases} 0 \text{ in } P, \\ f - \mathcal{M}f \text{ in each } I_k, \end{cases}$$

and we have

(4) $$\int_{I_k} h \, dx = 0, \quad \int_{I_k} |h| \, dx \le 2 \int_{I_k} f \, dx.$$

We now observe that $\tilde{g}$ exists almost everywhere, since g is bounded and is 0 outside I, and we assume the existence of $\tilde{g}$ if g is in L^2. It is therefore enough to prove the existence of $\tilde{h}$.

We denote by I_k^* the cube concentric with and homothetic to I_k, with sides three times those of I_k, and we set

$$Q^* = \Sigma I_k^*, \ P^* = I - Q^*.$$

It is enough to prove the existence of $\tilde{h}$ at almost all points of P^*, for the proof of Lemma II implies that, if y is large enough then $|Q|$, and so also $|Q^*|$, is small and, correspondingly, $|P^*|$ is arbitrarily close to $|I|$.

We have, formally,

$$\tilde{h}(x) = \int_I h(y) K(x-y) \, dy = \int_I h(y) K(x-y) \, dy =$$

$$= \Sigma_k \int_{I_k} h(y) K(x-y) \, dy,$$

since $Q = \Sigma I_k$. Using the fact that $\int_{I_k} h(y) \, dy = 0$, we can also write

(5) $$\tilde{h}(x) = \Sigma_k \int_{I_k} h(y) [K(x-y) - K(x-y_k)] \, dy,$$

where y_k is the center of the cube I_k. It will be enough to show that if we replace the integrands by their absolute values, the resulting series will converge almost everywhere in P^*.

The difference in square brackets is

$$K(x-y) - K(x-y_k) = \frac{\Omega[(x-y)']}{|x-y|^n} - \frac{\Omega[(x-y_k)']}{|x-y_k|^n} =$$

$$= \Omega[(x-y)'] \left[\frac{1}{|x-y|^n} - \frac{1}{|x-y_k|^n} \right] + \frac{\Omega[(x-y)'] - \Omega[(x-y_k)']}{|x-y_k|^n}.$$

Denoting by C suitable constants we can write

$$\left| \Omega[(x-y)'] \left[\frac{1}{|x-y|^n} - \frac{1}{|x-y_k|^n} \right] \right| \leq C \frac{|y-y_k|}{|x-\overline{y}_k|^{n+1}},$$

where $\overline{y}_k$ is on the segment joining y and y_k. Since for x in P^* and y in I_k we have $C_1 \leq |x-y|/|x-y_k| \leq C_2$, it follows that

$$(6) \qquad \left| \Omega[(x-y)'] \left[\frac{1}{|x-y|^n} - \frac{1}{|x-y_k|^n} \right] \right| \leq$$

$$\leq C \frac{|y-y_k|}{|x-y_k|^{n+1}} \leq C \frac{d_k}{|x-y_k|^{n+1}},$$

where d_k designates the diameter of I_k.

Let φ be the angle between the vectors $x-y$ and $x-y_k$. Since Ω satisfies a Lipschitz condition of order $\lambda, 0 < \lambda \leq 1$, we have

$$\left| \frac{\Omega[(x-y)'] - \Omega[(x-y_k)']}{|x-y_k|^n} \right| \leq \frac{C \varphi^\lambda}{|x-y_k|^n} \leq \frac{C}{|x-y_k|^n} \left(\frac{|y-y_k|}{|x-y_k|} \right)^\lambda,$$

due to the fact that $\varphi^\lambda \leq C|y-y_k|/|x-y_k|$. It follows that

$$\left| \frac{\Omega[(x-y)'] - \Omega[(x-y)_k']}{|x-y_k|^n} \right| \leq C \frac{d_k^\lambda}{|x-y_k|^{n+\lambda}}.$$

Comparing this with (6) and observing that $\lambda \leq 1$, we see that

$$|K(x-y) - K(x-y_k)| \leq C \frac{d_k^\lambda}{|x-y_k|^{n+\lambda}} \qquad (y \in I_k, \; x \in P^*)$$

and (see (5))

$$(7) \quad \sum_k \int_{I_k} |h(y)| \, |K(x-y) - K(x-y_k)| \, dy \leq C \sum_k \frac{d_k^\lambda}{|x-y_k|^{n+\lambda}} \int_{I_k} |h(y)| \, dy .$$

Since, by (4) and (3)

$$\int_{I_k} |h| \, dy \leq 2 \int_{I_k} f \, dy \leq 2^{n+1} |y| \, |I_k| ,$$

it follows that the right side of (7) is majorized by

$$C y \sum_k \frac{d_k^\lambda}{|x-y_k|^{n+\lambda}} |I_k|$$

and so also, if $\delta(x)$ is the distance of x from P^*, by

$$C y \sum_k \int_{I_k} \frac{\delta^\lambda(y)}{|x-y|^{n+\lambda}} \, dy \leq C y \int_Q \frac{\delta^\lambda(y)}{|x-y|^{n+\lambda}} \, dy \leq C y \int_{Q^*} \frac{\delta^\lambda(y)}{|x-y|^{n+\lambda}} \, dy < \infty ,$$

almost everywhere in P^*, by Lemma I.

This completes the proof of the existence of $\widetilde{f}$ almost everywhere.

§ 6. Consider a function $f(x) \in L^2 (-\infty, +\infty)$ and its Fourier transform

$$T f = \widehat{f}(x) = \frac{1}{\sqrt{2\pi}} \int_{-\infty}^{+\infty} f(y) \, e^{-ixy} \, dy .$$

It is a very well known, and immediately verifiable, fact that if $T g = \overline{T f}$, then $g(x) = \overline{f(-x)}$.

Let

$$\widetilde{f}(x) = \frac{1}{\pi} \int_{-\infty}^{+\infty} \frac{f(y)}{x-y} \, dy ,$$

that is $\widetilde{f} = f * K$, where $K = (2/\pi)^{1/2} x^{-1}$. In this case,

$$\widehat{K}(x) = -i \operatorname{sign} x ,$$

and

$$(1) \qquad T\widetilde{f} = Tf \cdot TK = Tf \cdot (-i \operatorname{sign} x),$$

or $Tf = T\widetilde{f} \cdot (i \operatorname{sign} x)$, from which it immediately follows the inversion formula

$$(2) \qquad f(x) = -\frac{1}{\pi} \int\limits_{-\infty}^{+\infty} \frac{\widetilde{f}(y)}{x-y} \, dy.$$

This formula was established for $f \in L^2$, but is immediately extensible to f in any L^p, $p > 1$, since it is valid for functions f which are simultaneously in L^2 and L^p, and such functions form a dense subset in L^p.

The Fourier analysis of Hilbert transforms in E^2 has already a richer content. Write $z = r\,e^{i\varphi}$ and consider the elementary kernel

$$K_k(z) = \frac{e^{ik\varphi}}{r^2} \qquad (k = \pm 1, \pm 2, \ldots).$$

We want to determine $\widehat{K_k}$. Let $J_k(\varrho)$ denote the k-th Bessel function. We recall the basic properties

$$J_k(-\varrho) = (-1)^k J_k(\varrho), \; J_{-k}(\varrho) = (-1)^k J_k(\varrho),$$

$$J_k(\varrho) = \frac{1}{2\pi} \int\limits_0^{2\pi} e^{i\varrho\sin\theta - ik\theta} \, d\theta.$$

We shall also need the formula

$$(3) \qquad \int\limits_0^{\infty} \frac{J_k(\varrho)}{\varrho} \, d\varrho = \frac{1}{k} \qquad (k > 0).$$

Using this, we have

$$\widehat{K_k}(z) = \frac{1}{2\pi} \int\limits_0^{2\pi}\int\limits_0^{\infty} \frac{e^{-ir\varrho\cos(\varphi-\theta)}\,e^{ik\theta}}{\varrho} \, d\varrho \, d\theta =$$

$$= e^{ik\varphi} \int\limits_0^{\infty} \frac{d\varrho}{\varrho} \frac{1}{2\pi} \int\limits_0^{2\pi} e^{-i\varrho\cos(\theta-\varphi)+ik(\theta-\varphi)} \, d\theta =$$

$$= e^{ik\varphi} \int\limits_0^\infty \frac{d\,\varrho}{\varrho}\, \frac{1}{2\,\pi} \int\limits_0^{2\pi} e^{-i\varrho\cos\theta + ik\theta}\, d\,\theta =$$

$$= e^{ik\varphi} \int\limits_0^\infty \frac{d\,\varrho}{\varrho}\, \frac{1}{2\,\pi} \int\limits_0^{2\pi} e^{i\varrho\sin\psi - ik\psi - i\frac{\pi}{2}\,k}\, d\,\psi =$$

$$= (-\,i)^k\, e^{ik\varphi} \int\limits_0^\infty \frac{d\,\varrho}{\varrho} \int\limits_0^{2\pi} e^{i\varrho\sin\psi - ik\psi} = (-\,i)^k\, e^{ik\varphi} \int\limits_0^\infty \frac{J_k\,(\varrho)}{\varrho}\, d\,\varrho\,.$$

The last integral being $1/k$ for $k > 0$ and $(-1)^k/|k|$ for $k < 0$ we we arrive at the formula

(4) $$\widehat{K}_k(z) = \frac{e^{ik\varphi}\,(-\,i)^{|k|}}{|\,k\,|} \qquad (k = \pm\,1\,,\pm\,2\,,\ldots)\,.$$

Consider now the M. Riesz transform R which is defined by the kernel $K_1(z) = z/|\,z\,|^3$. We have

(5) $$\widehat{K}_1(z) = e^{i\varphi}\,(-\,i)\,,\quad \widehat{K}_{-1}(z) = e^{-i\varphi}\,(-\,i) = -\,1/\widehat{K}_1(z)\,.$$

Hence, if $k > 0$,

(6) $$\widehat{K}_k = \frac{(\widehat{K}_1)^k}{k}\,,\quad \widehat{K}_{-k} = \frac{(\widehat{K}_{-1})^k}{k} = \frac{(-\,1)^k\,(\widehat{K}_1)^{-k}}{k}\,.$$

Let H_k be the transformation corresponding to the kernel K_k. From (6) we deduce that

(7) $$H_k = \gamma_k\,R^k$$

where $\gamma_k = \dfrac{1}{k}$ for $k = 1\,,\,2\,,\ldots$, and $\gamma_k = \dfrac{(-\,1)^k}{|\,k\,|}$ for $k = -\,1\,,$ $-\,2\,,\ldots$ Thus, except for numerical factors, the transformations H^k are k-th powers of the Riesz transformation. If we write

$$K(z) = \Sigma' \, \alpha_k \frac{e^{ik\varphi}}{r^2}$$
$${\scriptstyle k}$$

(where the prime signifies that the term $k = 0$ is absent in summation) and denote by H the transformation corresponding to the kernel K, we obtain, formally,

(8)
$$\widehat{K}(z) = \Sigma'_{k} \alpha_{k} \frac{(-i)^{|k|}}{|k|} e^{ik\varphi},$$

(9)
$$H = \Sigma'_{k} \alpha_{k} \gamma_{k} R^{k},$$

where the γ_{k} have the same meaning as before.

The formula (8) is valid if $\Omega \log^{+} |\Omega|$ is integrable over $(0, 2\pi)$.

To see this we observe that the formula is certainly valid if $\Omega(\theta)$ is a trigonometric polynomial in θ. Let σ_{n} be the $(C, 1)$ means of the Fourier series of Ω. From the theory of Fourier series it is well known that if $\Omega \log^{+} |\Omega|$ is integrable, then both integrals

$$\int_{0}^{2\pi} |\Omega(\varphi) - \sigma_{n}(\varphi)| \, d\varphi, \quad \int_{0}^{2\pi} |\Omega(\varphi) - \sigma_{n}(\varphi)| \log^{+} |\Omega(\varphi) - \sigma_{n}(\varphi)| \, d\varphi$$

converge to 0 as $n \to \infty$. Consider now the formula (11) of § 3, which in our case can be written

$$\widehat{K}(r e^{i\theta}) = (2\pi)^{-1} \int_{0}^{2\pi} \Omega(\varphi) \left\{ \log \frac{1}{|\cos(\theta - \varphi)|} - \frac{1}{2} \pi i \operatorname{sign} \cos(\theta - \varphi) \right\} d\varphi.$$

Using Young's inequality (8a) of § 3, we con easily prove that the integral

$$\int_{0}^{2\pi} |\Omega(\varphi) - \sigma_{n}(\varphi)| \log \frac{1}{\cos |\theta - \varphi|} \, d\varphi$$

tends to 0, uniformly in θ. Hence, if in the formula defining $\widehat{K}$ we substitute σ_{n} for Ω, the resulting expression will tend to $\widehat{K}$, uniformly in θ, as $n \to \infty$. This means that the series in (8) is summable $(C, 1)$ to $\widehat{K}$, and since the terms of the series are $o(1/n)$, the series converges. This proves (8).

As to (9), we observe that if $\Omega(\theta) \sim \Sigma \alpha_{k} e^{ik\theta}$ is such that $\Omega \log^{+} |\Omega|$ is integrable then, as is known in the theory of Fourier series, $\Sigma' |\alpha_{k}| |k|^{-1}$ is finite. Hence, if $K(z, N)$ is the N-th symmetric partial sum of $\Sigma r^{-2} \alpha_k e^{ik\theta}$, then $\widehat{K}(z, N)$ converges uniformly to $\widehat{K}(z)$, and so, for any $f \in L^2$,

$$\| \{\widehat{K}(z) - \widehat{K}(z, N)\} \widehat{f}(z) \|_2 \to 0,$$

which means that the operators which represent the N-th partial sums on the right of (9) converge uniformly to the operator H.

It is easy to obtain inversion formulas for the operators defined by the kernels K_k. Suppose that $f \in L^2$ and let $\delta_k = (-i)^{|k|} |k|^{-1}$ (see (4)). If Tf denotes the Fourier transform of f, then $T\widetilde{f} = Tf \cdot e^{ik\varphi} \delta_k$, whence

$$Tf = T\widetilde{f} \cdot e^{-ik\varphi} \delta_k^{-1}$$

and, taking conjugates,

$$\overline{Tf} = \overline{T\widetilde{f}} e^{ik\varphi} (\bar{\delta}_k)^{-1}$$

Passing from Fourier transforms to functions we have

$$\overline{f(-x)} = \frac{1}{|\delta_k|^2} \int K_k(x-y) \overline{\widetilde{f}(-y)} \, dy,$$

and, finally, we get the inversion formula

$$(10) \qquad f(x) = k^2 \int \overline{K_k(y-x)} \, \widetilde{f}(y) \, dy.$$

We discuss briefly the case $n > 2$. Developping Ω into a series of spherical harmonics have

$$K(x) = \sum_{k=1}^{\infty} r^{-n} Y_k(x'),$$

where $Y_k(x')$ is a linear combination of fundamental spherical functions of order k.

A remarkable fact about the kernels $Y_k(x') r^{-n}$ is that their Fourier transforms are numerical multiples of Y_k (cf. (4)); more precisely

$$(11) \qquad (2\pi)^{-\frac{1}{2}n} \int_{E^n} \frac{Y_k(y')}{r^n} e^{-i(xy)} \, dy = \delta_k Y_k(x),$$

where

$$(12) \qquad \delta_k = (-i)^k \, 2^{-\frac{1}{2}n} \, \frac{\Gamma\left(\frac{1}{2}\,k\right)}{\Gamma\left(\frac{1}{2}\,k + \frac{1}{2}\,n\right)} \, .$$

Arguing formally, we see that if $K(x) = r^{-n} \sum\limits_{1}^{\infty} Y_k(x')$, then

$$(13) \qquad \widehat{K}(x) = \sum\limits_{1}^{\infty} \delta_k \, Y_k(x') \, .$$

This is an analogue of the formula (8), and it is valid if $\Omega \log^+|\Omega|$ is integrable over Σ and the sum is taken, say, in the Abel sense. The proof is essentially the same as before: the formula is valid if Ω is a spherical harmonic; hence it is valid when the development of Ω into spherical harmonics converges uniformly; finally if $\Omega \log^+|\Omega|$ is integrable over Σ, and $\Omega(\varrho, x')$ is the Abel mean of the Fourier series of Ω (or, what is the same thing, the Poisson integral of Ω) then

$$\int_{\Sigma} |\Omega(\varrho, x') - \Omega(x')| \, d\,x' \to 0 \, ,$$

$$\int_{\Sigma} |\Omega(x') - \Omega(\varrho, x')| \log^+ |\Omega(x') - \Omega(\varrho, x')| \, d\,x' \to 0$$

which implies that if on the right of the formula 11 of § 3 we replace $\Omega(y')$ by $\Omega(\varrho, y')$, the resulting expression tends uniformly to $\widehat{K}(x)$ as $\varrho \to 1$. This show that the series in (13) is uniformly Abel summable to $\widehat{K}$.

REMARK. Return to the formula (11) of § 3. It indicates that $\widehat{K}$ is a spherical convolution of Ω with a kernel $Q(\cos\varphi)$ depending only on the angle φ:

$$(14) \qquad \widehat{K}(x') = \int_{\Sigma} \Omega(y') \, Q(\cos\varphi) \, d\,y',$$

where

$$(15) \qquad Q(\cos\varphi) = (2\pi)^{-\frac{1}{2}n} \left\{ \log \frac{1}{|\cos\varphi|} - \frac{1}{2}\,\pi\,i \, \text{sign} \cos\varphi \right\} \, .$$

It is of interest to find the development of this kernel into a series of ultraspherical polynomials $P_k^a (\cos \varphi)$, where $\alpha = \frac{1}{2} (n-2)$ and the P_k^a are defined by the equation

$$(1- 2\, w \cos \varphi + w^2)^{-a} = \sum_{k=0}^{\infty} P_k^a (\cos \varphi)\, w^k.$$

The classical formula

$$Y_k (x') = \frac{\Gamma (\alpha)\,(k+\alpha)}{2\,\pi^{a+1}} \int\limits_{\Sigma} P_k^a (\cos \varphi)\, Y_k (y')\, d\, y'$$

implies that if $0 < \varrho < 1$ and δ_k is given by (12), then for any, say, continuous $\Omega \sim \Sigma\, Y_n$ we have

(16)
$$\sum_{k=1}^{\infty} \delta_k\, \varrho^{2k}\, Y_k (x') =$$

$$= \frac{\Gamma (\alpha)}{2\,\pi^{a+1}} \int\limits_{\Sigma} \left\{ \sum_{k=1}^{\infty} (k+\alpha)\, \delta_k\, P_k^a (\cos \varphi)\, \varrho^k \right\} \left\{ \sum_{k=1}^{\infty} Y_k (y')\, \varrho^k \right\} d\, y'.$$

Normalizing the P_k^a over the sphere Σ and using the Riesz-Fisher theorem we easily verify that the series $\Sigma\,(k+\alpha)\,\delta_k\, P_k^a (\cos \varphi)$ is the Fourier series of a function $S (\cos \varphi)$ in L^2 over Σ. Since the left side of (16) as well as $\Sigma\, \varrho^k\, Y_k (x')$ tend uniformly to limits $\widehat{K} (x')$ and $\Omega (y')$ respectively, we have

$$\widehat{K} (x') = \frac{\Gamma (\alpha)}{2\,\pi^{a+1}} \int\limits_{\Sigma} S (\cos \varphi)\, \Omega (y')\, d\, y.$$

Comparing this with (14), and observing that the integrals over Σ of both $Q (\cos \varphi)$ and $S (\cos \varphi)$ are 0, we see that $Q = \{\Gamma (\alpha)/2\pi^{a+1}\}\, S$, or, after simplifications,

$$\log \frac{1}{|\cos \varphi|} - \frac{1}{2}\, \pi\, i \, \text{sign} \cos \varphi \sim$$

$$\sim \frac{1}{2}\, \Gamma (\alpha) \sum_{k=1}^{\infty} (-i)^k\,(k+\alpha) \frac{\Gamma \left(\frac{1}{2}\, k\right)}{\Gamma \left(\frac{1}{2}\, k + \frac{1}{2}\, n\right)} P_k^a (\cos \varphi).$$

Taking real and imaginary parts we obtain formulas for $\log(1/|\cos\varphi|)$ and sign $\cos\varphi$.

§ 7. We now prove Theorem 9. Let $p > 1$ and let the kernel $K(x) = \Omega(x)/|x|^n$ satisfy the hypotheses of Theorem 8. Given any sequence $X = \{x_l\} = (x_0, x_1, \ldots)$ we consider the transformation

$$(1) \qquad \widetilde{x}_m = \sum_{l=0}^{\infty}{}' K(h_m - h_l) x_l$$

of X into $\widetilde{X} = \{\widetilde{x}_m\}$. We have to show that

$$\|\widetilde{X}\|_p \leq A_p \|X\|_p,$$

where $\|X\|_p$ stands for $(\sum |x_l|^p)^{1/p}$, and A_p depends on p and the kernel K, but not on X. To simplify the argument we suppose that the vectors $e_1, e_2, \ldots, e_n$ which generate the lattice points h_m are of length 1.

Let R_q be the hypercube with center h_q, edges parallel to the coordinate axes and of length 2^{-1}. We set

$$f(x) = \begin{cases} x_q & \text{if } x \in R_q, \ q = 0, 1, 2, \ldots; \\ 0 & \text{elsewhere.} \end{cases}$$

Since

$$\|f\|_p = 2^{-n/p} \|X\|_p,$$

the function f is in L^p. By Theorem 2, $\|\widetilde{f}\|_p \leq A_p \|f\|_p$. Hence

$$(2) \qquad \|\widetilde{f}\|_p \leq A_p \|X\|_p.$$

If $x \in R_m$, then

$$\widetilde{f}(x) = \sum_{l \neq m} \int_{R_l} K(x - y) f(y)\, dy + \int_{R_m} K(x - y) f(y)\, dy =$$

$$= \sum_{l \neq m} x_l \int_{R_l} K(x - y)\, dy + x_m \int_{R_m} K(x - y)\, dy.$$

The hypothesis that Ω is in Lip λ implies that if $x \in R_m$ and $y \in R_l \ (l \neq m)$, then

$$|K(x - y) - K(h_m - h_l)| \leq \frac{C}{|h_m - h_l|^{n+\lambda}}.$$

It follows that, if $x \in R_m$,

$$\tilde{f}(x) = 2^{-n} \sum_{l \neq m} x_l K(h_m - h_l) + x_m \tilde{\varphi}_m(x) + O\left\{\sum_{l \neq m} \frac{|x_l|}{|h_m - h_l|^{n+\lambda}}\right\},$$

where by φ_m we denote the characteristic function of R_m. It follows that

$$2^{-n} \tilde{x}_m = \tilde{f}(x) - x_m \tilde{\varphi}_m(x) + O\left\{\sum_{l \neq m} \frac{|x_l|}{|h_m - h_l|^{n+\lambda}}\right\},$$

and it is therefore enough to show that

$$\sum_m \int_{R_m} |\tilde{f}(x)|^p \, dx + \sum_m |x_m|^p \int_{R_n} |\tilde{\varphi}_m(x)|^p \, dx +$$

$$+ \sum_m 2^{-n}\left(\sum_{l \neq m} \frac{|x_l|}{|h_m - h_l|^{n+\lambda}}\right) \leq A_p^p \, \|X\|_p^p.$$

Now, we have

$$\sum_m \int_{R_m} |\tilde{f}(x)|^p \, dx \leq \int_{E^n} |f(x)|^p \, dx \leq A_p^p \|X\|_p^p,$$

$$\int_{R_m} |\tilde{\varphi}_m(x)|^p \, dx \leq \int_{E^n} |\tilde{\varphi}_m(x)|^p \, dx \leq A_p^p \int_{E^n} |\varphi_m(x)|^p \, dx = 2^{-n} A_p^p,$$

and therefore

$$\sum_m |x_m|^p \int_{R_m} |\tilde{\varphi}_m(x)|^p \, dx \leq 2^{-n} A_p^p \, \|X\|_p^p.$$

If we set

$$\alpha_{m-l} = |h_m - h_l|^{-n-\lambda}, \text{ we have } \sum_{l \neq m} \alpha_{m-l} < \alpha < \infty,$$

with α independent of m, and we can write

$$\sum_m \left(\sum_{l \neq m} |x_l| \, \alpha_{m-l}\right)^p = \sum_m \left(\sum_{l \neq m} |x_l| \, \alpha_{m-l}^{1/p} \, \alpha_{m-l}^{1/p'}\right)^p$$

$$\leq \sum_m \left(\sum_{l \neq m} |x_l| \, \alpha_{m-l}\right)\left(\sum_{l \neq m} \alpha_{m-l}\right)^{p/p'}$$

$$\leq \alpha^{1+p/p'} \, \|X\|_p^p.$$

This completes the proof of Theorem 8.

8. Historically, singular integrals and Hilbert transforms appeared first in the theory of the potential. It is well known that the second derivatives of the potential of an absolutely continuous mass distribution are represented by such integrals, and some of the problems still unsolved in the theory of the potential are essentially problems about Hilbert transforms. We shall now apply some of the results discussed previously to the theory of the potential. We are primarily interested in local problems, and without loss of generality we may assume that all the functions $f(x)$ we consider vanish outside a sufficiently large sphere.

The class of functions $f(x)$ such that $|f|\log^+|f|$ is integrable we shall denote by L^*. With the hypothesis just made about the functions f we have the obvious inclusions:

$$L \supset L^* \supset L_p \qquad (1 < p < +\infty).$$

Concerning $\widetilde{f}$ we have the following theorems:

(i) If f is in L^p, so is $\widetilde{f}$, and $\|\widetilde{f}\| \leq A_p \|f\|_p\,(p>1)$;

(ii) If f is in L^*, f is in locally in L, and, for any cube Q,

$$\int_Q |\widetilde{f}|\,dx \leq A_Q \int_{E^n} |f|\log^+|f|\,dx + B_Q\,;$$

(iii) If f is in L, $\widetilde{f}$ is locally in every $L^{1-\varepsilon}, 0 < \varepsilon < 1$, and for every cube Q;

$$\left(\int_Q |f|^{1-\varepsilon}\,dx\right)^{1/(1-\varepsilon)} \leq A_{\varepsilon,Q} \int |f|\,dx\,.$$

Part (i) is Theorem 2 of § 1; (ii) and (iii) hold without the restriction imposed on f. It can be shown on examples that the integrability of $|f|\log^+|f|$ in (ii) cannot be weakened if we want $\widetilde{f}$ to be locally integrable. This indicates that the class L^* plays important role in the theory of Hilbert transforms; as a matter of fact, class L^* is interest for the general theory of integration.

Consider the potential

$$U(x,y,z) = \int_{E^2} \frac{f(s,t)}{R}\,ds\,dt$$

of a simple layer, where E^2 designates the plane (s, t), (x, y, z) is a point of the half-space $z > 0$, R the distance of (x, y, z) from (s, t), and f is in L. The function U is harmonic in the half-space. We consider the behavior of the first derivatives U_x, U_y, U_z.

If $z > 0$,

$$-\frac{1}{4\pi} U_z = \frac{z}{4\pi} \iint_{E^2} \frac{f(s, t) \, ds \, dt}{R^3}$$

The right-hand side here is the Poisson integral of f and, as is well known,

$$\lim_{z \to +0} \left\{ -\frac{1}{4\pi} U(x, y, z) \right\} = f(x, y)$$

for almost all points (x, y) af the plane E^2. We also have

(1) $$U_x(x, y, z) = - \iint_{E_2} f(s, t) \frac{x - s}{R^3} \, ds \, dt,$$

and an analogous formula for $U_y(x, y, z)$. Setting formally $z = 0$ in the integral on the right we obtain

(2) $$\iint_{E^2} f(s, t) K(x - s, y - t) \, ds \, dt,$$

where K is a singular kernel

$$K(x, y) = - \frac{x}{(x^2 + y^2)^{\frac{3}{2}}}.$$

Theorem 1 asserts that if $f \epsilon L$ then the integral (2) exists almost everywhere in E^2. On the other hand, it is easy to show that at almost all points (x, y) (more precisely, at all points of the Lebesgue set of the function f) the existence of $\lim_{z \to 0} U_x(x, y, z)$ is equivalent to the existence of (2), and the two quantities are equal. Similarly for U_y. Hence, under the sole assumption that f is integrable, the tangential derivatives $U_x(x, y, z)$ and $U_y(x, y, z)$ have at almost all points (x, y) finite limits as $z \to +0$, and the limits are represented by singular integrals (2).

105

Consider now the logarithmic potential

$$u(x, y) = \int_{\dot{E}^2} f(s, t) \log \frac{1}{r} \, d s \, d t \, ,$$

where r is the distance of (x, y) from (s, t). If f is merely integrable, then u, as a convolution of f and $\log 1/r$, exists (as an absolutely convergent integral) almost everywhere, and is locally integrable (in any positive power). *If $f \in L^*$, then the last integral converges absolutely everywhere and u is continuous.* That u exists everywhere and is locally bounded follows at once from Young's inequality

$$vw \le v \log (v + 1) + e^w \qquad\qquad (v, w \ge 0)$$

with $v = |f|$ and $w = |\log 1/r|$, and it is easy to refine the boundedness of u to continuity. The result fails to hold (u may be everywhere unbounded) if we replace the condition $f \in L^*$ by a weaker one.

If we differentiate the integral defining u formally with respect to x or y we obtain a convolution of f with the kernel $x/(x^2 + y^2)$ or $y/(x^2 + y^2)$, as the case may be. Both kernels are locally integrable, and the differentiated integrals converge absolutely almost everywhere to functions which are locally integrable. In particular u_x and u_y exist almost everywhere and u is an absolutely continuous function of y for almost every x, and vice versa. This is true under the sole hypothesis that f is integrable.

We now pass to the second derivatives of u. If f is continuous and satisfies a Lipschitz condition of positive order, there exist classical formulas expressing u_{xx}, u_{xy}, u_{yy} in terms of Hilbert transforms of f, with kernels

$$\frac{\partial^2}{\partial x^2} \log \frac{1}{r} \, , \quad \frac{\partial^2}{\partial x \, \partial y} \log \frac{1}{r} \, , \quad \frac{\partial^2}{\partial y^2} \log \frac{1}{r} \qquad (r = \sqrt{x^2 + y^2}) \, .$$

It can be shown *these formulas hold almost everywhere if f is in L^*.* Whether these formulas hold for $f \in L$, is still an open problem, and it is conceivable that in this case the second derivatives need not exist in the classical sense.

That certain results may fail to hold if we pass from L^* to L may be seen from the following fact. Suppose that $f \in L^*$. We have just mentioned that in this case u has almost everywhere the derivatives u_{xx}, u_{xy}, u_{yy}. But another result holds in this case: if $f \in L^*$, then u has almost everywhere a second Peano differential, that is

$$u(x + h, y + k) - u(x, y) = A h + B k +$$

$$+ \frac{1}{2} C h^2 + D h k + \frac{1}{2} E k^2 + o(h^2 + k^2).$$

This, of course, implies that u is bounded in the neighborhood of almost all points, and also indicates that the integrability of f $\log^+ |f|$ cannot be weakened here since otherwise u may be everywhere unbounded.

If we set $k = 0$ in the last equation, we obtain

$$u(x + h, y) - u(x, y) = A h + \frac{1}{2} C h^2 + o(h^2).$$

This indicates that the second derivative of u with respect to x in the Peano sense exists almost everywhere. The result is weaker than the existence almost everywhere of the classical second derivative, but in is not impossible that in this form the result is extensible to functions f of the class L.

We conclude with a few words about the Newtonian potential in the space E^n with $n \geq 3$:

$$u = f * \frac{1}{r^{n-2}}.$$

If $f \in L^{\frac{n}{2} + \varepsilon}$, then it is a simple consequence of Hölder's inequality that u exists almost everywhere and is continuous; if f is only in $L^{\frac{n}{2}}$, u may be everywhere unbounded. Suppose now that $f \in L^*$. Then, as in the case of the logarithmic potential, u has almost everywhere all second derivatives, and these derivatives are given by classical formulas. The second differential, however, need not exist at a single point since already in the case when $f \in L^{n/2}$ the potential u may be everywhere unbounded. If however in $u(x) = u(\xi_1, \xi_2, \ldots, \xi_n)$ we fix $\xi_1, \xi_2, \ldots, \xi_{n-2}$, then for almost all choices of $(\xi_1, \ldots, \xi_{n-2})$ in E^{n-2}, u has almost everywhere in E^2 a second differential with respect to ξ_{n-1} and ξ_n.

BIBLIOGRAPHICAL NOTE

The one-dimensional Hilbert transform is a classical topic. Hilbert transforms in higher dimensions seem to have ben first considered by Tricomi (for $n = 2$) and Giraud, but the introduction of the Lebesgue integral and the modern theory of operators seems to be due to Michlin. Michlin's main work is discussed in his expository article *Singular integral equations*, Uspekhi Matematiceskich Nauk, vol. 3 (1948), No. 3, pp. 29-112 (there is an English translation in American Math. Soc. translations, No. 24 (1950)). It also contains a discussion of, and references to, the earlier work of Tricomi and Giraud. The developments (8) and (9) of § 6 will be found there (proved by a totally different argument). The series 13 of § 6 occurs already in the note of Giraud *Sur une class générale d'équations à intégrales principales*, C. R. de l'Acad. Sci. Paris, vol. 202 (1936), 2124-2125, but no Fourier integral is mentioned, no proofs are given, and it remains a mystery how Giraud arrived at the development, though he explicity mentions the fact that to the composition of integrals corresponds multiplication of the developments, an obvious hint *nowadays* to Fourier integrals. That the development is actually the Fourier ntegral of K is implicitly contained in the paper of Bochner, *Theta relations with spherical harmonics*, Proc. of the Nat. Acad. USA, 37 (1951), 804-808, which contains the formula (11) of § 6; see also Michlin, *On the theory of multidimensional singular integral equations*, Vestnik Leningrad University, Series of Math., Astronomy and Mechanics, Vol. 1 (1956), No. 1, p. 1-24. Theorems 5 and 6 about iterated Hilbert transforms are proved by M. Cotlar, *Some generalizations of the Hardy-Littlewood maximal theorem*, Revista Matemática Cuyana, vol. I, fasc. 2, pp. 85-104.

A. P. Calderón's and the author's work is contained in the following papers: (i) *On the existence of certain integrals*, Acta Mat. 88 (1952), 85-139; (ii) *On a problem of Michlin*, Trans. American Math. Soc. 78 (1955), 209-224 (*Addenda*, Ibid. 84 (1957), 559-560); (iii) *Singular integrals and periodic functions*, Studia Math. 14 (1954), 249-271; (iv) *On singular integrals*, American J. of Math. 78 (1956), 289-309; (v) *Algebras of certain singular operators*, Ibid. p. 310-320; (vi) *Singular integral operators and differential equations*, Ibid. 79 (1957), pp. 801-821.

[Entrata in Redazione il 29 novembre 1957]

FAEDO, SANDRO
1957
Rendiconti di Matematica
(3-4), Vol. 16, pp. 515-532

Applicazione ai problemi di derivata obliqua di un principio esistenziale e di una legge di dualità fra le formule di maggiorazione [(*)]

di **SANDRO FAEDO** (Pisa)

1. — Nel convegno internazionale sulle equazioni alle derivate parziali tenuto a Trieste nell'estate del 1954 G. Fichera ha comunicato un principio generale di esistenza nell'Analisi lineare, che gli ha permesso di dare una trattazione unitaria a numerosi problemi esistenziali.

Siano V un insieme astratto, lineare rispetto al corpo reale [complesso] e B_1 e B_2 due spazi di Banach reali [complessi]. Siano definite in V due trasformazioni lineari $M_1(v)$ e $M_2(v)$, aventi codominio rispettivamente in B_1 e B_2. Sia assegnato un funzionale lineare e continuo $\Phi(w_1)$, definito in B_1 e si consideri l'equazione

$$1) \qquad \Phi[M_1(v)] = \Psi[M_2(v)]$$

nell'incognita $\Psi(w_2)$, essendo $\Psi(w_2)$ un funzionale lineare e continuo definito in B_2.

Il principio esistenziale di Fichera si può così enunciare:

« Condizione necessaria e sufficiente affinchè esista la soluzione dell'equazione 1), dato comunque Φ, è che esista una costante K, tale che sia per ogni $v \subset V$

$$2) \qquad \| M_1(v) \| \leq K \| M_2(v) \| .$$

(*) Il contenuto di questa Nota è stato esposto nelle lezioni del 2^0 Ciclo dei corsi del Centro Internazionale Matematico Estivo (CIME) tenuto a Varenna dal 10 al 19 giugno 1957.

Soddisfatta la 2) esiste una soluzione Ψ della 1) verificante la disuguaglianza $\| \Psi \| \leq K \| \Phi \|$ e ogni altra soluzione si ottiene aggiungendo a essa un funzionale ortogonale al condominio $M_2(V)$ di $M_2(v)$ ».

Desidero notare esplicitamente due casi particolari del teorema ora dimostrato.

Sia E_i un insieme misurabile appartenente ad un dato ambiente S_i nel quale è stata introdotta una misura τ_i. La misura di E_i sia finita. Indichiamo con $\mathcal{L}^{(P_i)}(E_i)$ lo spazio (reale o complesso) delle funzioni misurabili in E_i ed aventi modulo di potenza p_i^{esima} sommabile ($p_i > 1$).

Sia $M_i(V) \subset \mathcal{L}^{\left(\frac{p_i}{p_i-1}\right)}(E_i)$

Si ha il teorema:

« Condizione necessaria e sufficiente perchè, assegnata comunque una funzione φ in $\mathcal{L}^{(P_1)}(E_1)$, esista una funzione Ψ in $\mathcal{L}^{(P_2)}(E_2)$ verificante per ogni $v \subset V$ l'equazione

$$3) \qquad \int_{E_1} \varphi\, M_1(v)\, d\,\tau_1 = \int_{E_2} \psi\, M_2(v)\, d\,\tau_2$$

è che esista una costante K tale che, qualunque sia $v \subset V$, si abbia

$$3') \qquad \left(\int_{E_1} | M_1(v) |^{\frac{p_1}{p_1-1}} d\,\tau_1 \right)^{\frac{p_1-1}{p_1}} \leq K \left(\int_{E_2} | M_2(v) |^{\frac{p_2}{p_2-1}} d\,\tau_2 \right)^{\frac{p_2-1}{p_2}}$$

Al solito per $p_i = \infty$ si pone $\dfrac{p_i}{p_i-1} = \dfrac{p_i-1}{p_i} = 1$.

Se invece E_i è un insieme chiuso e limitato di uno spazio euclideo ed $M_i(v)$ è costituita da funzioni continue in E si ha:

« Condizione necessaria e sufficiente perchè, assegnata comunque la funzione φ completamente additiva sui boreliani di E_1 esista una funzione ψ completamente additiva sui boreliani di E_2, tale che si abbia per ogni $v \subset V$

$$4) \qquad \int_{E_1} M_1(v)\, d\,\varphi = \int_{E_2} M_2(v)\, d\,\psi$$

è che esista una costante K tale che, qualunque sia $v \subset V$ si abbia

4')
$$\max_{E_1} | M_1(v) | \leq K \max_{E_2} | M_2(v) | .$$

2. — Del suo principio di esistenza Fichera ha mostrato l'utilità per la dimostrazione di svariati teoremi di esistenza per problemi al contorno per equazioni del 2^0 ordine ellittiche e paraboliche.
Sia

$$\mathcal{E}(u) = \sum_{h,k=1}^{n} \frac{\partial}{\partial x_h} \left(a_{hk} \frac{\partial u}{\partial x_k} \right) + \sum_{h=1}^{n} b_h \frac{\partial u}{\partial x_h} + c\, u = f \qquad (a_{hk} = a_{kh})$$

con a_{hk} b_h, c, f funzioni di $x \equiv (x_1, x_2, \ldots, x_n)$ definite in un campo B di S_n, sulle quali si fanno le ipotesi:
1) Le a_{hk} e b_h appartengono a $C_H^{(1)}(B)$.
2) La forma quadratica $\Sigma\, a_{hk}\, \lambda_h\, \lambda_k$ è definita positiva per ogni x di B.
Indicheremo al solito con $\mathcal{E}^*(u)$ l'operatore aggiunto e cioè

$$\mathcal{E}^*(u) = \sum_{hk}^{1..n} \frac{\partial}{\partial x_k} \left(a_{hk} \frac{\partial u}{\partial x_k} \right) - \sum_{h=1}^{n} \frac{\partial (b_h\, u)}{\partial x_h} + cu .$$

Sia A un campo limitato tale che $A + FA$ appartenga a B e la frontiera di A sia costituita da ipersuperficie continue, dotate di iperpiano tangente variabile con continuità.
Fichera ha dimostrato il teorema:
« Assegnata arbitrariamente la funzione $h(x)$ definita e continua su FA e la funzione $f(x)$ della classe $C_H^0(A + FA)$, esiste la funzione $u(x)$ continua in $A + FA$ di classe $C^{(2)}(A)$, verificante le condizioni

$$\mathcal{E}(u) = f(x) \qquad x \subset A \qquad u(x) = h(x) \qquad x \subset FA .$$

Esaminiamo a grandi linee la dimostrazione di Fichera per vedere il ruolo che in essa gioca il principio di esistenza:
Egli suppone dapprima che sia $h = 0$, $f \geq 0$ e

5)
$$c - \sum_{k=1}^{n} \frac{\partial b_h}{\partial x_h} \leq 0 .$$

In tal caso, detto V l'insieme delle funzioni di classe $C^{(2)}(A +$ $+ FA)$ e per cui è $\mathcal{E}^*(v) = 0$ in A, poichè l'equazione $\mathcal{E}^*(v) = 0$

ha il coefficiente di v non positivo, risulta

6) $$\max_{A+FA} |v| = \max_{FA} |v|.$$

Applichiamo quindi il teorema di esistenza, assumendo come $M_2(v)$ la trasformazione identica e come spazio di Banach B_1 quello delle funzioni w_1 continue in $A + FA$ con

$$\| w_1 \| = \max_{A+FA} | w_1 |,$$

come $M_2(v)$ la trasformazione che fa corrispondere ad ogni v di V la sua traccia su FA e come spazio B_2 quello delle funzioni w_2 continue su FA con

$$\| w_2 | = \max_{FA} | w_2 |.$$

Perciò dalla 6) [come dalla 4′) segue la 4)] segue che esiste una funzione completamente additiva ψ, definita sui boreliani di FA, e tale che per ogni $v \subset V$ è

$$\int_A v\,f\,dx = \int_{FA} v\,d\psi \qquad (dx = dx_1 \ldots dx_n).$$

Se B' è un campo limitato, contenuto insieme alla sua frontiera in B, con $B' \supset A + FA$, esiste una funzione $s(x, y)$ definita per ogni coppia di punti x, y di B' con $x \neq y$, la quale è come funzione di x soluzione fondamentale di $\mathcal{E}(u) = 0$ e come funzione di y soluzione fondamentale di $\mathcal{E}^*(u) = 0$.

Per $x \subset B' - (A + FA)$ e y contenuto in $A + FA$ $s(x, y)$ come funzione di y appartiene a V e quindi è

$$\int_A s(xy)\,f(y)\,dy = \int_{FA} s(xy)\,d_y\,\psi.$$

Se $x \subset A$ si consideri la funzione

$$u(x) = \int_{FA} s(x\,y)\,d_y\,\psi - \int_A s(x\,y)\,f(y)\,dy.$$

Questa funzione appartiene a $C^{(2)}(A)$ ed è soluzione di $\mathcal{E}(u) = 0$.

Inoltre si dimostra che su ogni punto di FA la $u(x)$ ha limite nella direzione conormale e che tale limite è zero.

Se non è $f \geq 0$, può porsi $f = f_1 - f_2$ con f_1 e $f_2 \geq 0$ e, per sovrapposizione, si ottiene la soluzione. Analogamente la condizione $h = 0$ può togliersi facendo ricorso al teorema di Harnack generalizzato.

Per togliere la condizione 5) Fichera ricorre alla funzione di Green relativa al caso in cui è già verficata la 5) e per cui è

$$u(x) = \int_A \mathcal{G}(xy) f(y) \, dy \, .$$

Si considera il nuovo problema

$$\mathcal{E}(u) + c^* u = f \text{ in } A \, ,$$

$$u = h \text{ su } FA$$

e si prova che esso ha soluzione se è $c + c^* \leq 0$.

Se si fa l'ipotesi che per una particolare scelta del coefficiente $c \, (\leq 0)$ di $\mathcal{E}(u)$ esista una funzione w di classe $C^{(2)}(A + FA)$, nulla su FA e tale che $\mathcal{E}(w) > 0$ in $A + FA$, allora sussiste una formula di maggiorazione

7)
$$\int_A |v| \, dx \leq K \int_{FA} |v| \, d\sigma$$

che segue dalla formula di reprocità di Green e che vale per le soluzioni di $\mathcal{E}^*(v) = 0$ appartenenti a $C^{(1)}(A + FA)$.

Fissata per c la particolare funzione per cui ciò accade si ha dalla 7') [come dalla 3') la 3)] che esiste una funzione ψ misurabile e limitata su FA per cui è

$$\int_A v f \, dx = \int_{FA} v \, \psi \, d\sigma \, .$$

Essendo ora ψ limitata, è immediato che

$$u(x) = \int_{FA} s(xy) \, \psi(y) \, d_y \, o - \int_A s(xy) f(y) \, dy$$

è la la soluzione richiesta dato che il potenziale di strato semplice

$$\int\limits_{FA} s\,(x\,y)\,\psi\,(y)\,d_y\,\sigma$$

è funzione continua di x in tutto lo spazio.

Con artifici analoghi al caso precedente si passa al caso non omogeneo e in cui $c \leq 0$ è qualunque.

Sotto l'ipotesi che gli a_{hk} siano di classe $C^{(2)}(B)$, i b_h di classe $C^{(1)}(B)$ e c di classe $C_H^{(0)}(B)$ e che FA sia sufficientemente regolare, Fichera ha dato una dimostrazione del teorema di esistenza per il problema di Dirichlet che non fa ricorso alla soluzione fondamentale e che è fondata su una disuguaglianza del tipo

$$\int\limits_A v^2\,dx \leq k\left(\int\limits_A E^*\,(v^2)\,dx + \int\limits_{FA} v^2\,d\,\sigma\right)$$

valevole ora per ogni v di classe $C^{(2)}(A + FA)$ (e non solo per le soluzioni di $\mathcal{E}^*(v) = 0$); questa disuguaglianza sussiste ogni volta che esista una funzione w verificante le condizioni già dette.

3. — Consideriamo ora il problema di Neumann. È assegnata una funzione q continua su FA e una f di classe $C_H^0(A + FA)$; consideriamo il problema

$$\mathcal{E}\,(u) = f \text{ in } A \qquad \frac{\partial\,u}{\partial\,v} = q \text{ su } FA\,.$$

Fichera ha dimostrato che, se esiste una funzione w di classe $C^{(2)}(A + FA)$ verificante le condizioni

8) $w \leq 0$ in $A + FA$ $\dfrac{\partial\,w}{\partial\,v} - b\,w > 0$ su FA , $\mathcal{E}\,(w) + c_0\,w \geq 0$ in A

$$\left(b = \sum_{h=1}^{n} b_h \cos \widehat{x_h\,\gamma}\right) \qquad \left(\gamma \text{ normale interna}, c_0 = c - \sum_{h=1}^{n} \frac{\partial\,b_h}{\partial\,x_h}\right)$$

esiste (ed è unica) una funzione $u\,(x)$ appartenente alle classi $C^{(1)}(A + FA)$ e $C^{(2)}(A)$ soluzione del problema di Neumann

$$\mathcal{E}\,(u) = 0 \text{ in } A \qquad \frac{\partial\,u}{\partial\,v} = q \text{ su } FA \text{ »}.$$

L'esistenza della suddetta w porta alla formula di maggiorazione

9) $$\int\limits_{FA} v^2 \, d\sigma \le K \int\limits_{FA} \left(\frac{\partial v}{\partial \nu} - bv\right)^2 d\sigma \, ,$$

per ogni soluzione v di $\mathscr{E}^*(v) = 0$ di classe $C^{(2)}(A + FA)$; tale disuguaglianza discende dalla formula di reciprocità scritta per v^2 e w.

Il principio di esistenza assicura che esiste una funzione ψ di quadrato sommabile su FA, tale che per ogni v di $C^{(1)}(A + FA)$ e soluzione di $\mathscr{E}^*(v) = 0$ sia

10) $$\int\limits_{FA} v \, q \, d\sigma = \int\limits_{FA} \left(\frac{\partial v}{\partial \nu} - b \, v\right) \psi \, d\sigma .$$

Per ogni $x \subset B' - (A + FA)$ si ha

$$\int\limits_{FA} q \, s(x,y) \, d_y \, \sigma = \int\limits_{FA} \psi(y) \left[\frac{\partial}{\partial \nu_y} s(xy) - b(y) \, s(x,y)\right] d_y \, \sigma .$$

Come nel caso del problema di Dirichlet si prova che

$$u(x) = \int\limits_{FA} \psi(y) \left[\frac{\partial}{\partial \nu_y} s(x,y) - b(y) \, s(x,y)\right] d_y \, \sigma - \int\limits_{FA} q(y) \, s(x,y) \, d_y \, \sigma$$

è la soluzione del problema. Dimostrata così l'esistenza della soluzione per una particolare c verificante la 8) si passa poi al caso generale introducendo la relativa funzione di Green.

Altre applicazioni di detto principio Fichera ha fatto al caso di un problema di tipo misto per una equazione di tipo ellittico e infine al caso di un problema al contorno per una equazione parabolica.

4. — Mi sono recentemente [1] proposto di allargare il campo di applicabilità del principio di esistenza di Fichera.

Indichiamo con ω_i l'origine dello spazio di Banach B_i e con V_i la varietà lineare delle autosoluzioni dell'equazione $M_i(v) = \omega_i (i = 1, 2)$. La varietà V_i può essere eventualmente vuota.

---

[1] SANDRO FAEDO, *Su un principio di esistenza nell'Analisi lineare*, Annali Scuola Normale Superiore di Pisa. S. III, Vol. XI, p. 1-8.

Se è soddisfatta la 2) è ovviamente $V_2 \subset V_1$.

Se non è $V_2 \subset V_1$ esiste un'autosoluzione di $M_2(v) = \omega_2$ che non verifica la 2), comunque grande si prenda K; in tal caso esistono funzionali lineari continui $\Phi(w_1)$, definiti in B_1 per cui la 1) non possiede soluzione.

Teorema I : « Se non è $V_2 \subset V_1$, condizione necessaria perchè la 1) sia risolubile è che l'assegnato funzionale $\Phi(w_1)$ sia ortogonale a $M_1(V_2)$; ogni soluzione $\Psi(w_2)$ della 1) è allora ortogonale a $M_2(V_1)$ ».

Infatti se per un certo $\Phi(w_1)$ la 1) ha la soluzione $\Psi(w_2)$ risulta

$$M_2(V_2) = \omega_2, \qquad \Psi[M_2(V_2)] = 0$$

e, per la 1)

$$\Phi[M_1(V_2)] = 0$$

Analogamente è $M_1(V_1) = \omega_1$, $\Phi[M_1(V_1)] = 0$ e quindi

$$\Psi[M_2(V_1)] = 0 .$$

Studiamo ora l'equazione 1) quando non sia $V_2 \subset V_1$.

Teorema II : « Condizione necessaria e sufficiente affinchè esista la soluzione Ψ dell'equazione 1), per ogni Φ ortogonale a $M_1(V_2)$ è che esista una costante K, tale che sia per ogni $v \subset V$

$$11) \qquad \operatorname*{estr.\ inf.}_{v_2 \subset V_2} \| M_1(v + v_2) \| \leq K \| M_2(v) \| .$$

Soddisfatta questa condizione, esiste una soluzione Ψ della 1), ortogonale a $M_2(V_1)$ e verificante la disuguaglianza $\| \Psi \| \leq K \| \Phi \|$ e ogni altra soluzione si ottiene aggiungendo ad essa un funzionale ortogonale a $M_2(V)$ ».

La condizione è sufficiente.

Per ogni $w_2 \subset M_2(V)$ si consideri un $v \subset V$ tale che sia $M_2(v) = w_2$ e il numero $\Phi[M_1(v)]$. Dimostriamo che $\Phi[M_1(v)]$ è univocamente determinato da w_2; infatti se $M_2(v') = w_2$ risulta $v - v' \subset V_2$ ed è

$$\Phi[M_1(v)] - \Phi[M_1(v')] = \Phi[M_1(v - v')] = 0 ,$$

essendo Φ ortogonale a $M_1(V_2)$. Si è così definito in $M_2(V)$ il funzionale, ovviamente lineare,

$$\Psi(w_2) = \Phi[M_1(v + v_2)] ,$$

dove è $w_2 = M_2(v)$ e $v_2 \subset V_2$.

Tale funzionale è anche continuo in $M_2(V)$. Infatti per ogni $v_2 \subset V_2$ si ha

$$| \Psi(w_2) | = | \Phi[M_1(v + v_2)] | \leq \| \Phi \| \, \| M_1(v + v_2) \|$$

e, poichè il primo membro non dipende da v_2,

$$| \Psi(w_2) | \leq \| \Phi \| \underset{v_2 \subset V_2}{\text{estr. inf.}} \| M_1(v + v_2) \| ;$$

dalla 11) segue

$$| \Psi(w_2) | \leq K \| \Phi \| \, \| w_2 \|$$

e quindi

$$\| \Psi \| \leq K \| \Phi \| .$$

Per il teorema di Hahn-Banach si può prolungare $\Psi(w_2)$ in tutto B_2 in modo da ottenere un funzionale lineare e continuo $\Psi(w_2)$ per cui sia ancora

$$\| \Psi \| \leq K \| \Phi \| .$$

Per il teorema I Ψ è ortogonale a $M_2(V_1)$. È inoltre ovvio che se $\Psi_0(w_2)$ è ortogonale a $M_2(V)$ anche $\Psi + \Psi_0$ soddisfa alla 1) e che viceversa la differenza fra due diverse soluzioni della 1) è ortogonale a $M_2(V)$.

La condizione è necessaria.

Invece di considerare gli spazi di Banach B_i ci si può limitare alle loro varietà lineari $M_i(V)$ e ai funzionali lineari in esse definiti. Indichiamo con $\partial \mathcal{M}_i$ lo spazio duale[2] di $M_i(V)$ e con $\partial \mathcal{M}_i'$ la varietà lineare, contenuta in $\partial \mathcal{M}_i$, degli elementi di $\partial \mathcal{M}_i$ che sono ortogonali a $M_i(V_j)$ $(i, j \neq 1, 2; i \neq j)$.

Se la 1) è risolubile per ogni Φ di $\partial \mathcal{M}_1'$, essa fa corrispondere a ogni Φ di $\partial \mathcal{M}_1'$ un solo elemento Ψ di $\partial \mathcal{M}_2'$; si ha così una trasformazione lineare $\Psi = T(\Phi)$ definita in $\partial \mathcal{M}_1'$ e con codominio in $\partial \mathcal{M}_2'$.

Fissato w_2 in $M_2(V)$, al variare di Φ in $\partial \mathcal{M}_1'$ consideriamo $\Psi = T(\Phi)$ e il numero $\Psi(w_2)$; si viene così ad associare all'elemento w_2 un funzionale lineare, definito in $\partial \mathcal{M}_1'$ e che indicheremo

---

[2] V. ad es. G. FICHERA « *Lezioni sulle trasformazioni lineari* », Vol. I, Ist. Mat.; Univ. Trieste, 1954, pag. 143.

con $W_1(\Phi)$; la trasformazione

$$W_1(\Phi) = T^*(w_2)$$

è lineare, definita in $M_2(V)$ e con codominio nel duale di $\partial \mathcal{M}_1'$.

La $T^*(w_2)$ è continua, cioè esiste una costante K tale che sia

12) $$\| W_1 \| \leq K \| w_2 \| ;$$

ciò si dimostra con lo stesso ragionamento di Fichera [3].

Si noti che $\| W_1 \|$ è definito da

$$\| W_1 \| = \operatorname*{estr.\ sup.}_{\Phi \subset M_1'} \frac{| W_1(\Phi) |}{\| \Phi \|} .$$

Sia $w_1 \subset M_1(V)$. Ad ogni Φ di $\partial \mathcal{M}_1'$ si faccia corrispondere il numero $\Phi(w_1)$. Si viene così a definire un funzionale lineare $W_{w_1}(\Phi)$. Dimostriamo che $W_{w_1}(\Phi)$ è continuo e che è

13) $$\| W_{w_1} \| = \operatorname*{estr.\ sup.}_{\Phi \subset M_1'} \frac{| W_{w_1}(\Phi) |}{\| \Phi \|} = d_{w_1}$$

dove d_{w_1} è la distanza fra w_1 e $M_1(V_2)$.

Sia $\Phi \subset \partial \mathcal{M}_1'$, $w_1 \subset M_1(V - V_2)$ e poniamo $\Phi(w_1) = a$.

Sulla varietà lineare V_{w_1} proiettante $M_1(V_2)$ da w_1, di equazione

$$w = t\,w_1 + \overline{w},$$

dove $\overline{w} \subset M_1(V_2)$ e t è un numero, risulta

$$\Phi(w) = t\,a.$$

Perciò è, per $t \neq 0$,

14) $$\frac{| \Phi(w) |}{\| W \|} = \frac{| a |}{\left\| W_1 + \dfrac{\overline{W}}{t} \right\|}$$

e il modulo di $\Phi(w)$, considerato soltanto su V_{w_1} è $\dfrac{| a |}{d_{w_1}}$.

---

[3] Loc. cit. in (2), pagg. 176-177.

Poichè Φ è continuo, se è $d_{w_1} = 0$ deve essere anche $a = 0$; perciò in tal caso il modulo di Φ su V_{w_1} è nullo.

Indicato con $\|\Phi\|$ il modulo di $\Phi(w_1)$ in $M(V)$, si ha quindi

15)
$$\|\Phi\| \geq \frac{|a|}{d_{w_1}}.$$

Inoltre, per il teorema di Hahn-Banach esistono certamente in $\partial\mathcal{M}_1'$ dei Φ per cui nella 15) vale il segno di uguaglianza.

Dalla 15), per $\Phi \subset \partial\mathcal{M}_1'$, risulta

$$\frac{|W_{w_1}(\Phi)|}{\|\Phi\|} = \frac{|\Phi(w_1)|}{\|\Phi\|} = \frac{|a|}{\|\Phi\|} \leq d_{w_1}$$

ed esistono in $\partial\mathcal{M}_1'$ elementi per cui vale l'uguaglianza. È così dimostrata la 13).

Se $v \subset V$ ed è $w_1 = M_1(v)$, $w_2 = M_2(v)$, posto $\Psi = T(\Phi)$ si ha per ogni Φ di $\partial\mathcal{M}'$

$$\Phi(w_1) = \Psi(w_2)$$

ossia
$$W_{w_1}(\Phi) = W_1(\Phi)$$

da cui

16)
$$\|W_{w_1}\| = \|W_1\|$$

Se $v_2 \subset V_2$, consideriamo la varietà degli elementi $M_1(v + v_2)$ di $M_1(V)$.

Si ha
$$\text{estr. inf.} \underset{v_2 \subset V_2}{\|M_1(v + v_2)\|} = d_{w_1},$$

dove d_{w_1} indica la distanza di w_1 da $M_1(V_2)$.

Ne segue per le 13) e 16)

$$\text{estr. inf.} \underset{v_2 \subset V_2}{\|M_1(v + v_2)\|} = \|W_{w_1}\| = \|W_1\|$$

e quindi per la 12)

$$\text{estr. inf.} \underset{v_2 \subset V_2}{\|M(v + v_2)\|} \leq K\|W_2\| = K\|M_2(v)\|;$$

è così dimostrato che sussiste la 11).

OSSERVAZIONE : Se è $V_2 \subset V_1$ è $M_1 (V_2) = \omega_1$ ed ogni Φ è ortogonale a $M_1 (V_2)$; inoltre è $M_1 (v + v_2) = M_1 (v)$ per ogni $v_2 \subset V_2$. In tal caso la 11) si riduce alla 2) e si riottiene il teorema di Fichera.

5. — Come semplice applicazione del principio di esistenza così generalizzato consideriamo il problema di Neumann per l'equazione $\Delta (u) = 0$. Ove ci si limitasse a far uso del principio di esistenza soltanto, tale caso non rientra in quello di Fichera in quanto non esiste una w verificante le 8)[4]: il teorema si raggiunge solo con l'uso della funzione di Green conseguita in un caso particolare per cui c sia tale che valgano le 8).

Le 8) servivano ad assicurare che valga la 9) da cui il principio di esistenza ha fatto seguire la 10). Nel nostro caso la 10) si riduce a

$$\int\limits_{FA} vq \, d\sigma = \int\limits_{FA} \frac{\partial v}{\partial \nu} \, \psi \, d\sigma .$$

Ebbene, perchè esista la ψ occorre e basta che q sia ortogonale alla costante su FA e che sussista la disuguaglianza

$$\text{estr. inf.}_{c} \int\limits_{FA} (v + c)^2 \, d\sigma \leq k \int\limits_{FA} \left(\frac{\partial v}{\partial \nu} \right)^2 d\sigma .$$

Tale disuguaglianza è effettivamente verificata come sarà tra breve provato.

6. — Un'altra brillante applicazione del suo principio di esistenza Fichera l'ha data nello stabilire una legge di dualità di alcune formule di maggiorazione relative alle equazioni differenziali.

Sia E_k $(k = 1, 2, \ldots, n)$ un insieme appartenente a uno spazio ambiente S_k nel quale sia stata definita una misura non negativa μ_k per cui E_k risulti μ_k-misurabile.

Con $\mathcal{L}^{(p)} (E_k)$ $(p \geq 1)$ si indicherà lo spazio di Banach delle funzioni reali aventi modulo di potenza p-esima che sia μ_k-sommabile in E_k. Al solito con $\mathcal{L}^{(\infty)} (E_k)$ si indica lo spazio delle funzioni pseudo-limitate in E_k.

---

[4] In tal caso è $b = 0$ e la 9) non è ad es. verificata da una $v = \text{cost.}$ su $A + FA$.

Siano V un insieme astratto, lineare rispetto al corpo reale, ed $M_k(v)$ $L_k(v)$ due trasformazioni lineari definite in V e i cui codomini $M_k(V)$ e $L_k(V)$ appartengono rispettivamente a $\mathcal{L}^{(q_u)}(E_k)$ e $\mathcal{L}^{(p_k)}(E_k)$ $(1 \leq q_k \leq \infty \, ; \, 1 \leq p_k \leq \infty)$.

Sia inoltre U un secondo insieme astratto lineare rispetto al corpo reale. Le due trasformazioni lineari $M_k^*(u)$ e $L_k^*(u)$ siano definite in U ed abbiano codomini $M_k^*(U)$ ed $L_k^*(U)$ contenuti in $\mathcal{L}^{(p_k^*)}(E_k)$ ed $\mathcal{L}^{(q_k^*)}(E_k)$, dove p_k^* e q_k^* sono rispettivamente i complementari di p_k e q_k [5].

Supponiamo che per ogni $v \subset V$ ed $u \subset U$ si abbia

17)
$$\sum_{k=1}^{n} \int_{E_k} [M_k(v) L_k^*(u) - M_k^*(u) L_k(v)] \, d\mu_k = 0 \, .$$

Indichiamo con B_1 lo spazio di Banach che ha per elementi i vettori $w = (u_1, u_2, \ldots, u_n)$ di componenti $u_k \subset \mathcal{L}^{(q_k)} E_k)$ e con B_2 lo spazio di Banach che ha per elementi i vettori $w_2 = (s_1, s_2, \ldots, s_h)$ con $s_k \subset \mathcal{L}^{(p_k)}(E_k)$.

Analogamente indichiamo con B_1^* e B_2^* gli spazi di Banach dei vettori le cui componenti appartengono rispettivamente a $\mathcal{L}^{(p_k^*)} E_k)$ ed $\mathcal{L}^{(q_k^*)}(E_k)$. Ovviamente $B_2^* [B_1^*]$ è lo spazio duale di $B_1 [B_2]$.

Lo spazio B_1 è così normalizzato

$$\| w_1 \| = \left(\sum_{k=1}^{n} \| u_k \|^2 \right)^{1/2}$$

e analogamente B_2, B_1^* e B_2^*.

Indichiamo con $M(v)$ la trasformazione lineare la quale fa corrispondere all'elemento v di V il vettore w_1 di B_1 con componenti $M_k(v)$ e con $L(v)$ quella trasformazione lineare che fa corrispondere a $v \subset V$ il vettore w_2 di B_2 di componenti $L_k(v)$.

Analogamente sia $M^*(u)$ $[L^*(u)]$ la trasformazione lineare che fa corrispondere all'elemento $u \subset U$ l'elemento $w_1^* [w_2^*]$ di $B_1^* [B_2^*]$ di componenti $M_k^*(u)$ $[L_k^*(u)]$.

G. Fichera [6] ha dimostrato il seguente principio di dualità per le formule di maggiorazione:

---

[5] p e q sono complementari se $\dfrac{1}{p} + \dfrac{1}{q} = 1$, con la convenzione $p = \infty$ se $q = 1$ e viceversa.

[6] G. FICHERA, « *Su un principio di dualità per talune formule di maggiorazione relative alle equazioni differenziali* », Rend. Acc. Naz. Lincei, S. VIII, Vol. XIX, 1955, pagg. 411-418.

« Se il codominio $L(V)$ della trasformazione $L(v)$ è un insieme completo nello spazio B_2 e se sussiste la formula di maggiorazione

18) $$\| M(v) \| \leq K \| L(v) \|$$

per ogni $v \subset V$, allora per ogni $u \subset U$ sussiste la formula di maggiorazione duale

18') $$\| M^*(u) \| \leq K \| L^*(v) \| . »$$

7. — Supponiamo che sussistano ancora la 17) e la 18) ma che $L(V)$ possa non essere completo in B_2. Dalla 18), per il principio di esistenza di Fichera, segue che, comunque si assuma un funzionale lineare continuo $\Phi(w_1)$, definito in B_1, esiste un funzionale lineare continuo $\Psi(w_2)$, definito in B_2, per cui è per ogni $v \subset V$

19) $$\Phi(M(v)) = \Psi(L(v))$$
ed è
20) $$\| \Psi \| \leq K \| \Phi \| .$$

Inoltre ogni soluzione della 19) è del tipo $\Psi + \Psi_0$, dove $\Psi_0(w_1)$ è un funzionale lineare continuo di B_2 ortogonale a $L(V)$.

La 17) esprime che $M^*(u)$ è una soluzione della 19) in cui si sia posto $\Phi(w_1) = L^*(u)$; perciò è

$$\Psi = M^*(u) + \Psi_0$$

dove Ψ_0 è un elemento della varietà W degli elementi di B_2^* che sono ortogonali a $L(V)$. Ne segue dalla 20) che è

18'') $$\underset{\Psi_0 \subset W}{\text{estr. inf.}} \| M^*(u) + \Psi_0 \| \leq K \| L^*(u) \|.$$

Se $L(V)$ è completo, W è vuota e si riottiene la 18').

Ne segue immediatamente che

« Se per ogni $v \subset V$ sussiste la formula di maggiorazione 18) e se $M^*(U)$ contiene la varietà dei funzionali lineari continui ortogonali a $L(V)$, sussiste per ogni $u \subset U$ la formula di maggiorazione duale

18''') $$\underset{u_1 \subset U_1}{\text{estr. inf.}} \| M^*(u + u_1) \leq K \| L^*(u) \|,$$

dove U_1 è la varietà degli elementi u di U per cui $M^*(u_1)$ è ortogonale a $L(V)$ ».

8. — Indichiamo con $V_1 \subset V$ l'insieme delle autosoluzioni di $L(v) = \omega_2$, ω_2 essendo lo zero di B_2. Supponiamo che continui a valere la 17) e in luogo della 18) sia verificata, per ogni $v \subset V_1$, la disuguaglianza

21) $\text{estr.} \inf_{v_1 \subset V_1} \| M(v + v_1) \| \leq K \| L(v) \|$.

Dal teorema dimostrato nel n. 4 segue che, comunque si assegni un funzionale lineare e continuo $\Phi(w_1)$, definito in B_1 e ortogonale a $M(V_1)$ esiste un funzionale lineare continuo $\Psi(w_2)$, definito in B_2 e verificante le 19) e 20).

Ne segue immediatamente il teorema :

« Se per ogni $v \subset V$ sussiste la formula di maggiorazione 21) e se $M^*(U)$ contiene la varietà dei funzionali lineari e continui ortogonali a $L(V)$, allora per tutti gli $u \subset U$ per cui $L^*(u)$ è ortogonale a $M(V_1)$ sussiste la formula di maggiorazione duale

$$\text{estr.} \inf_{u \subset U_1} \| M^*(u + u_1) \| \leq K \| L^*(u) \|,$$

dove U_1 è la varietà degli elementi u di U per cui $M^*(u)$ è ortogonale a $L(V)$ ».

Qualora V_1 ed U_1 siano vuoti si riottiene il principio di dualità di Fichera (n. 6).

Indichiamo ora con U_1^* la varietà delle autosoluzioni u_1^* dell'equazione

$$L^*(u) = \omega_2^*,$$

ω_2^* essendo lo zero di B_2^*.

Dimostriamo che è $U_1^* \subset U_1$. Infatti se è $u_1^* \subset U_1^*$ risulta dalla 17) per $u = u_1^*$ e ogni $v = V$

$$\sum_{k=1}^{n} \int_{E_k} M_k^*(u_1^*) \, L_k(v) \, d\mu_k = 0$$

che esprime che $M^*(u_1^*)$ è ortogonale a $L(V)$ ossia che $u_0^* \subset U_1$.

Se $M(V)$ è completo allora è $U_1 \equiv U_1^*$. Basta dimostrare che in tale caso è $U_1 \subset U_1^*$; infatti se $u_1 \subset U_1$ è qualunque sia $v \subset V$

$$\sum_{k=1}^{n} \int_{E_k} M_k(v)\, L_k^*(u_1)\, d\mu_k = 0 \;,$$

da cui segue

$$L^*(u_1) = \dot{\omega}_2^*$$

per la completezza di $M(V)$.

Si ha così il teorema:

« Se per ogni $v \subset V$ esiste la formula di maggiorazione 21), se $M^*(U)$ contiene la varietà dei funzionali lineari e continui ortogoad $L(V)$ ed $M(V)$ è completo, allora per tutti gli $u \subset U$ per cui $L^*(u)$ è ortogonale a $M(V_1)$, sussiste la formula duale

$$\operatorname*{estr.\ inf.}_{u_1^* \supset U_1^*} \| M^*(u + u_1^*) \le K \| L^*(u) \| \;,$$

dove V_1 è la varietà delle autosoluzioni di $L(v)$ ed U_1^* è la varietà delle autosoluzioni di $L^*(u)$ » [7].

9. — Come esempio consideriamo la maggiorazione

$$\left(\int_{FD} v^2\, d\sigma \right)^{1/2} \le K \left[\int_{D} \left(\sum_{hk}^{1 \dots n} a_{hk} \frac{\partial v}{\partial x_h} \frac{\partial v}{\partial x_k} - cv^2 \right) \right]^{1/2} \;,$$

che sussiste per $v \subset C^{(1)}(D)$, con D connesso per $c < 0$; se $c = 0$ essa sussiste per ogni v che si annulli in un prefissato punto di D.

Se v verifica l'equazione

22)
$$\sum_{h}^{1 \dots n} \frac{\partial}{\partial x_h} \left(\sum_{k}^{1 \dots n} a_{hk} \frac{\partial v}{\partial x_k} \right) + cv = 0$$

allora per ogni $u \subset C^{(1)}(D)$ e soluzione della 22) vale la relazione di reciprocità

$$\int_{FD} v \frac{\partial u}{\partial \nu}\, d\sigma = - \int_{D} \left(\sum a_{hk} \frac{\partial v}{\partial x_h} \frac{\partial u}{\partial x_k} - cuv \right) dx \;.$$

---

[7] Per la prima parte del n. 8 si veda anche S. Faedo, Rend. Accad. Lincei, S. VIII, vol. XXII, pag. 434-437.

Per un teorema di chiusura relativo alle soluzioni di tale equazioni si ottiene la duale

$$\left[\int_D \left(\sum_{hk} a_{hk} \frac{\partial u}{\partial x_h} \frac{\partial u}{\partial x_k} - cu^2 \right) dx \right]^{1/2} \leq K \left(\int_{FD} \left(\frac{\partial u}{\partial \nu} \right)^2 d\sigma \right)^{1/2} .$$

Nel caso $c = 0$ si ottiene invece che se λ è una opportuna costante è

$$\left(\int_{FD} (v + \lambda)^2 \, d\sigma \right)^{1/2} \leq K \left[\int_D \sum_{hk}^{1 \dots n} a_{hk} \frac{\partial v}{\partial x_h} \frac{\partial v}{\partial x_k} dx \right]^{1/2}$$

e quindi

23) $$\operatorname*{estr.\ inf.}_{c} \left(\int_{FD} (v + c)^2 \, d\sigma \right)^{1/2} \leq K_1 \left(\int_{FD} \left(\frac{\partial u}{\partial \nu} \right)^2 d\sigma \right)^{1/2} ,$$

come si è affermato nel n. 5.

10. — Consideriamo il problema di derivata obliqua

24) $$\begin{cases} \varDelta u = 0 & \text{in} \quad A \ , \\[2mm] u = \mu_2 & \text{in} \quad \Sigma^{(2)} , \\[2mm] \dfrac{\partial u}{\partial l} = h & \text{in} \quad \Sigma^{(3)} , \end{cases}$$

dove per le notazioni rinviamo alle lezioni tenute da E. Magenes (n. 2).

La formula di Green dà, per ogni v tale che $\varDelta v = 0$,

25) $$\int_{\Sigma^{(3)}} \mu_3 \left[a^{(\lambda)} \frac{\partial v}{\partial \lambda} - b^{(l)} v \right] d\sigma = \int_{\Sigma^{(3)}} a^{(l)} hv \, d\sigma ,$$

μ_3 essendo la traccia di u su $\Sigma^{(3)}$.

Il teorema II (principio di esistenza generalizzato) dà la condizione necessaria e sufficiente per l'esistenza della soluzione debole del problema 24) e cioè della risolubilità della 25).

Consideriamo il problema

$$\varDelta v = 0 \qquad \text{in} \quad A \ ,$$

$$a^{(\lambda)} \frac{\partial v}{\partial \lambda} - b^{(l)} v = 0 \qquad \text{in} \quad \Sigma^{(3)} ,$$

e sia V_1 la varietà delle sue soluzioni.

Se h è tale che per ogni $v_1 \subset V_1$ è

$$\int_{\Sigma^{(3)}} a^{(l)} \, h v_1 \, d\sigma = 0 \,,$$

allora la condizione necessaria e sufficiente per l'esistenza della soluzione debole del problema 24) è che esista una costante K tale che sia per ogni v con $\Delta v = 0$ in A

26)   estr. inf. $\displaystyle\underset{v_1 \subset V_1}{} \left[\int_{\Sigma^{(3)}} (v + v_1)^2 \, d\sigma \right]^{1/2} \leq K \left[\int\!\!\int_{\Sigma^{(3)}} \left(a^{(\lambda)} \frac{\partial v}{\partial \lambda} - b^{(l)} v \right)^2 d\sigma \right]^{1/2}.$

Il principio di dualità, nell'ultima forma data nel n. 8, permette di dimostrare la 26).

Infatti consideriamo in luogo della 17) la relazione di reciprocità 25) e la disuguaglianza

27)   estr. inf. $\displaystyle\underset{c}{} \int_{\Sigma^{(3)}} (w + c)^2 \, d\sigma \leq K \int_{\Sigma^{(3)}} \left(a^{(l)} \frac{\partial w}{\partial l} \right)^2 d\sigma$

che è del tipo della 23), w essendo una qualunque soluzione in A dell'equazione $\Delta w = 0$.

Consideriamo le deformazioni lineari

$$M(w) = w \qquad\qquad \text{su} \qquad \Sigma^{(3)},$$

$$L(w) = a^{(l)} \frac{\partial w}{\partial l} \qquad\qquad \text{su} \qquad \Sigma^{(3)},$$

$$M^*(v) = v \qquad\qquad \text{su} \qquad \Sigma^{(3)},$$

$$L^*(v) = a^{(\lambda)} \frac{\partial v}{\partial \lambda} - b^{(l)} v \qquad \text{su} \qquad \Sigma^{(3)}.$$

La 25, si scrive allora

$$\int_{\Sigma^{(3)}} \{ M(w) \, L^*(v) - M^*(v) \, L(w) \} \, d\sigma = 0$$

e la duale della 27) è appunto la 26).

L'esempio considerato prova che il principio generale di esistenza può utilmente applicarsi per dimostrare l'esistenza della soluzione debole nei problemi di derivata obliqua e che il principio di dualità fra le formule di maggiorazione permette di ricondurre la dimostrazione di queste a casi più semplici.

[Entrata in Redazione il 9 gennaio 1958]

FICHERA, GAETANO
1958
Rendiconti di Matematica
(1-2) Vol. 17, pp. 82-191

Una introduzione alla teoria delle equazioni integrali singolari (*)

di **GAETANO FICHERA** (Roma)

Questa Memoria, a carattere prevalentemente monografico, si propone di presentare una trattazione, per quanto possibile sistema-tica e completa, delle equazioni integrali singolari relative ad una curva chiusa del piano e che principalmente si presentano nello studio delle equazioni alle derivate parziali di tipo ellittico.

Occorre subito dire che esistono due pregevoli trattazioni delle equazioni singolari sulle curve del piano. La prima è dovuta a N. I. MUSKHELISHVILI, la seconda a S. G. MIHLIN (¹). Quest'ultima considera anche equazioni integrali singolari per funzioni di più variabili.

Sia nell'una che nell'altra, lo studio delle equazioni singolari sulle curve piane è appoggiato alla teoria delle funzioni olomorfe di una variabile complessa; invece la presente trattazione trae partito dalla teoria delle equazioni lineari a derivate parziali del secondo ordine di tipo ellittico.

La ragione che mi ha spinto a scegliere questa impostazione, è duplice. In primo luogo, oltre ad ottenere una esposizione formal-mente più generale della teoria, il connetterla con le equazioni ellit-tiche permette di porre maggiormente in risalto l'interesse applicativo di essa. In secondo luogo, lo svincolarne i procedimenti dalla teoria delle funzioni olomorfe di una variabile, consente di formularne i

---

(*) Il contenuto di questa Memoria è stato originato dalle lezioni tenute dal-l'Autore nel 2⁰ Ciclo dei Corsi del Centro Internazionale Matematico Estivo (C.I.M.E.) (Varenna, 10-19 giugno 1957).

(¹) Cfr. [21], [17]. I numeri fra parentesi quadre rimandano alla Bibliografia alla fine della Memoria.

risultati sotto la forma che meglio si presta a fare intravvedere le possibili generalizzazioni agli spazî a tre o più dimensioni o, quanto meno, a più rapidamente focalizzare le ragioni per le quali dette estensioni non sono conseguibili.

Il punto di vista adottato può essere anche impiegato per la trattazione di equazioni relative a curve aperte o per sistemi di equazioni. Tali argomenti non vengono considerati nella presente Memoria.

Un effettivo progresso della teoria qui esposta, rispetto alle precedenti, è costituito dalla estensione agli spazî $\mathcal{L}^{(p)}$ con $p > 1$, per essa conseguita in questo lavoro (^{2}). A ciò si perviene dimostrando la continuità $\mathcal{L}^{(p)}$ dell'operatore integrale singolare su una curva chiusa, per mezzo di formule di maggiorazione relative alle soluzioni delle equazioni di tipo ellittico, le quali formule possono avere già di per sè interesse (cfr. le (29), (30) del cap. II).

Ho cercato di rendere la trattazione, per quanto possibile, autosufficiente. Con tale intendimento ho ritenuto di dovere esaurientemente esporre nel primo capitolo una teoria dei potenziali di linea generalizzati, i cui procedimenti dimostrativi rivestono, come è noto, un interesse essenziale nella teoria degli integrali singolari. Il riportare i soli enunciati di teoremi avrebbe fatto perdere alla presente Memoria molto di quel carattere introduttorio che essa si propone d'avere, non solo in riguardo ai risultati, ma anche, e sopratutto, alle tecniche in uso nella teoria delle equazioni integrali singolari.

CAP. I.

INTEGRALI SINGOLARI E POTENZIALI DI LINEA.

1. — Definizione generale di integrale singolare su una curva chiusa.

Sia Σ una curva semplice e chiusa di classe $\mathcal{C}^{(1)}$ contenuta nel piano della variabile complessa $z = x + iy$. Con tale dizione intendiamo che Σ è il luogo descritto dal punto $z = z(s)$ quando s varia nell'intervallo chiuso $(0, L)$ e che la funzione $z(s)$ è continua con

---

(^{2}) L'interesse di una tale estensione venne anche segnalato dal Prof. A. Zygmund, durante le lezioni da Lui tenute nel già citato Corso di Varenna.

la sua derivata prima $z'(s)$ in $(0, L)$, riuscendo $z'(0) = z'(L)$ e $z(s_1) = z(s_2)$ con $s_1 < s_2$ allora e allora soltanto che è $s_1 = 0, s_2 = L$.

Supponiamo altresì che in tutto $(0, L)$ riesca $|z'(s)| = 1$. Ciò implica che il parametro s rappresenta un'ascissa curvilinea su Σ. Noi supporremo, salvo avviso in contrario, che il verso dell'arco crescente su Σ sia quello positivo, cioè il verso antiorario sulla curva Σ.

In seguito supporremo anche che $z'(s)$ verifichi in $(0, L)$ una condizione di HÖLDER, cioè che per ogni coppia s_1 ed s_2 di valori di $(0, L)$ si abbia:

$$|z'(s_1) - z'(s_2)| \leq N|s_1 - s_2|^h$$

con N costante positiva e $0 < h \leq 1$. Esprimeremo concisamente tale circostanza dicendo che Σ è di classe $\mathcal{C}_h^{(1)}$.

Sia $f(z)$ una funzione reale o complessa, della variabile complessa z, definita per ogni $z \in \Sigma$. Diremo che $f(z)$ appartiene alla classe $\mathcal{C}^{(m)}(\Sigma)$, m essendo un intero non negativo, se la funzione $f[z(s)]$ è dotata di tutte le derivate successive, rispetto ad s, fino all'ordine m incluso e se ciascuna di queste, considerata come funzione del punto z variabile in Σ, riesce una funzione continua su Σ.

Posto $\varphi(z) = \dfrac{d^m}{ds^m} f[z(s)]$, se esistono due costanti N ed h tali che per ogni coppia z_1 e z_2 di punti di Σ si abbia:

$$(1) \qquad |\varphi(z_1) - \varphi(z_2)| \leq N|z_1 - z_2|^h,$$

essendo $N > 0$ e $0 < h \leq 1$, diremo che $f(z)$ appartiene alla classe $\mathcal{C}_h^{(m)}(\Sigma)$.

Dicendo che $f(z)$ è *misurabile* (secondo LEBESGUE) su Σ intendiamo che è tale la funzione $f[z(s)]$ in $(0, L)$. Un insieme $\Sigma' \subset \Sigma$ dicesi *misurabile* (secondo LEBESGUE) se è tale la sua immagine I' in $(0, L)$. Si intende per *misura lineare* di Σ' quella dell'insieme I' sull'asse reale. Si pone poi anche, per definizione:

$$\int_{\Sigma'} f(z)\, ds = \int_{I'} f[z(s)]\, ds$$

intendendo l'integrale al secondo membro come integrale di LEBESGUE di una funzione sommabile e definendo, ovviamente, per *sommabilità* di una funzione $f(z)$ su Σ' quella della funzione $f[z(s)]$ su I'.

Sia z_0 un punto fissato su Σ ed $f(z)$ una funzione misurabile in $\Sigma - z_0$. Diciamo $\{E\}$ una famiglia di insiemi misurabili di Σ, verificante le seguenti condizioni:

a) Ogni E contiene z_0.

b) L'intersezione di due qualsivogliano insiemi di $\{E\}$ contiene un insieme di $\{E\}$.

Supponiamo che $f(z)$ sia sommabile in $\Sigma - E$ per ogni $E \in \{E\}$. Si consideri la variabile:

$$F(E) = \int_{\Sigma - E} f(z)\, ds\,.$$

Poichè $\{E\}$ può ordinarsi, nel senso di MOORE e PICONE [1], assumendo come seguenti di un dato E tutti quegli insiemi della famiglia in esso contenuti, ha senso parlare del massimo e del minimo limite di $F(E)$ su tale famiglia:

$$\operatorname*{maxlim}_{\{E\}} F(E)\,, \qquad \operatorname*{minlim}_{\{E\}} F(E)\,.$$

Orbene, se esiste il $\lim\limits_{\{E\}} F(E)$ ed è finito, noi porremo:

$$\lim_{\{E\}} F(E) = \int_{\Sigma} f(z)\, ds$$

e chiameremo l'integrale a secondo membro un *integrale singolare* (o *principale*) della $f(z)$ ottenuto sulla famiglia $\{E\}$. Gli insiemi E verranno chiamati *insiemi di esclusione* e quindi $\{E\}$ sarà detta la *famiglia degli insiemi di esclusione*.

La teoria degli integrali singolari diviene significativa se $\{E\}$, oltre che a) e b), verifica anche la seguente condizione:

c) Fissato comunque un intorno circolare di z_0, esiste qualche E di $\{E\}$ contenuto in tale intorno.

È ovvio il seguente teorema:

I. *Se $f(z)$ è sommabile su Σ, essa ammette integrale singolare, qualunque sia la famiglia $\{E\}$ verificante a), b), c) ed esso coincide con l'integrale di* LEBESGUE *di $f(z)$ esteso a Σ.*

Questo teorema fa vedere come una teoria degli integrali singolari possa riguardarsi una estensione di quella delle funzioni sommabili.

---

[1] Cfr. [6] pag. 17.

2. — Integrali singolari di tipo ellittico. Integrali singolari di Cauchy e di Hilbert.

Sia B un campo (insieme aperto) del piano della variabile complessa z. In B siano definite le tre funzioni reali:

$$A_{11}(z), \qquad A_{12}(z) \equiv A_{21}(z), \qquad A_{22}(z),$$

verificanti le seguenti ipotesi:

1°) Ciascuna di esse è continua in B ed ha derivate parziali prime continue in B. Ciò si esprime dicendo che ogni $A_{ij}(z)$ appartiene alla classe $\mathcal{C}^{(1)}(B)$.

2°) Fissato comunque z in B, la forma quadratica:

$$A_{11}(z)\,\lambda_1^2 + 2 A_{12}(z)\,\lambda_1\lambda_2 + A_{22}(z)\,\lambda_2^2$$

è definita positiva.

3°) Riesce in ogni punto $z \in B$:

$$\begin{vmatrix} A_{11}(z) & A_{12}(z) \\ A_{21}(z) & A_{22}(z) \end{vmatrix} \equiv 1 .$$

La curva semplice e chiusa Σ di classe $\mathcal{C}_h^{(1)}$ sia contenuta in B.

Si consideri la funzione non negativa dei due punti $z = x + iy$ e $\zeta = \xi + i\eta$ così definita:

$$\varrho(z,\zeta) = [A_{11}(\zeta)(x-\xi)^2 + 2\,A_{12}(\zeta)(x-\xi)(y-\eta) + A_{22}(\zeta)(y-\eta)^2]^{1/2}.$$

Se $\dfrac{dx}{ds}$ e $\dfrac{dy}{ds}$ denotano i coseni direttori dell'asse tangente positivo a Σ nel punto $z(s)$, con $\dfrac{dx}{dn}$ e $\dfrac{dy}{dn}$ indicheremo i coseni direttori dell'asse normale a Σ in $z(s)$ orientato *positivamente verso l'interno del campo limitato A di cui Σ è la completa frontiera*. Si ha:

$$\frac{dx}{ds} = \frac{dy}{dn}, \quad \frac{dy}{ds} = -\frac{dx}{dn} .$$

Consideriamo due punti z e ζ entrambi su Σ e non coincidenti. Detta s_z l'ascissa curvilinea di z, si ha:

$$\frac{\partial}{\partial s_z} \log \varrho(z,\zeta) = \frac{1}{\varrho(z,\zeta)} \frac{\partial}{\partial s_z} \varrho(z,\zeta) .$$

È immediato constatare che riesce:

$$\frac{1}{\varrho(z,\zeta)}\frac{\partial}{\partial s_z}\varrho(z,\zeta) = O\left(\frac{1}{|z-\zeta|}\right).^{(2)}$$

Sia $\varphi(\zeta)$ una funzione complessa appartenente a $\mathcal{L}^{(1)}(\Sigma)$, cioè definita su Σ e ivi misurabile e sommabile. Fissato z su Σ, in generale la funzione di ζ:

$$\varphi(\zeta)\frac{\partial}{\partial s_z}\log \varrho(z,\zeta)$$

non è sommabile su Σ.

Se esiste l'integrale:

$$(2) \qquad \int_{\Sigma}\varphi(\zeta)\frac{\partial}{\partial s_z}\log \varrho(z,\zeta)\,ds_\zeta \equiv \int_{\Sigma}\varphi(\zeta)\frac{1}{\varrho(z,\zeta)}\frac{\partial}{\partial s_z}\varrho(z,\zeta)\,ds_\zeta$$

come integrale singolare, con una opportuna scelta della famiglia degli insiemi d'esclusione E, diremo che esso è un *integrale singolare di tipo ellittico*.

Sussiste il seguente fondamentale teorema:

II. *Fissato z su Σ ed $\varepsilon > 0$, si consideri il campo ellittico costituito da tutti i punti ζ verificanti la diseguaglianza:*

$$\varrho(z,\zeta) < \varepsilon.$$

Sia E l'insieme dei punti di Σ contenuti in questo campo. Se $\varphi(\zeta)$ appartiene alla classe $\mathcal{C}_k^{(0)}(\Sigma)$, esiste l'integrale singolare ellittico (2), assumendo come insiemi d'esclusione gli E testè definiti.

Si ha:

$$\int_{\Sigma-E}\varphi(\zeta)\frac{1}{\varrho(z,\zeta)}\frac{\partial}{\partial s_z}\varrho(z,\zeta)\,ds_\zeta = \int_{\Sigma-E}[\varphi(\zeta)-\varphi(z)]\frac{1}{\varrho(z,\zeta)}\frac{\partial}{\partial s_z}\varrho(z,\zeta)\,ds_\zeta +$$

$$+\varphi(z)\int_{\Sigma-E}\frac{1}{\varrho(z,\zeta)}\frac{\partial}{\partial s_z}\varrho(z,\zeta)\,ds_\zeta.$$

(2) Se a e b sono due variabili in corrispondenza, scrivendo che riesce: $a = O(b)$ intendiamo che la variabile $\frac{a}{b}$ è limitata.

Possiamo supporre ε tanto piccolo che E sia costituito da un unico arco di estremi z_1 e z_2 (positivo nel verso che va da z_1 a z_2) contenente z. Riesce:

$$(3) \qquad [\varphi(\zeta) - \varphi(z)] \frac{1}{\varrho(z,\zeta)} \frac{\partial}{\partial s_z} \varrho(z,\zeta) = O\left(\frac{1}{|z - \zeta|^{1-k}}\right)$$

$$(4) \quad \int_{\Sigma - E} \frac{1}{\varrho(z,\zeta)} \frac{\partial}{\partial s_z} \varrho(z,\zeta) \, d s_\zeta = \int_{z_2}^{z_1} \frac{1}{\varrho(z,\zeta)} \left[\frac{\partial}{\partial s_z} \varrho(z,\zeta) + \frac{\partial}{\partial s_\zeta} \varrho(z,\zeta)\right] d s_\zeta \, .$$

D'altra parte si ha:

$$\frac{1}{\varrho(z,\zeta)} \left[\frac{\partial}{\partial s_z} \varrho(z,\zeta) + \frac{\partial}{\partial s_\zeta} \varrho(z,\zeta)\right] =$$

$$= \frac{1}{[\varrho(z,\zeta)]^2} \{[A_{11}(\zeta)(x - \xi) + A_{12}(\zeta)(y - \eta)](x'(s_z) - x'(s_\zeta)) +$$

$$+ [A_{21}(\zeta)(x - \xi) + A_{22}(\zeta)(y - \eta)](y'(s_z) - y'(s_\zeta))\} +$$

$$+ \frac{1}{2[\varrho(z,\zeta)]^2} \left\{\frac{\partial A_{11}(\zeta)}{\partial s_\zeta}(x - \xi)^2 + 2 \frac{\partial A_{12}(\zeta)}{\partial s_\zeta}(x - \xi)(y - \eta) + \right.$$

$$\left. + \frac{\partial A_{22}(\zeta)}{\partial s_\zeta}(y - \eta)^2\right\}$$

e quindi:

$$(5) \qquad \frac{1}{\varrho(z,\zeta)} \left[\frac{\partial}{\partial s_z} \varrho(z,\zeta) + \frac{\partial}{\partial s_\zeta} \varrho(z,\zeta)\right] = O\left(\frac{1}{|z - \zeta|^{1-h}}\right) .$$

Dalle (3), (4), (5) segue la tesi.

Il teorema ora dimostrato ammette il seguente corollario:

III. *Nelle ipotesi per* $\varphi(\zeta)$, *assunte nel teor. II e con la stessa scelta della famiglia* $\{E\}$, *esiste per ogni* $z \in \Sigma$ *l'integrale singolare:*

$$(2') \qquad \int_\Sigma \varphi(\zeta) \frac{\partial}{\partial s_\zeta} \log \varrho(z,\zeta) \, d s_\zeta \equiv \int_\Sigma \varphi(\zeta) \frac{1}{\varrho(z,\zeta)} \frac{\partial}{\partial s_\zeta} \varrho(z,\zeta) \, d s_\zeta \, .$$

La dimostrazione è conseguenza immediata del teor. II e della (5). Anche l'integrale $(2')$ sarà detto un integrale singolare di tipo ellittico.

In generale chiameremo *integrale singolare di tipo ellittico* ogni integrale singolare avente la forma seguente :

$$\int_{\Sigma} \varphi (\zeta) \, K (z , \zeta) \, ds_{\zeta}$$

dove $K (z , \zeta)$ è una funzione complessa di z e ζ definita e continua per $z \neq \zeta$ e tale che :

$$K (z , \zeta) - \frac{1}{\varrho (z , \zeta)} \frac{\partial}{\partial s_z} \varrho (z , \zeta) = O \left(\frac{1}{|z - \zeta|^{1-q}} \right)$$

essendo $q > 0$.

Il teorema III ovviamente sussiste per il più generale integrale singolare di tipo ellittico. Il nucleo $K (z , \zeta)$ sarà detto un *nucleo singolare di tipo ellittico*.

Osservazione I. — La dimostrazione dei teoremi II e III seguita a sussistere e si perviene allo stesso valore per l'integrale singolare, se come famiglia $\{E\}$ si assume una qualsiasi famiglia verificante le condizioni a), b), c) del n^0 1, nella quale ogni E sia costituito da un arco $\widehat{z_1 z_2}$ tale che :

$$(6) \qquad \lim_{\{E\}} \log \frac{\varrho (z , z_1)}{\varrho (z , z_2)} = 0 .$$

Tale considerazione permette di sostituire, ad esempio, ai campi ellittici, considerati nell'enunciato del teorema II, i campi circolari di centro z e assumere come insiemi di esclusione le intersezioni di ciascuno di tali campi con Σ . Si ha infatti, detto $\widehat{z_1 z_2}$ l'arco intercettato su Σ da un campo circolare di centro z e raggio abbastanza piccolo :

$$\lim_{\{E\}} \frac{\varrho (z , z_1)}{\varrho (z , z_2)} = \lim_{\{E\}} \frac{\varrho (z , z_1)}{|z_1 - z|} \lim_{\{E\}} \frac{|z_2 - z|}{\varrho (z , z_2)} = 1 .$$

Sussiste quindi la (6).

Osservazione II. Si noti che dalla dimostrazione del teorema II segue subito che la relazione di limite :

$$\lim_{\{E\}} \int_{\Sigma - E} \varphi (\zeta) \frac{\partial}{\partial s_z} \log \varrho (z , \zeta) \, ds_{\zeta} = \int_{\Sigma} \varphi (\zeta) \frac{\partial}{\partial s_z} \log \varrho (z , \zeta) \, ds_{\zeta}$$

è uniforme rispetto a z. Lo stesso dicasi se gli E si sostituiscono con gli intorni circolari considerati nell'osservazione I.

Osservazione III. — Si noti che nella dimostrazione del teorema II e quindi del teorema III non si è sfruttata l'ipotesi che le $A_{ij}(\zeta)$ sono di classe $\mathcal{C}^{(1)}(B)$. Ma soltanto che le A_{ij} sono differenziabili e le derivate $\dfrac{\partial A_{ij}(\zeta)}{\partial s_\zeta}$ sono misurabili e limitate su Σ.

Si considerino le funzioni così definite:

$$a_{11}(z) \equiv A_{22}(z), \quad a_{12}(z) \equiv a_{21}(z) \equiv -A_{12}(z), \quad a_{22}(z) \equiv A_{11}(z).$$

Se u è una funzione continua con le sue derivate prime in un campo che contiene il punto z di Σ, chiameremo *derivata conormale* della funzione u (relativa alla matrice (a_{ij})) nel punto z di Σ e la indicheremo col simbolo $\dfrac{\partial u}{\partial \nu}$, la funzione:

$$\frac{\partial u}{\partial \nu} = a_{11}(z) \frac{\partial u}{\partial x} \frac{dx}{dn} + a_{12}(z) \frac{\partial u}{\partial x} \frac{dy}{dn} + a_{21}(z) \frac{\partial u}{\partial y} \frac{dx}{dn} + a_{22}(z) \frac{\partial u}{\partial y} \frac{dy}{dn}.$$

Nel caso che la matrice (a_{ij}) sia quella unitaria, $\dfrac{\partial u}{\partial \nu}$ coincide con la derivata normale (interna) $\dfrac{du}{dn}$ della u su Σ. Nel caso generale $\dfrac{\partial u}{\partial \nu}$ è uguale alla derivata della u, secondo l'asse di coseni direttori:

$$\frac{a_{11}(z) \dfrac{dx}{dn} + a_{12}(z) \dfrac{dy}{dn}}{\pm \sqrt{\left(a_{11}(z) \dfrac{dx}{dn} + a_{12}(z) \dfrac{dy}{dn}\right)^2 + \left(a_{21}(z) \dfrac{dx}{dn} + a_{22}(z) \dfrac{dy}{dn}\right)^2}},$$

$$\frac{a_{21}(z) \dfrac{dx}{dn} + a_{22}(z) \dfrac{dy}{dn}}{\pm \sqrt{\left(a_{11}(z) \dfrac{dx}{dn} + a_{12}(z) \dfrac{dy}{dn}\right)^2 + \left(a_{21}(z) \dfrac{dx}{dn} + a_{22}(z) \dfrac{dy}{dn}\right)^2}},$$

moltiplicata per il fattore:

$$\pm a(z) = \pm \sqrt{\left(a_{11}(z) \frac{dx}{dn} + a_{12}(z) \frac{dy}{dn}\right)^2 + \left(a_{21}(z) \frac{dx}{dn} + a_{22}(z) \frac{dy}{dn}\right)^2}.$$

L'asse ν_z uscente da z e avente i coseni direttori anzidetti, chiamasi *asse conormale* a Σ nel punto z. Si osservi che la scelta del segno $+$ equivale a fissare sull'asse conormale come orientamento positivo quello secondo cui l'asse penetra nell'interno di A (asse conormale interno).

Sussiste il seguente ben noto lemma :

IV. — *Se la curva semplice e chiusa* Σ *è di classe* $\mathcal{C}_h^{(1)}$, *assunti* z *e* ζ *su di essa, riesce* :

$$(7) \quad \frac{\partial}{\partial \nu_z} \log \varrho\,(z\,,\zeta) = O\left(\frac{1}{|\,z - \zeta\,|^{1-h}}\right); \frac{\partial}{\partial \nu_\zeta} \log \varrho\,(z\,,\zeta) = O\left(\frac{1}{|\,z - \zeta\,|^{1-h}}\right)^{(3)}.$$

Si ha infatti, per z e ζ su Σ :

$$\frac{\partial}{\partial \nu_z} \log \varrho\,(z\,,\zeta) - \frac{1}{[\varrho\,(z\,,\zeta)]^2}\left[(x - \xi)\frac{dx}{dn} + (y - \eta)\frac{dy}{dn}\right] = O\,(1)\,.$$

Fissati z e ζ con $z \neq \zeta$, assumiamo l'arco s crescente nel verso che va da z a ζ secondo l'arco minore. Detti z_1 e z_2 due convenienti punti interni all'arco anzidetto, riesce :

$$\frac{1}{[\varrho\,(z\,,\zeta)]^2}\left\{- [x\,(s_z) - x\,(s_\zeta)]\,y'\,(s_z) + [y\,(s_z) - y\,(s_\zeta)]\,x'\,(s_z)\right\} =$$

$$= \frac{s_z - s_\zeta}{[\varrho\,(z\,,\zeta)]^2}\left[- x'\,(s_{z_1})\,y'\,(s_z) + y'\,(s_{z_2})\,x'\,(s_z)\right] = O\left(\frac{1}{|\,z - \zeta\,|^{1-h}}\right).$$

Ne segue la prima delle (7). Analogamente si dimostra la seconda.

Si assuma in particolare $A_{11} \equiv A_{22} \equiv 1$, $A_{12} \equiv 0$. Riesce allora $\varrho\,(z\,,\zeta) = |\,z - \zeta\,|$.

Si ponga :

$$(8) \quad - K\,(z\,,\zeta) = \frac{\partial}{\partial s_\zeta} \log |\,\zeta - z\,| - i\frac{\partial}{\partial n_\zeta} \log |\,\zeta - z\,| = \frac{1}{\zeta - z}\frac{d\zeta}{ds}\,.$$

Esiste per $\varphi\,(\zeta) \in \mathcal{C}_k^{(0)}$ l'integrale singolare di tipo ellittico :

$$(9) \quad -\int_{\Sigma} \varphi\,(\zeta)\,K\,(z\,,\zeta)\,ds_\zeta\,.$$

---

(3) Scrivendo $\dfrac{\partial}{\partial \nu_z}\left(\dfrac{\partial}{\partial \nu_\zeta}\right)$ intendiamo che l'operazione di derivazione conormale viene applicata a $\varrho\,(z\,,\zeta)$ considerata come funzione di z (di ζ).

Poichè in ogni ζ di Σ distinto da z riesce:

$$- K(z,\zeta)\, ds_\zeta = \frac{d\zeta}{\zeta - z} \cdot$$

scriveremo sotto la forma seguente l'integrale (9):

$$\int\limits_{+\Sigma} \frac{\varphi(\zeta)}{\zeta - z}\, d\zeta$$

e lo chiameremo, per ovvî motivi, *integrale singolare di* CAUCHY, mentre il nucleo (8) sarà detto *nucleo singolare di* CAUCHY.

Consideriamo un altro esempio di nucleo singolare di tipo ellittico. A tal fine conveniamo di indicare con $\widehat{z\,\zeta}$ l'ascissa curvilinea di ζ con origine z e tale che $-L < 2\,\widehat{z\,\zeta} \leq L$. Sia $\alpha = \pi L^{-1}$; poniamo:

$$K(z,\zeta) = -\alpha \operatorname{cotg}(\alpha \,\widehat{z\,\zeta}).$$

Dimostriamo che $K(z,\zeta)$ è un particolare nucleo singolare di tipo ellittico. Si ha infatti:

$$\operatorname{cotg}(\alpha\,\widehat{z\,\zeta}) = \frac{1}{\alpha}\frac{\partial}{\partial s_z}\log|z-\zeta| +$$

$$+ \left(1 - \frac{1}{\alpha}\operatorname{tang}(\alpha\,\widehat{z\,\zeta})\frac{\partial}{\partial s_z}\log|z-\zeta|\right)\operatorname{cotg}(\alpha\,\widehat{z\,\zeta})$$

e riesce:

$$\left(1 - \frac{1}{\alpha}\operatorname{tang}(\alpha\,\widehat{z\,\zeta})\frac{\partial}{\partial s_z}\log|z-\zeta|\right)\operatorname{cotg}(\alpha\,\widehat{z\,\zeta}) =$$

$$= \frac{\alpha\cos(\alpha\,\widehat{z\,\zeta})\,|z-\zeta|^2 - \operatorname{sin}(\alpha\,\widehat{z\,\zeta})\left[(x-\xi)\dfrac{dx}{ds} + (y-\eta)\dfrac{dy}{ds}\right]}{\alpha\cos(\alpha\,\widehat{z\,\zeta})\,|z-\zeta|^2}\frac{\cos(\alpha\,\widehat{z\,\zeta})}{\sin(\alpha\,\widehat{z\,\zeta})} \cdot$$

Essendo:

$$\cos(\alpha\,\widehat{z\,\zeta}) - 1 = O(|z-\zeta|^2), \qquad \frac{\sin(\alpha\,\widehat{z\,\zeta})}{|z-\zeta|} - \frac{\alpha\,\widehat{z\,\zeta}}{|z-\zeta|} = O(|z-\zeta|^2),$$

$$\frac{(x-\xi)\dfrac{dx}{ds} + (y-\eta)\dfrac{dy}{ds}}{|z-\zeta|} + \frac{\widehat{z\,\zeta}}{|z-\zeta|} = O(|z-\zeta|^h),$$

segue :

$$\text{cotg}\,(\alpha\,\overset{\frown}{z\,\zeta}) + \frac{1}{\alpha}\,\frac{\partial}{\partial\,s_z}\,\log|\,z - \zeta\,| = O\left(\frac{1}{|\,z - \zeta\,|^{1-h}}\right).$$

Il nucleo singolare $K\,(z\,,\,\zeta)$ chiamasi *nucleo singolare di* HILBERT. Esso interviene nella teoria delle serie trigonometriche coniugate. [4]

3. — Potenziale di semplice strato.

Sia $\varphi\,(\zeta)$ una funzione, reale o complessa, definita sulla curva Σ (semplice chiusa e di classe $\mathcal{C}_h^{(1)}$) e ivi sommabile. Per ogni z che non stia su Σ riesce definita la funzione :

$$v\,(z) = \int_{\Sigma} \varphi\,(\zeta)\,\log\varrho\,(z\,,\,\zeta)\,ds_\zeta$$

che denoteremo *potenziale (di linea) di semplice strato di densità* $\varphi\,(\zeta)$.

È ovvio che $v\,(z)$ è dotata di derivate parziali di ordine comunque elevato in tutto il piano privato di Σ.

Sussistono i seguenti teoremi :

V. — *Per quasi tutti i punti z di Σ è sommabile la funzione di ζ: $\varphi\,(\zeta)\,\log\varrho\,(z\,,\,\zeta)$, talchè la $v(z)$ è definita anche in $\Sigma - N$ essendo N un insieme di misura lineare nulla contenuto in Σ.*

La funzione $\log\varrho\,(z\,,\,\zeta)$ è funzione di z sommabile su Σ, comunque si fissi ζ in Σ. Inoltre la funzione :

$$\int_{\Sigma} |\,\log\varrho\,(z\,,\,\zeta)\,|\,ds_z$$

è funzione continua di ζ su Σ, come si constata con considerazioni elementari. Ne segue, per un teorema di TONELLI, che $\varphi\,(z)\,\log\varrho\,(z,\zeta)$ è sommabile sul prodotto topologico $\Sigma \times \Sigma$ [5]. Quindi dal teorema di FUBINI [6] sugli integrali multipli segue la tesi.

---

[4] Cfr. [28], [34].
[5] Cfr. [6] pag. 366.
[6] Cfr. [6] pag. 375.

VI. — *Sia l un semiasse uscente dal punto z_0 di Σ e non tangente a Σ in z_0. Se è $z_0 \in \Sigma - N$ riesce:*

$$\lim_{z \to z_0 \, (\text{su } l)} v(z) = v(z_0).$$

Ciò segue dal teorema precedente e dalla diseguaglianza di elemen. tare dimostrazione:

$$|\log \varrho(z, \zeta)| \leq |\log \frac{K}{\varrho(z_0, \zeta)}|,$$

valida per ogni $z \in l$ e ogni $\zeta \in \Sigma$; K è una opportuna costante positiva.

Indicheremo con $\mathscr{L}^{(p)}(\Sigma)\,(p \geq 1)$ la classe delle funzioni complesse definite e misurabili su Σ tali che $|\varphi(\zeta)|^p$ sia sommabile su Σ. I teoremi V e VI possono migliorarsi quando riesce $\varphi \in \mathscr{L}^{(p)}(\Sigma)$ con $p > 1$. Si ha precisamente:

VII. — *Se è $\varphi \in \mathscr{L}^{(p)}(\Sigma)$ con $p > 1$, la funzione di ζ: $\varphi(\zeta) \log \varrho(z, \zeta)$ è sommabile comunque si fissi z in Σ e la $v(z)$, che è, in tal caso, definita anche su tutta Σ, è una funzione di z continua in tutto il piano*

Sia q il complementare di p, sia cioè q tale che:

$$\frac{1}{p} + \frac{1}{q} = 1.$$

Fissato comunque z in Σ, riesce ovviamente:

$$\log \varrho(z, \zeta) \in \mathscr{L}^{(q)}(\Sigma);$$

ciò implica la sommabilità della funzione $\varphi(\zeta) \log \varrho(z, \zeta)$ su Σ [7].

Si ha d'altra parte, fissato z_0 su Σ e detto z un punto sull'asse conormale ν_{z_0} a Σ in z_0:

$$|v(z) - v(z_0)| \leq \left[\int_\Sigma |\varphi(\zeta)|^p \, ds_\zeta \right]^{1/p} \left[\int_\Sigma \left| \log \frac{\varrho(z_0, \zeta)}{\varrho(z, \zeta)} \right|^q ds_\zeta \right]^{1/q}.$$

Poichè riesce:

$$\lim_{z \to z_0 \, (\text{su } \nu_{z_0})} \int_\Sigma \left| \log \frac{\varrho(z_0, \zeta)}{\varrho(z, \zeta)} \right|^q ds_\zeta = 0$$

uniformemente rispetto a z_0, segue l'asserita continuità di $v(z)$ in tutto il piano.

---

[7] Cfr. [6] p. 462.

Sia l_z un semiasse uscente dal punto z di Σ e *mai tangente a* Σ *in* z. Sia z_1 un punto su tale semiasse distinto da z. Con il simbolo:

$$\frac{\partial u(z_1)}{\partial \nu_z}$$

intenderemo indicare la derivata direzionale della funzione u, secondo l'asse conormale interno ad A, calcolata in z_1 e moltiplicata per il fattore $a(z)$.

VIII. — *Sia* $\varphi \in \mathcal{L}^{(1)}(\Sigma)$. *Per quasi ogni* z *di* Σ *è sommabile su* Σ *la funzione* ζ:

$$\varphi(\zeta) \frac{\partial}{\partial \nu_z} \log \varrho(z, \zeta).$$

Inoltre esiste un insieme $N \subset \Sigma$ *di misura nulla tale che, se* l_z *è diretto verso l'interno (l'esterno) di* A, *per* $z \in \Sigma - N$, *riesce:*

$$(10) \qquad \lim_{z_1 \to z \,(\text{su } l_z)} \frac{\partial v(z_1)}{\partial \nu_z} = + \pi\varphi(z) + \int_{\Sigma} \varphi(\zeta) \frac{\partial}{\partial \nu_z} \log \varrho(z, \zeta) \, ds_\zeta$$

$$(11) \qquad \left[\lim_{z_1 \to z \,(\text{su } l_z)} \frac{\partial v(z_1)}{\partial \nu_z} = - \pi\varphi(z) + \int_{\Sigma} \varphi(\zeta) \frac{\partial}{\partial \nu_z} \log \varrho(z, \zeta) \, ds_\zeta \right].$$

Se $\varphi(\zeta)$ *è continua su* Σ *e si suppone che i coseni direttori di* l_z *sono funzioni continue su* z, *la* (10) *e la* (11) *sono uniformi rispetto a* z.

La prima parte del teorema si dimostra con ragionamento identico a quello del lemma V, tenendo presente il lemma IV. Per dimostrare la (10), supponiamo dapprima $\varphi \equiv 1$ su Σ. Si assuma la tangente a Σ in z come asse ξ e la normale interna ad A come asse η. Sia Σ_0 un arco di Σ contenente z e avente, rispetto agli assi ora scelti, equazione:

$$\eta = \eta(\xi), \qquad -\sigma \leq \xi \leq \sigma.$$

Indichiamo con A_{ij}^0 i coefficienti della forma quadratica che definisce ϱ^2, considerati in relazione al sistema di assi ora scelto e calcolati nell'origine del piano, cioè nel punto z. Diciamo λ_ξ e λ_η i coseni direttori dell'asse l_z. Possiamo supporre Σ_0 tale che riesca:

$$\sigma < 1; \qquad M = \max_{(-\sigma, \sigma)} |\eta'(\xi)| < q,$$

avendo indicato con q il minore dei tre numeri:

$$1, \quad \frac{1 - |\lambda_\xi|}{\lambda_\eta}, \quad \frac{\lambda_\eta^2}{2(A_{11}^0 + A_{22}^0 + 2|A_{12}^0|)(3|A_{12}^0| + 2A_{22}^0)}.$$

Esiste una costante $H > 0$ tale che per $z_1 \in l$ e $\zeta \in \Sigma_0$ si ha:

$$(12) \qquad |z_1 - \zeta|^2 \geq H(|z - \zeta|^2 + |z_1 - z|^2).$$

Infatti, posto $t = |z_1 - z|$, riesce:

$$|z_1 - \zeta|^2 = t^2 + \xi^2 + [\eta(\xi)]^2 - 2t(\lambda_\xi \xi + \lambda_\eta \eta) \geq$$

$$\geq (1 - |\lambda_\xi| - |\lambda_\eta| M)(t^2 + \xi^2) + \eta^2,$$

donde la (12). Dalla (12) facilmente segue:

$$(13) \quad \frac{\partial}{\partial \nu_z} \log \varrho(z_1, \zeta) + \frac{(\xi - x_1)\dfrac{d\xi}{dn} + (\eta - y_1)\dfrac{d\eta}{dn}}{A_{11}^0(x_1 - \xi)^2 + 2A_{12}^0(x_1 - \xi)(y_1 - \eta) + A_{22}^0(y_1 - \eta)^2} =$$

$$= O\left(\frac{1}{|z - \zeta|^{1-h}}\right).$$

Riesce:

$$(14) \quad \int_{\Sigma_0} \frac{(\xi - x_1)\dfrac{d\xi}{dn} + (\eta - y_1)\dfrac{d\eta}{dn}}{A_{11}^0(x_1 - \xi)^2 + 2A_{12}^0(x_1 - \xi)(y_1 - \eta) + A_{22}^0(y_1 - \eta)^2} ds_\zeta =$$

$$= \int_{-\sigma}^{\sigma} \left[\frac{-(\xi - x_1)\eta'(\xi) + (\eta(\xi) - y_1)}{A_{11}^0(x_1 - \xi)^2 + 2A_{12}^0(x_1 - \xi)(y_1 - \eta) + A_{22}^0(y_1 - \eta)^2} + \right.$$

$$\left. + \frac{y_1}{A_{11}^0(x_1 - \xi)^2 + 2A_{12}^0(x_1 - \xi)y_1 + A_{22}^0 y_1^2} \right] d\xi -$$

$$- \int_{-\sigma}^{\sigma} \frac{y_1}{A_{11}^0(x_1 - \xi)^2 + 2A_{12}^0(x_1 - \xi)y_1 + A_{22}^0 y_1^2} d\xi.$$

Essendo $x_1 = t\lambda_\xi$ e $y_1 = t\lambda_\eta$, si ha:

$$A_{11}^0 (x_1 - \xi)^2 + 2 A_{12}^0 (x_1 - \xi) y_1 + A_{22}^0 y_1^2 \geq$$

$$\geq \frac{\lambda_\eta^2}{2} \left[\frac{\xi^2}{A_{11}^0 \lambda_\xi^2 + 2 A_{12}^0 \lambda_\xi \lambda_\eta + A_{22}^0 \lambda_\eta^2} + \frac{t^2}{A_{11}^0} \right] \geq$$

$$\geq \frac{\lambda_\eta^2}{2 (A_{11}^0 + A_{22}^0 + 2 |A_{12}^0|)} (\xi^2 + t^2) = p_1 (\xi^2 + t^2) .$$

In conseguenza:

$$A_{11}^0 (x_1 - \xi)^2 + 2 A_{12}^0 (x_1 - \xi)(y_1 - \eta) + A_{22}^0 (y_1 - \eta)^2 \geq p_1 (\xi^2 + t^2) -$$

$$- 2 |A_{12}^0| |\eta \xi| - A_{22}^0 \eta^2 - 2t |\eta| (|A_{12}^0| |\lambda_\xi| + A_{22}^0 |\lambda_\eta|) \geq$$

$$\geq (p_1 - 3 |A_{12}^0| M - 2 A_{22}^0 M)(\xi^2 + t^2) = p (\xi^2 + t^2) .$$

Da ciò segue:

$$(15) \quad \left[\frac{- (\xi - x_1) \eta'(\xi) + (\eta(\xi) - y_1)}{A_{11}^0 (x_1 - \xi)^2 + 2 A_{12}^0 (x_1 - \xi)(y_1 - \eta) + A_{22}^0 (y_1 - \eta)^2} + \right.$$

$$\left. + \frac{y_1}{A_{11}^0 (x_1 - \xi)^2 + 2 A_{12}^0 (x_1 - \xi) y_1 + A_{22}^0 y_1^2} \right] = O \left(\frac{1}{|\xi|^{1-h}} \right) .$$

Si constata d'altra parte, con calcolo elementare:

$$(16) \quad \lim_{y_1 \to 0+} \int_{-\sigma}^{\sigma} \frac{y_1}{A_{11}^0 (x_1 - \xi)^2 + 2 A_{12}^0 (x_1 - \xi) y_1 + A_{22}^0 y_1^2} d\xi = \pi .$$

Da (13), (14), (15), (16) si deduce subito la (10) per $\varphi \equiv 1$. Sia z tale che:

$$(17) \quad \lim_{\sigma \to 0} \frac{1}{\sigma} \int_{-\sigma}^{\sigma} |\varphi(\zeta) - \varphi(z)| d\xi = 0 .$$

I punti che non verificano la (17) costituiscono un insieme di misura nulla su Σ [8]. Dato $\varepsilon > 0$, sia σ tale che per $s \leq \sigma$ si abbia:

$$\int_{-s}^{s} |\varphi(\zeta) - \varphi(z)| d\xi < \varepsilon s .$$

[8] Cfr. [28] pag. 174.

Posto $\Psi(s) = \int_0^s |\varphi(\zeta) - \varphi(z)| \, d\xi$, riesce:

$$\int_{-\sigma}^{\sigma} |\varphi(\zeta) - \varphi(z)| \frac{|y_1|}{A_{11}^0 (x_1 - \xi)^2 + 2 A_{12}^0 (x_1 - \xi) y_1 + A_{22}^0 y_1^2} \, d\xi \leq$$

$$\leq \frac{|\lambda_\eta|}{p_1} \int_{-\sigma}^{\sigma} |\varphi(\zeta) - \varphi(z)| \frac{t}{\xi^2 + t^2} \, d\xi = \frac{|\lambda_\eta|}{p_1} \left[\Psi(\xi) \frac{t}{\xi^2 + t^2} \right]_{-\sigma}^{\sigma} +$$

$$+ \frac{|\lambda_\eta|}{p_1} \int_{-\sigma}^{\sigma} \Psi(\xi) \frac{2t\xi}{(\xi^2 + t^2)^2} \, d\xi \leq \varepsilon \frac{|\lambda_\eta|}{p_1} \left(\frac{t\sigma}{\sigma^2 + t^2} + 2\pi \right).$$

Da questa diseguaglianza, da (13), (14) e (15) e dal fatto che $|\varphi(\zeta)| \, |z - \zeta|^{h-1}$ è sommabile per quasi tutti gli z di Σ, segue la (10). In modo perfettamente analogo si prova la (11).

Si osservi che la (17) è uniforme rispetto a z se $\varphi(\zeta)$ è continua su Σ. Siano inoltre funzioni continue di z i coseni direttori di l. Riguardando la dimostrazione del teorema, è semplice verificare che, in tali ipotesi per φ ed l, la (10) e la (11) sono uniformi rispetto a z.

Osservazione. — È facile constatare che l'insieme N di misura nulla che interviene nei teoremi V e VI è lo stesso di quello che si considera nel teorema ora dimostrato ed è costituito dai punti per i quali non sussiste la (17). — Nel seguito chiameremo *punti di* LEBESGUE per la $\varphi(\zeta)$ i punti di Σ nei quali sussiste la (17).

Nell'enunciato del teorema che segue denoteremo con $\Sigma(t)$ l'insieme dei punti di Σ che sono interni al cerchio di centro il punto z di Σ e raggio t. Inoltre, detto z_1 un punto sulla conormale ν_z a Σ in z, porremo:

$$\frac{\partial u(z_1)}{\partial s_z} = u_x(z_1) x'(s_z) + u_y(z_1) y'(s_z),$$

cioè con il simbolo al primo membro si indica la derivata della u, secondo la direzione dell'asse tangente positivo a Σ in z, calcolata nel punto z_1 [9].

---

[9] La simboleggiatura $\dfrac{\partial u(z_1)}{\partial s_z}$ non è molto corretta e certo sarebbe più giusto adoperare la seguente $\left[\dfrac{\partial u}{\partial s_z} \right]_{z_1}$. Tuttavia la prima è tipograficamente più sempli-

IX. *Sia $\varphi \in \mathcal{L}^{(1)}(\Sigma)$. Se z è un punto di* LEBESGUE *per* $\varphi(\zeta)$, *si ha:*

$$(18) \qquad \lim_{z_1 \to z \,(\text{su } \nu_z)} \left[\frac{\partial v(z_1)}{\partial s_z} - \int_{\Sigma - \Sigma(|z - z_1|)} \varphi(\zeta) \frac{\partial}{\partial s_z} \log \varrho(z, \zeta) \, ds_\zeta \right] = 0 \qquad (^{10}).$$

Se $\varphi(\zeta)$ è continua su Σ, la (18) è uniforme rispetto a z.

Non è lesivo alla generalità assumere gli assi coordinati come nella dimostrazione del teorema precedente. Sia Σ_0 l'arco di Σ già considerato in quella dimostrazione e σ verifichi condizioni analoghe a quelle ivi espresse, nelle quali λ_ξ e λ_η vanno sostituite con ν_ξ e ν_η, coseni direttori di ν_z (^{11}).

La (18) si dimostra immediatamente per $\varphi \equiv 1$. Infatti, basta osservare che per $z_1 \in \nu_z$ e $\zeta \in \Sigma_0$ si ha, per la (12):

$$\frac{\partial}{\partial s_z} \log \varrho(z_1, \zeta) + \frac{\partial}{\partial s_\zeta} \log \varrho(z_1, \zeta) = O\left(\frac{|z - \zeta|^h}{|z_1 - \zeta|} \right) = O\left(\frac{1}{|z - \zeta|^{1-h}} \right).$$

Posto $t = |z_1 - z|$, si verifica che:

$$\frac{\partial}{\partial s_z} \log \varrho(z_1, \zeta) + \frac{A_{11}(\zeta)\,\xi + A_{12}(\zeta)\,\eta}{\varrho^2(z_1, \zeta)} = O\left(\frac{t\,|z - \zeta|}{|z_1 - \zeta|^2} \right).$$

ce e, d'altronde, dopo le precisazioni fatte, non può dare luogo ad equivoci. Analoga considerazione può farsi per il simbolo $\dfrac{\partial u(z_1)}{\partial \nu_z}$ già in precedenza adoperato.

(^{10}) Cfr. [3] pagg. 30-31 e per il caso generale di φ soltanto sommabile [15].

(^{11}) Precisamente l'arco Σ_0 deve esser tale che, detta $\eta = \eta(\xi)$, $-\sigma \leq \xi \leq \sigma$ la sua rappresentazione rispetto agli assi prescelti, si abbia:

$$\sigma < 1, \qquad M = \max_{(-\sigma, \sigma)} |\eta'(\xi)| < q,$$

avendo indicato con q il minore dei tre numeri:

$$1, \quad \frac{1 - |\nu_\xi|}{\nu_\eta} \quad \frac{\nu_\eta^2}{2\,(\max_{B_0} A_{11} + \max_{B_0} A_{22} + 2\max_{B_0} |A_{12}|)\,(3\max_{B_0} |A_{12}| + 2\max_{B_0} A_{22})}.$$

B_0 denota un qualsiasi prefissato dominio (cioè la chiusura di un insieme aperto) contenente nel suo interno $A + \Sigma$.

Supposto assegnato $\varepsilon > 0$, deve inoltre essere:

$$\int_{-s}^{s} |\varphi(\zeta) - \varphi(z)| \, d\xi < \varepsilon s$$

per ogni $s \leq \sigma$.

Dato $\varepsilon > 0$, sia δ_ε tale che per $t < \delta_\varepsilon$ riesca:

$$(19) \qquad \left| \int_{\Sigma - \Sigma_0} [\varphi(\zeta) - \varphi(z)] \left[\frac{\partial}{\partial s_z} \log \varrho(z_1, \zeta) - \frac{\partial}{\partial s_z} \log \varrho(z, \zeta) \right] d s_\zeta \right| < \varepsilon.$$

Detta H una conveniente costante positiva, si ha:

$$(20) \qquad \left| \int_{\Sigma_0 - \Sigma(t)} [\varphi(\zeta) - \varphi(z)] \left[\frac{\partial}{\partial s_z} \log \varrho(z_1, \zeta) - \frac{\partial}{\partial s_z} \log \varrho(z, \zeta) \right] d s_z \right| \leq$$

$$\leq \int_{\Sigma_0 - \Sigma(t)} |\varphi(\zeta) - \varphi(z)| \frac{|A_{11}(\zeta)\xi + A_{12}(\zeta)\eta| \, |[\varrho(z_1, \zeta)]^2 - [\varrho(z, \zeta)]^2|}{[\varrho(z_1, \zeta) \varrho(z, \zeta)]^2} ds_\zeta +$$

$$+ H \int_{\Sigma_0 - \Sigma(t)} |\varphi(\zeta) - \varphi(z)| \frac{t \, |z - \zeta|}{|z_1 - \zeta|^2} d s_\zeta ;$$

$$(21) \qquad \left| \int_{\Sigma(t)} [\varphi(\zeta) - \varphi(z)] \frac{\partial}{\partial s_z} \log \varrho(z_1, \zeta) \, ds_\zeta \right| \leq$$

$$\leq \int_{\Sigma(t)} |\varphi(\zeta) - \varphi(z)| \frac{|A_{11}(\zeta)\xi + A_{12}(\zeta)\eta|}{[\varrho(z_1, \zeta)]^2} ds_\zeta +$$

$$+ H \int_{\Sigma(t)} |\varphi(\zeta) - \varphi(z)| \frac{t \, |z - \zeta|}{|z_1 - \zeta|^2} ds_\zeta .$$

Indicando sempre H_i una opportuna costante positiva, tenendo presente che è in $\Sigma_0 - \Sigma(t)$: $|\xi| \geq t$, e ripetendo i ragionamenti fatti nella dimostrazione precedente, si ottiene:

$$(22) \quad \int_{\Sigma_0 - \Sigma(t)} |\varphi(\zeta) - \varphi(z)| \frac{|A_{11}(\zeta)\xi + A_{12}(\zeta)\eta| \, |[\varrho(z_1, \zeta)]^2 - [\varrho(z, \zeta)]^2|}{[\varrho(z_1, \zeta) \cdot \varrho(z, \zeta)]^2} ds_\zeta \leq$$

$$\leq H_1 \int_{(-\sigma, \sigma) - (-t, t)} |\varphi(\zeta) - \varphi(z)| \frac{|A_{11}(\zeta)\xi + A_{12}(\zeta)\eta| \, (t^2 + t \, |\xi|)}{|z_1 - \zeta|^2 \, |\zeta|^2} d\xi \leq$$

$$\leq H_2 \int_{-\sigma}^{\sigma} |\varphi(\zeta) - \varphi(z)| \frac{t}{\xi^2 + t^2} d\xi \leq \varepsilon \, H_2 \left(\frac{t \, \sigma}{\sigma^2 + t^2} + 2\pi \right).$$

Si ha per la (12):

$$| \varphi(\zeta) - \varphi(z) | \frac{t \, | z - \zeta |}{| z_1 - \zeta |^2} \leq 2 \, H \, | \varphi(\zeta) - \varphi(z) |$$

e quindi:

$$(23) \qquad \lim_{t \to 0} \int_{\Sigma_0} | \varphi(\zeta) - \varphi(z) | \frac{t \, | z - \zeta |}{| z_1 - \zeta |^2} \, ds_\zeta = 0 \; .$$

Infine riesce:

$$(24) \qquad \int_{\Sigma(t)} | \varphi(\zeta) - \varphi(z) | \frac{| A_{11}(\zeta) \, \xi + A_{12}(\zeta) \, \eta |}{[\varrho(z_1, \zeta)]^2} \, ds_\zeta \leq$$

$$\leq H \int_{-t}^{t} | \varphi(\zeta) - \varphi(z) | \frac{d\xi}{\sqrt{\xi^2 + t^2}} = \frac{1}{\sqrt{2} \, t} \, H \int_{-t}^{t} | \varphi(\zeta) - \varphi(z) | \, d\xi +$$

$$+ H \int_{-t}^{t} \Psi(\xi) \frac{\xi \, d\xi}{(\xi^2 + t^2)^{3/2}} \leq \frac{\varepsilon \, H}{\sqrt{2}} + \varepsilon \, H \int_{-t}^{t} \frac{\xi^2 \, d\xi}{(\xi^2 + t^2)^{3/2}} \leq$$

$$\leq \varepsilon \, H \left(\frac{1}{\sqrt{2}} + \log \frac{\sqrt{2} + 1}{\sqrt{2} - 1} \right);$$

$\Psi(\xi)$ è la funzione introdotta nella dimostrazione del teorema precedente. Da (19), (20), (21), (22), (23), (24) segue la tesi.

Si osservi che se $\varphi(\zeta)$ è continua su Σ, potendosi scegliere σ e δ_ε indipendenti da z, la (18) riesce uniforme rispetto a z, come si constata, riguardando la dimostrazione testè esposta.

Dal teorema IX seguono alcuni importanti corollari. È intanto ovvio il seguente:

X. *Sia φ una funzione di $\mathscr{L}^{(1)}(\Sigma)$ e z un punto di* LEBESGUE *per essa. Condizione necessaria e sufficiente perchè esista l'integrale singolare di tipo ellittico* (2), *con insiemi di esclusione gli insiemi* $\Sigma(t)$, *è che esista il limite:*

$$(25) \qquad \lim_{z_1 \to z(\mathrm{su}\,\nu_z)} \int_{\Sigma} \varphi(\zeta) \frac{\partial}{\partial s_z} \log \varrho(z_1, \zeta) \, ds_\zeta \; .$$

In tal caso, detto limite é uguale all'integrale singolare anzidetto.

XI. — *Se φ appartiene alla classe $\mathcal{C}_k^0(\Sigma)$, esiste il limite* (25) *per ogni $z \in \Sigma$ ed è uguale all'integrale singolare di tipo ellittico* (2). *Tale limite è uniforme rispetto a z.*

Deriva immediatamente dal teorema II e dall'osservazione II a quel teorema.

Se $\vec{l}$ ed $\vec{m}$ sono due versori, che supporremo applicati allo stesso punto, con $(\vec{l}, \vec{m})$ indicheremo l'angolo di cui deve ruotare $\vec{l}$ nel verso positivo (cioè antiorario) delle rotazioni per sovrapporsi a $\vec{m}$. È evidente che $(\vec{l}, \vec{m}) = 2\pi - (\vec{m}, \vec{l})$ e quindi $\cos(\vec{l}, \vec{m}) = \cos(\vec{m}, \vec{l})$, $\sin(\vec{l}, \vec{m}) = -\sin(\vec{m}, \vec{l})$.

Indichiamo con $\vec{n}_z$ e $\vec{\nu}_z$ i versori sugli assi, normale e conormale, interni ad A, nel punto z di Σ. Sia l_z un asse di versore $\vec{l}_z$. Per la derivata direzionale di una funzione u rispetto ad l_z, calcolata in z_1, si ha:

$$\frac{\partial u(z_1)}{\partial l_z} = \frac{\sin(\vec{l}_z, \vec{\nu}_z)}{\cos(\vec{n}_z, \vec{\nu}_z)} \frac{\partial u(z_1)}{\partial s_z} + \frac{\cos(\vec{l}_z, \vec{n}_z)}{\cos(\vec{n}_z, \vec{\nu}_z)} \frac{1}{a(z)} \frac{\partial u(z_1)}{\partial \nu_z}.$$

Scrivendo $z_1 \to z$ (su ν_z^+) [$z_1 \to z$ (su ν_z^-)], intendiamo che z_1 tende a z (mantenendosi sull'asse conormale ν_z) dall'interno (esterno) di A.

Conseguenza immediata dei teoremi VIII, X e XI, è il seguente:

XII. — *Sia φ una funzione di $\mathcal{L}^{(1)}(\Sigma)$ e z un punto di LE-BESGUE per essa. Condizione necessaria e sufficiente perchè esista l'integrale singolare di tipo ellittico:*

$$\int_{\Sigma} \varphi(\zeta) \frac{\partial}{\partial l_z} \log \varrho(z, \zeta) \, ds_\zeta$$

con insiemi di esclusione i $\Sigma(t)$, è che esista il limite: $\lim\limits_{z_1 \to z \, (\text{su} \nu_z)} \dfrac{\partial v(z_1)}{\partial l_z}$. *Si ha in tal caso:*

$$(26) \quad \lim_{z_1 \to z \, (\text{su} \nu_z^+)} \frac{\partial v(z_1)}{\partial l_z} = \frac{\pi}{a(z)} \frac{\cos(\vec{l}_z, \vec{n}_z)}{\cos(\vec{n}_z, \vec{\nu}_z)} \varphi(z) + \int_{\Sigma} \varphi(\zeta) \frac{\partial}{\partial l_z} \log \varrho(z, \zeta) \, ds_\zeta$$

$$(27) \quad \lim_{z_1 \to z \, (\text{su} \nu_z^-)} \frac{\partial v(z_1)}{\partial l_z} = -\frac{\pi}{a(z)} \frac{\cos(\vec{l}_z, \vec{n}_z)}{\cos(\vec{n}_z, \vec{\nu}_z)} \varphi(z) + \int_{\Sigma} \varphi(\zeta) \frac{\partial}{\partial l_z} \log \varrho(z, \zeta) \, ds_\zeta.$$

Se φ appartiene a $\mathcal{C}_k^0(\Sigma)$, sussistono la (26) e la (27) per ogni $z \in \Sigma$ e sono uniformi rispetto a z e a l_z.

XIII. — Se φ appartiene a $\mathcal{C}_k^0(\Sigma)$, il potenziale di semplice strato $v(z)$ è una funzione di classe uno in $A + \Sigma$ [12]. Inoltre per il calcolo della derivata tangenziale di v su Σ, è lecita la derivazione sotto il segno di integrale, epperò $\dfrac{\partial v}{\partial s}$ è data dall'integrale singolare (2).

Infatti, in virtù del teorema precedente, esistono i due limiti:

$$\lim_{z_1 \to z \,(\text{su } \nu_z^+)} \frac{\partial v(z_1)}{\partial x_1} \,, \qquad \lim_{z_1 \to z \,(\text{su } \nu_z^+)} \frac{\partial v(z_1)}{\partial x_2}$$

per ogni $z \in \Sigma$ e sono uniformi rispetto a z. Da ciò segue l'appartenenza di v a $\mathcal{C}^{(1)}(A + \Sigma)$ [13] e quindi la tesi. In modo analogo può provarsi che $v(z)$ è di classe uno nel complementare di A.

4. — Potenziale di doppio strato.

Sia φ una funzione di $\mathcal{L}^{(1)}(\Sigma)$. Dicesi *potenziale (di linea) di doppio strato* la funzione:

$$w(z) = \int_\Sigma \varphi(\zeta) \frac{\partial}{\partial \nu_\zeta} \log \varrho(z, \zeta) \, ds_\zeta \,;$$

essa è continua e dotata di derivata di ordine comunque elevato in tutto il piano privato della curva Σ.

---

[12] Dicendo che una funzione $v(z)$ è di classe m in $A + \Gamma$ (Γ insieme contenuto in Σ) o appartiene a $\mathcal{C}^{(m)}(A + \Gamma)$, intendiamo che in A la v è dotata di derivate parziali continue fino all'ordine m e, detta $w(z)$ una qualsiasi derivata di v, di ordine $\leq m$, esiste una funzione $w^*(z)$ continua in $A + \Gamma$ che coincide con w nei punti di A.

[13] Sussiste invero il seguente lemma di elementare dimostrazione:

Sia $u(z)$ definita in A e verifichi le seguenti condizioni: a) $u(z)$ è continua in A; b) fissato comunque z su Σ, esiste finito il limite: $\lim\limits_{z_1 \to z \,(\text{su } \nu_z^+)} u(z_1) = u^*(z)$; c) *tale limite è uniforme rispetto a z. La funzione $U(z)$ così definita:*

$$U(z) \begin{cases} = u(z) & z \in A \\ = u^*(z) & z \in \Sigma \end{cases}$$

è continua in $A + \Sigma$.

Sia l_z il semiasse considerato nel teorema VIII. Sussiste il seguente teorema:

XIV. *Sia* $\varphi \in \mathcal{L}^{(1)}(\Sigma)$. *Se* z *è un punto di* LEBESGUE *per* φ *(qnindi per quasi tutti gli* z *di* Σ*), è sommabile la funzione di* ζ:

$$\varphi(\zeta) \frac{\partial}{\partial \nu_\zeta} \log \varrho(z, \zeta).$$

Inoltre, se l_z *è diretto verso l'interno (esterno) di* A, *per l'anzidetto* z *riesce:*

$$(28) \qquad \lim_{\substack{z_1 \to z \,(\text{su } l_z)}} w(z_1) = -\pi \varphi(z) + \int_\Sigma \varphi(\zeta) \frac{\partial}{\partial \nu_\zeta} \log \varrho(z, \zeta) ds_\zeta$$

$$(29) \qquad \left[\lim_{\substack{z_1 \to z \,(\text{su } l_z)}} w(z_1) = \pi \varphi(z) + \int_\Sigma \varphi(\zeta) \frac{\partial}{\partial \nu_\zeta} \log \varrho(z, \zeta) ds_\zeta \right].$$

Se $\varphi(\zeta)$ *e i coseni direttori di* l_z *sono continui su* Σ, *la* (28) *e la* (29) *sono uniformi rispetto a* z.

La dimostrazione procede esattamente come quella del teorema VIII con la sola variante che la (13) è sostituita dalla seguente:

$$\frac{\partial}{\partial \nu_\zeta} \log \varrho(z_1, \zeta) -$$

$$- \frac{(\xi - x_1) \dfrac{d\xi}{dn} + (\eta - y_1) \dfrac{d\eta}{dn}}{A_{11}^0 (x_1 - \xi)^2 + 2 A_{12}^0 (x_1 - \xi)(y_1 - \eta) + A_{22}^0 (y_1 - \eta)^2} = O(1).$$

Si osservi che $w(z)$, nell'ipotesi che $\varphi(\zeta)$ sia continua su Σ, per il lemma enunciato nella nota [13], coincide con una funzione continua in $A + \Sigma$ (nel complementare di A).

Sia λ_z un asse, di versore $\vec{\lambda_z}$, definito per ogni z di Σ, i cui coseni direttori sono funzioni misurabili su Σ.

Diremo *doppio strato obliquo* la funzione:

$$w^{(\lambda)}(z) = \int_\Sigma \varphi(\zeta) \frac{\partial}{\partial \lambda_\zeta} \log \varrho(z, \zeta) ds_\zeta,$$

che, come la $w(z)$, è continua con tutte le sue derivate nel piano privato di Σ.

Il seguente teorema generalizza il precedente:

XV. *Sia* $\varphi \in \mathcal{L}^{(1)}(\Sigma)$ *e sia z un punto di* LEBESGUE *per entrambe le funzioni :*

$$\frac{\sin(\vec{\lambda}_\zeta, \vec{\nu}_\zeta)}{\cos(\vec{n}_\zeta, \vec{\nu}_\zeta)} \varphi(\zeta), \quad \frac{\cos(\vec{\lambda}_\zeta, \vec{n}_\zeta)}{\cos(\vec{n}_\zeta, \vec{\nu}_\zeta)} \varphi(\zeta).$$

Condizione necessaria e sufficiente perchè esista l'integrale singolare di tipo ellittico :

$$\int\limits_{\Sigma} \varphi(\zeta) \frac{\partial}{\partial \lambda_\zeta} \log \varrho(z, \zeta)\, ds_\zeta,$$

con insiemi di esclusione i $\Sigma(t)$, *è che esista il limite :* $\lim\limits_{z_1 \to z\,(\text{su } \nu_z)} w^{(\lambda)}(z_1)$. *Si ha in tal caso :*

$$(30) \quad \lim_{z_1 \to z\,(\text{su } \nu_z^+)} w^{(\lambda)}(z_1) = -\frac{\pi}{a(z)} \frac{\cos(\vec{\lambda}_z, \vec{n}_z)}{\cos(\vec{n}_z, \vec{\nu}_z)} \varphi(z) + \int\limits_{\Sigma} \varphi(\zeta) \frac{\partial}{\partial \lambda_\zeta} \log \varrho(z,\zeta) ds_\zeta$$

$$(31) \quad \lim_{z_1 \to z\,(\text{su } \nu_z^-)} w^{(\lambda)}(z_1) = \frac{\pi}{a(z)} \frac{\cos(\vec{\lambda}_z, \vec{n}_z)}{\cos(\vec{n}_z, \vec{\nu}_z)} \varphi(z) + \int\limits_{\Sigma} \varphi(\zeta) \frac{\partial}{\partial \lambda_\zeta} \log \varrho(z,\zeta) ds_\zeta.$$

Se $\varphi(\zeta)$ *e i coseni direttori di* λ_ζ *appartengono a* $\mathcal{C}_k^0(\Sigma)$, *sussistono la* (30) *e la* (31) *per ogni* $z \in \Sigma$ *e sono uniformi rispetto a z.*

La dimostrazione di questo teorema è conseguenza immediata dei teoremi X, XI e XIV, una volta osservato che:

$$\frac{\partial}{\partial \lambda_\zeta} \log \varrho(z, \zeta) = \frac{\sin(\vec{\lambda}_\zeta, \vec{\nu}_\zeta)}{\cos(\vec{n}_\zeta, \vec{\nu}_\zeta)} \frac{\partial}{\partial s_\zeta} \log \varrho(z, \zeta) +$$

$$+ \frac{\cos(\vec{\lambda}_\zeta, \vec{n}_\zeta)}{\cos(\vec{n}_\zeta, \vec{\nu}_\zeta)} \frac{1}{a(\zeta)} \frac{\partial}{\partial \nu_\zeta} \log \varrho(z, \zeta)$$

e che, per la (12) riesce per $z_1 \in \nu_z$:

$$(32) \quad \frac{\partial}{\partial s_z} \log \varrho(z_1, \zeta) + \frac{\partial}{\partial s_\zeta} \log \varrho(z_1, \zeta) = 0 \left(\frac{1}{|z - \zeta|^{1-h}}\right).$$

XVI. — *Sia* $\varphi \in \mathcal{L}^{(1)}$ (Σ) *e* z *un punto di* LEBESGUE *per* φ. *Se* z_1 *e* z_2 *sono due punti sulla conormale* ν_z *a* Σ *in* z, *simmetrici rispetto a* z, *si ha*:

$$(33) \qquad \lim_{z_1 \to z} \left[\frac{\partial w(z_1)}{\partial \nu_z} - \frac{\partial w(z_2)}{\partial \nu_z} \right] = 0,$$

ogni qual volta tale relazione sussiste assumendo $\varphi \equiv 1$.

La dimostrazione è analoga a quella dei teoremi VIII e XIV. Considerando l'arco Σ_0 introdotto nella dimostrazione del teor. VIII e impiegando il sistema di assi ξ e η là usati, si prova che:

$$\lim_{z_1 \to z} \int_{\Sigma_0} [\varphi(\zeta) - \varphi(z)] \left[\frac{\partial}{\partial \nu_z} \frac{\partial}{\partial \nu_\zeta} \log \varrho(z, \zeta) \right]_{z_1}^{z_2} ds_\zeta = 0.$$

Ciò consegue, con gli stessi ragionamenti di quella dimostrazione, dalla diseguaglianza:

$$(34) \qquad \left\| \left[\frac{\partial}{\partial \nu_z} \frac{\partial}{\partial \nu_\zeta} \log \varrho(z, \zeta) \right]_{z_1}^{z_2} \right\| \leq K \frac{t}{\xi^2 + t^2} \qquad (\zeta \in \Sigma_0),$$

dove si è posto — come al solito — $t = |z_1 - z|$ e K indica una costante positiva.

La (34) si acquisisce con semplici calcoli, del tutto analoghi ad altri in precedenza svolti.

Osservazione. La (33) sussiste, assumendo $\varphi \equiv 1$, per ogni $z \in \Sigma$ se riesce;

$$(35) \qquad \int_\Sigma \frac{\partial}{\partial \nu_\zeta} \log \varrho(z, \zeta) \, ds_\zeta \begin{cases} = h(z) + c & \text{per } z \in A \\ = h(z) & \text{per } z \text{ esterno ad } A, \end{cases}$$

essendo $h(z)$ una funzione di classe uno in tutto il piano e c una costante. Tale circostanza si presenta se le $A_{ij}(z)$ sono tutte costanti in B: sussiste allora la (35) con $h(z) = 0$ e $c = -2\pi$.

Questo teorema può esser esteso al doppio strato obliquo $w^{(\lambda)}$ [14]. Ma di ciò noi non ci occupiamo, dato che di una tale estensione non avremo occasione di doverci servire.

---

[14] Cfr. [16] pag. 383.

Osserviamo invece il seguente utile corollario ([15]) dei teoremi VI, VIII, XIV, XVI.

XVII. *Siano* $\varphi_0(\zeta)$ *e* $\varphi_1(\zeta)$ *due funzioni appartenenti a* $\mathcal{L}^{(1)}(\Sigma)$ *e tali che per ogni z esterno ad A riesca:*

$$(36) \quad \int_\Sigma \left[\varphi_1(\zeta) \log \varrho(z,\zeta) - \varphi_0(\zeta) \frac{\partial}{\partial \nu_\zeta} \log \varrho(z,\zeta) \right] ds_\zeta = 0 .$$

Sussista inoltre la (35). *La funzione così definita in A:*

$$u(z) = \frac{1}{2\pi} \int_\Sigma \left[\varphi_1(\zeta) \log \varrho(z,\zeta) - \varphi_0(\zeta) \frac{\partial}{\partial \nu_\zeta} \log \varrho(z,\zeta) \right] ds_\zeta$$

per quasi tutti i punti z di Σ verifica le seguenti condizioni al contorno:

$$\lim_{z_1 \to z \,(\text{su } \nu_z^+)} u(z_1) = \varphi_0(z), \qquad \lim_{z_1 \to z \,(\text{su } \nu_z^+)} \frac{\partial u(z_1)}{\partial \nu_z} = \varphi_1(z).$$

Si ponga:

$$v(z) = \frac{1}{2\pi} \int_\Sigma \varphi_1(\zeta) \log \varrho(z,\zeta) \, ds_\zeta ,$$

$$w(z) = \frac{1}{2\pi} \int_\Sigma \varphi_0(\zeta) \frac{\partial}{\partial \nu_\zeta} \log \varrho(z,\zeta) \, ds_\zeta .$$

Supposto z punto di Lebesgue per φ_0 e φ_1 e detto z_2 il simmetrico di z_1 rispetto a z su ν_z, si ha per la (36) e per i teoremi VI e XIV:

$$\lim_{z_1 \to z \,(\text{su } \nu_z^+)} u(z_1) = \lim_{z_1 \to z \,(\text{su } \nu_z^+)} [v(z_1) - v(z_2)] -$$

$$- \lim_{z_1 \to z \,(\text{su } \nu_z^+)} [w(z_1) - w(z_2)] = \varphi_0(z)$$

([15]) Cfr. [1], [7].

e per i teoremi VIII e XVI:

$$\lim_{z_1 \to z \,(\text{su } \nu_z^+)} \frac{\partial u\,(z_1)}{\partial \nu_z} = \lim_{z_1 \to z \,(\text{su } \nu_z^+)} \left[\frac{\partial v\,(z_1)}{\partial \nu_z} - \frac{\partial v\,(z_2)}{\partial \nu_z}\right] -$$

$$- \lim_{z_1 \to z \,(\text{su } \nu_z^+)} \left[\frac{\partial w\,(z_1)}{\partial \nu_z} - \frac{\partial w\,(z_2)}{\partial \nu_z}\right] = \varphi_1\,(z).$$

5. — Estensione della teoria svolta sui potenziali di linea.

È utile fare un'osservazione [16], in vista delle successive applicazioni. Sia $F\,(z\,,\,\zeta)$ una funzione definita nel campo B, la quale possa mettersi sotto la forma seguente:

$$F\,(z\,,\,\zeta) = \log \varrho\,(z\,,\,\zeta) + F_0\,(z\,,\,\zeta),$$

essendo $F_0\,(z\,,\,\zeta)$ una funzione che gode delle seguenti proprietà:

1^0) Assunti comunque due dominî D_1 e D_2 contenuti in B e senza punti in comune, la funzione $F_0\,(z\,,\,\zeta)$ è funzione di classe uno rispetto alle quattro variabili reali $x\,,\,y\,,\,\xi\,,\,\eta$, nel dominio $D_1 \times D_2$.

2^0) Indicata con $\varPhi\,(z\,,\,\zeta)$ una qualsiasi delle seguenti funzioni:

$$\frac{\partial}{\partial x}\,F_0\,(z\,,\,\zeta),\quad \frac{\partial}{\partial y}\,F_0\,(z\,,\,\zeta),\quad \frac{\partial}{\partial \xi}\,F_0\,(z\,,\,\zeta),\quad \frac{\partial}{\partial \eta}\,F_0\,(z\,,\,\zeta),$$

si ha:

$$F_0\,(z\,,\,\zeta) = O\,(1),\quad \varPhi\,(z\,,\,\zeta) = O\left(\frac{1}{|z - \zeta|^p}\right)\quad 0 \leq p < 1.$$

L'osservazione cui si accennava ed alla quale vogliamo dare forma di teorema è la seguente:

XVIII. — *I teoremi* V, VI, VIII, IX, X, XI, XII, XIII, XIV, XV *seguitano a sussistere se nei loro enunciati la funzione* $\log \varrho\,(z\,,\,\zeta)$ *viene sostituita con la* $F\,(z\,,\,\zeta)$ *verificante le condizioni testè specificate. In particolare, sostituendo* $\log \varrho\,(z\,,\,\zeta)$ *con* $\log \varrho\,(\zeta\,,\,z)$.

[16] Cfr. [19] §§ 14, 15.

La dimostrazione è un'ovvia conseguenza delle ipotesi 1^0) e 2^0) ammesse per $F_0 (z, \zeta)$. È poi facile constatare che la funzione $\log \dfrac{\varrho (z, \zeta)}{\varrho (\zeta, z)}$ verifica dette ipotesi 1^0) e 2^0).

CAP. II.

IL PROBLEMA DELLA DERIVATA OBLIQUA

1. — Operatore differenziale lineare ellittico del secondo ordine.

Nel campo B del piano siano definite le funzioni reali :

$$a_{11} (z), \qquad a_{12} (z) \equiv a_{21} (z), \qquad a_{22} (z)$$

che supporremo di classe $\mathcal{C}_h^{(2)}$ in B. Supporremo altresì che la forma quadratica nelle variabili reali λ_1 e λ_2 :

$$a_{11} (z) \lambda_1^2 + 2 a_{12} (z) \lambda_1 \lambda_2 + a_{22} (z) \lambda_2^2$$

sia definita positiva per ogni z di B, riuscendo in B :

$$a_{11} (z) a_{22} (z) - a_{12}^2 (z) \equiv 1 .$$

Siano $b_1 (z)$ e $b_2 (z)$ due funzioni reali di classe $\mathcal{C}_h^{(1)} (B)$ e $c (z)$ una funzione reale appartenente a $\mathcal{C}_h^{(0)} (B)$.

Considereremo in B il seguente operatore differenziale :

$$\mathcal{E} (u) = \frac{\partial}{\partial x} \left[a_{11} (z) \frac{\partial u}{\partial x} + a_{12} (z) \frac{\partial u}{\partial y} \right] + \frac{\partial}{\partial y} \left[a_{21} (z) \frac{\partial u}{\partial x} + a_{22} (z) \frac{\partial u}{\partial y} \right] +$$

$$+ b_1 (z) \frac{\partial u}{\partial x} + b_2 (z) \frac{\partial u}{\partial y} + c (z) u.$$

Sia A un campo limitato contenuto in B assieme alla sua frontiera Σ, che supporremo costituita da un numero finito di curve semplici e chiuse di classe $\mathcal{C}_h^{(1)}$ a due a due disgiunte: Σ_0 (contorno esterno) e $\Sigma_1, \Sigma_2, \ldots, \Sigma_r$ (contorni interni).

Assegnate le funzioni complesse $p(z)$, $q(z)$, $h(z)$ e $f(z)$ su Σ e $g(z)$ in A, in connessione all'operatore ellittico $\mathcal{E}(u)$ si pone il seguente generale problema al contorno:

$$\mathcal{E}(u) = g \text{ in } A, \qquad p(z)\frac{\partial u}{\partial \nu} - q(z)\frac{\partial u}{\partial s} + h(z)\,u = f(z) \quad \text{su } \Sigma.$$

L'incognita è una funzione complessa u definita in $A + \Sigma$.

Vedremo come lo studio di questo problema generale dipenda dalla preventiva soluzione di esso in un caso particolare, al quale dedichiamo il presente capitolo. Sarà altresì lo studio di tale caso particolare che ci permetterà di conseguire i risultati salienti relativi alla teoria di una importante classe di equazioni integrali singolari.

Faremo l'ipotesi, alla quale ci si può in modo ovvio sempre ricondurre, che i coefficienti $a_{hk}(z)$ ($h, k = 1, 2$) siano definiti in tutto il piano (cioè B coincide con tutto il piano) e che esista un cerchio: $|z| \leq L$ tale che in ogni punto esterno ad esso riesca:

$$a_{11}(z) \equiv a_{22}(z) \equiv 1, \qquad a_{12}(z) \equiv a_{21}(z) \equiv 0,$$

$$b_1(z) \equiv b_2(z) \equiv c(z) \equiv 0.$$

È evidente come tale ipotesi non sia restrittiva potendosi prolungare i coefficienti fuori di $A + \Sigma$ in modo tale che si verifichino le condizioni soprascritte.

2. — Dimostrazione dell'esistenza di una soluzione fondamentale.

Faremo l'ipotesi che per ogni z si abbia $c(z) \leq 0$. Ci proponiamo di dimostrare l'esistenza di una *soluzione fondamentale* relativa all'operatore $\mathcal{E}$ ed al suo aggiunto $\mathcal{E}^*$. Sia T un campo circolare di centro l'origine e raggio R con $R > L + 1$. Sia Γ la frontiera di T. Diciamo z_1 e ζ_1 punti variabili su Γ e z_2, ζ_2 punti variabili in T. Fissato l'intero positivo q, sia $\{\beta_1(\zeta), \ldots, \beta_q(\zeta)\}$ un qualsiasi sistema ortonormale in T costituito da funzioni reali hölderiane in $T + \Gamma$. Sia inoltre $\{\alpha_1(\zeta), \ldots, \alpha_q(\zeta)\}$ un sistema di q funzioni reali, verificanti le seguenti condizioni:

1) Le funzioni $\alpha_1, \ldots, \alpha_q$ sono definite in tutto il piano.

2) Ogni α_h è continua con tutte le sue derivate parziali dei primi tre ordini ed è diversa da zero soltanto nei punti di un insieme chiuso contenuto nel campo T.

3) Prefissato il sistema di q funzioni reali $\{\beta_1^*(\zeta), \ldots, \beta_q^*(\zeta)\}$ hölderiane in $T + \Gamma$, posto:

$$\mathcal{E}^{(0)}(u) = \frac{\partial}{\partial x}\left(a_{11}\frac{\partial u}{\partial x} + a_{12}\frac{\partial u}{\partial y}\right) + \frac{\partial}{\partial y}\left(a_{21}\frac{\partial u}{\partial x} + a_{22}\frac{\partial u}{\partial y}\right),$$

riesce:

(1) $\det.\left\{ \displaystyle\int_T \mathcal{E}^{(0)}\left[\alpha_h(\zeta)\right]\beta_k^*(\zeta)\,d\tau_\zeta \right\} \neq 0$ $(h, k = 1, 2, \ldots, q).$

Ci riserviamo di indicare nel seguito, in qual modo scegliere le funzioni β_h e β_k^* e mostreremo che la scelta che sarà fatta del sistema delle β_k^*, sarà tale da assicurare l'esistenza di un sistema di α_h verificanti 1), 2), 3).

Poniamo:

$$Q(z, \zeta) = \sum_{k=1}^{q} \mathcal{E}\left[\alpha_k(z)\right]\beta_k(\zeta).$$

$$Q^{(0)}(z, \zeta) = \sum_{h=1}^{q} \mathcal{E}^{(0)}\left[\alpha_h(z)\right]\beta_h(\zeta).$$

Consideriamo la seguente matrice nucleare:

$$\begin{vmatrix} K_{11}(z_1, \zeta_1) & K_{12}(z_1, \zeta_2) \\ K_{21}(z_2, \zeta_1) & K_{22}(z_2, \zeta_2) \end{vmatrix}$$

i cui elementi sono definiti al modo seguente:

$$K_{11}(z_1, \zeta_1) = \frac{1}{\pi}\frac{\partial}{\partial \nu_{z_1}}\log \varrho(\zeta_1, z_1) + \frac{\lambda}{\pi}\log \varrho(\zeta_1, z_1),$$

$$K_{12}(z_1, \zeta_2) = \frac{1}{2\pi}\frac{\partial}{\partial \nu_{z_1}}\log \varrho(\zeta_2, z_1) + \frac{\lambda}{2\pi}\log \varrho(\zeta_2, z_1),$$

$$K_{21}(z_2, \zeta_1) = \frac{1}{\pi}\mathcal{E}_{z_2}\left[\log \varrho(\zeta_1, z_2)\right],$$

$$K_{22}(z_2, \zeta_2) = \frac{1}{2\pi}\mathcal{E}_{z_2}\left[\log \varrho(\zeta_2, z_2)\right] + \mu\, Q(z_2, \zeta_2),$$

λ è una costante reale negativa e μ una costante reale che per adesso lasciamo arbitraria.

Il simbolo $\mathcal{E}_z \left[\log \varrho \left(\zeta , z \right) \right]$ denota che l'operatore $\mathcal{E}$ viene applicato alla funzione $\log \varrho \left(\zeta , z \right)$ in quanto funzione di z. Si constata, eseguiti i calcoli, che la funzione $\mathcal{E}_z \left[\log \varrho \left(\zeta , z \right) \right]$ è funzione di z (di ζ) hölderiana in ogni dominio del piano che non contiene il punto ζ (il punto z).

Riesce inoltre:

$$\mathcal{E}_z \left[\log \varrho \left(\zeta , z \right) \right] = O \left(\frac{1}{|z - \zeta|} \right).$$

Abbiamo quindi:

(2)
$$K_{11} \left(z_1 , \zeta_1 \right) = O \left(\log \frac{H}{|z_1 - \zeta_1|} \right), \quad K_{12} \left(z_1 , \zeta_2 \right) = O \left(\frac{1}{|z_1 - \zeta_2|} \right)$$

$$K_{21} \left(z_2 , \zeta_1 \right) = O \left(\frac{1}{|z_2 - \zeta_1|} \right), \qquad K_{22} \left(z_2 , \zeta_2 \right) = O \left(\frac{1}{|z_2 - \zeta_2|} \right).$$

Inoltre ciascuno dei nuclei considerati gode della proprietà che, fissato uno qualsiasi dei punti da cui esso dipende, è funzione hölderiana dell'altro punto in ogni insieme avente distanza positiva dal punto fissato. Indichiamo con $\mathcal{K}$ lo spazio vettoriale reale costituito dai vettori a due componenti reali, la prima delle quali $\varphi_1 \left(\zeta_1 \right)$ è una funzione definita su Γ e appartenente a $\mathcal{L}^{(p)} \left(\Gamma \right)$, la seconda $\varphi_2 \left(\zeta_2 \right)$ definita in T e appartenente a $\mathcal{L}^{(p)} \left(T \right)$; sia inoltre $p > 2$. $\mathcal{K}$ può pensarsi come uno spazio di BANACH, definendo al modo seguente il modulo di un suo elemento:

$$\left(\int_\Gamma |\varphi_1|^p \, ds \right)^{1/p} + \left(\int_T |\varphi_2|^p \, d\tau \right)^{1/p}.$$

Sia $\mathfrak{M}$ lo spazio vettoriale reale dei vettori a due componenti reali, la prima ψ_1 definita e continua su Γ, la seconda ψ_2 appartenente a $\mathcal{L}^{(p)} \left(T \right)$.

La norma di un elemento di $\mathfrak{M}$ sarà così definita:

$$\max_\Gamma |\psi_1| + \left(\int_T |\psi_2|^p \, d\tau \right)^{1/p}.$$

Sussiste il seguente teorema :

I. *La trasformazione funzionale :*

$$\psi_1(z_1) = \int_\Gamma K_{11}(z_1, \zeta_1)\, \varphi_1(\zeta_1)\, ds_{\zeta_1} + \int_T K_{12}(z_1, \zeta_2)\, \varphi_2(\zeta_2)\, d\tau_{\zeta_2}$$

$$\psi_2(z_2) = \int_\Gamma K_{21}(z_2, \zeta_1)\, \varphi_1(\zeta_1)\, ds_{\zeta_1} + \int_T K_{22}(z_2, \zeta_2)\, \varphi_2(\zeta_2)\, d\tau_{\zeta_2}$$

($d\tau$ = area dell'elemento di superficie su T), *è una trasformazione totalmente continua di* $\mathcal{K}$ *in* $\mathfrak{M}$.

Sia $\{\varphi_1^{(n)}, \varphi_2^{(n)}\}$ una successione di elementi di $\mathcal{K}$ tale che :

$$(3) \qquad \left(\int_\Gamma |\varphi_1^{(n)}|^p\, ds\right)^{1/p} + \left(\int_T |\varphi_2^{(n)}|^p\, d\tau\right)^{1/p} \leq \mathcal{C},$$

essendo $\mathcal{C}$ una costante indipendente da n. Indichiamo con $\{\psi_1^{(n)}, \psi_2^{(n)}\}$ la successione trasformata.

Si ha, per la (3), detta H una costante e z_1 e z_1' due punti di Γ e pòsto : $p' = \dfrac{p}{p-1}$:

$$|\psi_1^{(n)}(z_1) - \psi_1^{(n)}(z_1')| \leq H\, \mathcal{C}\left[\left(\int_\Gamma \left|\log\frac{|z_1 - \zeta_1|}{|z_1' - \zeta_1|}\right|^{p'} ds_{\zeta_1}\right)^{1/p'} + \right.$$

$$\left. + \left(\int_T \left(\left|\log\frac{|z_1 - \zeta_2|}{|z_1' - \zeta_2|}\right| + \left|\frac{\partial}{\partial \nu_{z_1}}\log|z_1 - \zeta_2| - \frac{\partial}{\partial \nu_{z_1}'}\log|z_1' - \zeta_2|\right|\right)^{p'} d\tau_{\zeta_2}\right)^{1/p'}\right].$$

Ne segue la equicontinuità delle funzioni della successione $\{\psi_1^{(n)}\}$. Analogamente se ne dimostra la equilimitatezza.

Si ha d'altra parte, detta H_1 una costante positiva :

$$(4) \qquad \int_\Gamma |K_{21}(z_2, \zeta_1)|^{p'}\, ds_{\zeta_1} \leq H_1$$

Dall'ultima delle (2) e dalla (4) segue facilmente, dette H_1 e H_2 due costanti positive :

$$(5) \qquad |\psi_2^{(n)}(z_2)|^p \leq \left[H_1 + H_2\left(\int_T \frac{d\tau_{\zeta_2}}{|z_2 - \zeta_2|^{p'}}\right)^{\frac{p}{p'}}\right].$$

Inoltre, poichè lo spazio duale di $\mathcal{K}$ è separabile, dalla successione $\{\varphi_1^{(n)}, \varphi_2^{(n)}\}$ se ne può estrarre una $\{\varphi_1^{(n_i)}, \varphi_2^{(n_i)}\}$ tale che per ogni z_2 di T la successione $\{\psi_2^{(n_i)}(z_2)\}$ sia convergente ([1]). Sia $\psi_2 (z_2)$ il limite di tale successione. Per la (5), esso appartiene a $\mathcal{L}^{(p)}(T)$ e riesce inoltre:

$$\lim_{n_i \to \infty} \int_T |\psi_2^{(n_i)} - \psi_2|^p \, d\tau = 0.$$

Con ciò il teorema è dimostrato.

Consideriamo ora il sistema integrale:

$$(6) \quad \psi_1 (z_1) = \varphi_1 (z_1) + \int_\Gamma K_{11}(z_1, \zeta_1) \varphi_1 (\zeta_1) \, ds_{\zeta_1} + \int_T K_{12}(z_1, \zeta_2) \varphi_2 (\zeta_2) \, d\tau_{\zeta_2},$$

$$\psi_2 (z_2) = \varphi_2 (z_2) + \int_\Gamma K_{21}(z_2, \zeta_1) \varphi_1 (\zeta_1) \, ds_{\zeta_1} + \int_T K_{22}(z_2, \zeta_2) \varphi_2 (\zeta_2) \, d\tau_{\zeta_2}.$$

Ad esso, per il teorema ora dimostrato, può applicarsi l'alternativa di FREDHOLM. Si consideri il sistema omogeneo associato:

$$(6_0) \quad \begin{aligned} 0 &= \varphi_1^0 (z_1) + \int_\Gamma K_{11}(z_1, \zeta_1) \varphi_1^0 (\zeta_1) \, ds_{\zeta_1} + \int_T K_{12}(z_1, \zeta_2) \varphi_2^0 (\zeta_2) \, d\tau_{\zeta_2}, \\ 0 &= \varphi_2^0 (z_2) + \int_\Gamma K_{21}(z_2, \zeta_1) \varphi_1^0 (\zeta_1) \, ds_{\zeta_1} + \int_T K_{22}(z_2, \zeta_2) \varphi_2^0 (\zeta_2) \, d\tau_{\zeta_2}. \end{aligned}$$

Le proprietà riscontrate per i nuclei K_{ij} ci assicurano che $\varphi_1^0 (z_1)$ e $\varphi_2^0 (z_2)$, componenti di una soluzione del sistema omogeneo, sono funzioni hölderiane nei rispettivi insiemi di definizione. ([2])

Poniamo:

$$(7) \quad u_0 (z) = \frac{1}{\pi} \int_\Gamma \varphi_1^0 (\zeta_1) \log \varrho (\zeta_1, z) \, ds_{\zeta_1} +$$

$$+ \int_T \varphi_2^0 (\zeta_2) \left[\frac{1}{2\pi} \log \varrho (\zeta_2, z) + \mu \sum_{h=1}^q \alpha_h (z) \beta_h (\zeta_2) \right] d\tau_{\zeta_2}.$$

([1]) Cfr. [6] teor. XL pag. 478.
([2]) Cfr. [19] n^i 13, 14 e 18.

La $u_0(z)$ è di classe uno in $T + \varGamma$ e di classe due in T. Inoltre essa verifica le condizioni:

$$\frac{\partial u_0}{\partial \nu} + \lambda u_0 = 0 \text{ su } \varGamma, \qquad \mathcal{E}(u_0) = 0 \text{ in } T.$$

Ne segue che u_0 è identicamente nulla in T.[3] D'altra parte, la (7), per z esterno a T, fornisce:

$$u_0(z) = \frac{1}{\pi} \int_\varGamma \varphi_1^0(\zeta_1) \log |\zeta_1 - z| \, ds_{\zeta_1} + \frac{1}{2\pi} \int_T \varphi_2^0(\zeta_2) \log |\zeta_2 - z| \, d\tau_{\zeta_2}.$$

Poniamo:

$$a = \int_\varGamma \varphi_1^0(\zeta_1) \, ds_{\zeta_1} + \int_T \varphi_2^0(\zeta_2) \, d\tau_{\zeta_2}.$$

La funzione:

$$v(z) = u_0(z) - a \log |z|$$

è armonica nel complementare di $T + \varGamma$, infinitesima all'infinito e verifica su $\varGamma$ la condizione:

$$v = - a \log R.$$

Ne segue che la v e quindi anche la u_0 sono identicamente nulle nel complementare di T. Dal teor. VIII del cap. I segue $\varphi_1^0(\zeta_1) \equiv 0$ su $\varGamma$.

Vogliamo pervenire a provare che riesce anche $\varphi_2^0(\zeta_2) \equiv 0$ in T.

Se l'equazione integrale:

$$(8) \qquad 0 = \varphi(z) + \frac{1}{2\pi} \int_T \varphi(\zeta) \, \mathcal{E}_z^{(0)} [\log \varrho(\zeta, z)] \, d\tau_\zeta$$

è sprovvista di autosoluzioni, basta assumere $\mu = 0$ e il nostro intento è raggiunto.

Supponiamo invece che la (8) abbia autosoluzioni. Assumiamo come sistema $\{\beta_1(z), \ldots, \beta_q(z)\}$ un sistema ortonormale e completo di autosoluzioni della (8).

---

[3] Cfr. [19] teor. 5. II pag. 8.

Sia $\{\beta_1^*(z), \ldots, \beta_q^*(z)\}$ un sistema di q autosoluzioni indipendenti della equazione integrale trasposta della (8):

$$(8^*) \qquad 0 = \varphi^*(z) + \frac{1}{2\pi} \int_T \varphi^*(\zeta) \, \mathcal{E}_\zeta^{(0)} [\log \varrho(z, \zeta)] \, d\tau_\zeta.$$

Facciamo vedere che è verificata la (1) per una q-pla di funzioni appartenenti alla varietà $\mathcal{A}$ delle funzioni α verificanti le condizioni 1) e 2) sopra specificate. Supponiamo che ciò non sia vero. Sia n la massima caratteristica delle matrici:

$$\left\{ \int_T \mathcal{E}^{(0)}(\alpha_h) \, \beta_k^* \, d\tau \right\} \qquad (h, k = 1, 2, \ldots, q)$$

al variare in tutti i modi possibili delle q funzioni $\alpha_1, \alpha_2, \ldots, \alpha_q$ in $\mathcal{A}$. Riescirà allora $n < q$. Possiamo supporre che sia:

$$\det. \left\{ \int_T \mathcal{E}^{(0)}(\alpha_h) \, \beta_k^* \, d\tau \right\} \neq 0 \qquad (h, k = 1, 2, \ldots, n)$$

con $\alpha_1, \alpha_2, \ldots, \alpha_n$ opportune.

Sia $c_1, c_2, \ldots, c_{n+1}$ una autosoluzione del sistema:

$$\sum_{k=1}^{n+1} c_k \int_T \mathcal{E}^{(0)}(\alpha_h) \, \beta_k^* \, d\tau = 0 \qquad (h = 1, 2, \ldots, n).$$

Pòsto $\beta^* = \sum_{k=1}^{n+1} c_k \beta_k^*$, sarà:

$$\int_T \mathcal{E}^{(0)}(\alpha) \, \beta^* \, d\tau = 0$$

per ogni α di $\mathcal{A}$. Ciò implica che β^* sia soluzione dell'equazione $\mathcal{E}^{(0)}(\beta^*) = 0$ in T [4], oltre ad essere autosoluzione della (8*). Tale

_____

[4] Cfr. [19] pag. 93.

ultima circostanza assicura che β^* è di classe due in $T + \Gamma$. La formola di STOKES fornisce:

$$\beta^*(z) = -\frac{1}{2\pi} \int_T \beta^*(\zeta)\, \mathcal{E}_\zeta^{(0)}\left[\log \varrho(z,\zeta)\right] d\,\tau_\zeta -$$

$$-\frac{1}{2\pi} \int_\Gamma \left[\beta^*(\zeta) \frac{\partial \log|z - \zeta|}{\partial \nu_\zeta} - \frac{\partial \beta^*}{\partial \nu_\zeta} \log|z - \zeta|\right] ds_\zeta$$

e quindi per $z \in T$:

$$\frac{1}{2\pi} \int_\Gamma \left[\beta^*(\zeta) \frac{\partial \log|z - \zeta|}{\partial \nu_\zeta} - \frac{\partial \beta^*}{\partial \nu_\zeta} \log|z - \zeta|\right] ds_\zeta = 0 .$$

Per modo che, pòsto per z esterno a T:

$$\overline{\beta}^*(z) = \frac{1}{2\pi} \int_\Gamma \left[\beta^*(\zeta) \frac{\partial \log|z - \zeta|}{\partial \nu_\zeta} - \frac{\partial \beta^*}{\partial \nu_\zeta} \log|z - \zeta|\right] ds_\zeta ,$$

si ha su Γ, per un analogo del teor. XVII del cap. I:

(9) $$\overline{\beta}^* = \beta^* \qquad \frac{\partial \overline{\beta}^*}{\partial \nu} = \frac{\partial \beta^*}{\partial \nu} .$$

Poichè riesce:

$$\int_\Gamma \frac{\partial \overline{\beta}^*}{\partial \nu}\, ds = -\int_T \mathcal{E}^{(0)}(\beta^*)\, d\tau ,$$

ne segue che $\overline{\beta}^*(\infty) = 0$. Si ha allora, detto T_1 il complementare di T:

$$\int_\Gamma \overline{\beta}^* \frac{\partial \overline{\beta}^*}{\partial \nu}\, ds - \int_{T_1} |\operatorname{grad} \overline{\beta}^*|^2\, d\tau = 0 .$$

Ma è anche:

$$\int_\Gamma \beta^* \frac{\partial \beta^*}{\partial \nu}\, d\,s + \int_T \left[a_{11}\left(\frac{\partial \beta^*}{\partial x}\right)^2 + 2\,a_{12} \frac{\partial \beta^*}{\partial x} \frac{\partial \beta^*}{\partial y} + a_{22}\left(\frac{\partial \beta^*}{\partial y}\right)^2\right] d\tau = 0 .$$

Pertanto, in virtù delle (9), riesce $\beta^* \equiv 0$ in T. È quindi assurdo

ammettere $n < q$. Esistono cioè q funzioni di $\mathcal{Cl}$ verificanti la 3).
Poniamo:

$$E(\varphi) = \frac{1}{2\pi} \int\limits_{T} \varphi(\zeta)\, \mathcal{E}_z^{(0)}[\log \varrho(\zeta, z)]\, d\tau_\zeta,$$

$$E^*(\varphi) = \frac{1}{2\pi} \int\limits_{T} \varphi(\zeta)\, \mathcal{E}_\zeta^{(0)}[\log \varrho(z, \zeta)]\, d\tau_\zeta$$

$$Q(\varphi) = \int\limits_{T} \varphi(\zeta)\, \mathcal{Q}^{(0)}(z, \zeta)\, d\tau_\zeta, \quad (\varphi, \psi) = \int\limits_{T} \varphi\, \psi\, d\tau.$$

Se facciamo vedere che la scelta di μ può farsi in modo tale che l'equazione:

(10) $$\varphi + E(\varphi) + \mu\, Q(\varphi) = 0,$$

sia sprovvista di autosoluzioni, avremo provato che φ_2^0 è identicamente nulla, dato che tale funzione è una soluzione della (10). Teniamo presente che E e Q sono trasformazioni lineari totalmente continue dello spazio di HILBERT $\mathcal{L}^{(2)}(T)$ in se stesso. Diciamo $P(\varphi)$ la proiezione di un elemento di $\mathcal{L}^{(2)}(T)$ sulla varietà V ortogonale a quella individuata da $\beta_1^*, \ldots, \beta_q^*$, cioè sulla varietà delle funzioni ortogonali ad ogni autosoluzione dell'equazione $E^*(\psi) + \psi = 0$.

È univocamente determinata una trasformazione lineare e continua R, definita in V, tale che per ogni ψ di $\mathcal{L}^{(2)}(T)$ si abbia:

$$R\, P(\psi) + ERP(\psi) = P(\psi), \quad (R\, P(\psi), \beta_h) = 0 \quad (h = 1, 2, \ldots, q).$$

Deve quindi essere per la (10):

(11) $$\varphi + \mu\, RPQ(\varphi) = \sum_{h=1}^{q} (\varphi, \beta_h)\, \beta_h.$$

La trasformazione $T = RPQ$ è continua (anzi totalmente continua) e quindi dalla (11) per $|\mu| < \|T\|^{-1}$, pòsto:

$$S_\mu = \sum_{k=0}^{\infty} (-\mu)^k\, T^k$$

si trae :

$$\varphi = \sum_{h=1}^{q} (\varphi , \beta_h) \, S_\mu (\beta_h) \, .$$

D'altra parte, per la (10), assunto $\mu \neq 0$, deve essere :

$$(Q (\varphi) , \beta_k^*) = 0 \qquad (k = 1 , 2 , \ldots , q)$$

e quindi :

$$\sum_{h=1}^{q} (\varphi , \beta_h) (Q \, S_\mu (\beta_h) , \beta_k^*) = 0 \qquad (k = 1 , 2 , \ldots , q) \, .$$

Si giunge così alla conclusione che se la (10) ammette autoso-luzione, deve essere :

$$\Delta (\mu) \equiv \text{det.} \{ (Q S_\mu (\beta_h) , \beta_k^*) \} = 0 \qquad (h , k = 1 , 2 , \ldots , q) \, .$$

Ma riesce :
$$\Delta (0) = \text{det.} \{ (\mathcal{S}^{(0)} (\alpha_h) , \beta_k^*) \} \neq 0 \, ,$$

il che prova che, scegliendo μ diverso da zero ma di modulo assai piccolo, la (10) non può avere autosoluzioni.

Poichè, con la scelta testè specificata di μ e $\mathcal{Q}^{(0)} (z , \zeta)$, si è pro-vato che il sistema (6_0) non ammette autosoluzioni, resta dimostrato che il sistema (6) ammette una ed una sola soluzione per qualsiasi scelta del vettore $\{ \psi_1 , \psi_2 \}$ in $\partial \mathcal{R}$.

La soluzione del sistema (6) è del tipo seguente :

$$\varphi_1 (z_1) = \psi_1 (z_1) + \int_\Gamma R_{11} (z_1 , \zeta_1) \psi_1 (\zeta_1) \, ds_{\zeta_1} + \int_T R_{12} (z_1 , z_2) \psi_2 (\zeta_2) \, d\tau_{\zeta_2}$$

$$\varphi_2 (z_2) = \psi_2 (z_2) + \int_\Gamma R_{21} (z_2 , \zeta_1) \psi_1 (\zeta_1) \, ds_{\zeta_1} + \int_T R_{22} (z_2 , \zeta_2) \psi_2 (\zeta_2) \, d\tau_{\zeta_2} \, .$$

La matrice $\{ R_{ij} (z_i , \zeta_j) \}$ $(i , j = 1 , 2)$ è la *risolvente* del sistema (6) ed i suoi elementi verificano le seguenti equazioni:

11

$$
(12)
\begin{cases}
R_{11}(z_1, \zeta_1) + K_{11}(z_1, \zeta_1) + \int_\Gamma K_{11}(z_1, w)\, R_{11}(w, \zeta_1)\, ds_w + \\[2mm]
\quad + \int_T K_{12}(z_1, w)\, R_{21}(w, \zeta_1)\, d\tau_w = 0 \\[4mm]
R_{12}(z_1, \zeta_2) + K_{12}(z_1, \zeta_2) + \int_\Gamma K_{11}(z_1, w)\, R_{12}(w, \zeta_2)\, ds_w + \\[2mm]
\quad + \int_T K_{12}(z_1, w)\, R_{22}(w, \zeta_2)\, d\tau_w = 0 \\[4mm]
R_{21}(z_2, \zeta_1) + K_{21}(z_2, \zeta_1) + \int_\Gamma K_{21}(z_2, w)\, R_{11}(w, \zeta_1)\, ds_w + \\[2mm]
\quad + \int_T K_{22}(z_2, w)\, R_{21}(w, \zeta_1)\, d\tau_w = 0 \\[4mm]
R_{22}(z_2, \zeta_2) + K_{22}(z_2, \zeta_2) + \int_\Gamma K_{21}(z_2, w)\, R_{12}(w, \zeta_2)\, ds_w + \\[2mm]
\quad + \int_T K_{22}(z_2, w)\, R_{22}(w, \zeta_2)\, d\tau_w = 0 .
\end{cases}
$$

Ogni nucleo $R_{ij}(z_i, \zeta_j)$ ha peculiarità analitiche analoghe a quelle del corrispondente nucleo $K_{ij}(z_i, \zeta_j)$. In particolare ogni $R_{ij}(z_i, \zeta_j)$ verifica le analoghe delle (2).

Poniamo:

$$
\mathcal{L}(z, \zeta) = \sum_{h=1}^{q} \alpha_h(z)\, \beta_h(\zeta)
$$

e consideriamo la *soluzione fondamentale*:

$$
(13) \quad F(z, \zeta) = \frac{1}{2\pi} \log \varrho(\zeta, z) + \mu \mathcal{L}(z, \zeta) + \frac{1}{\pi} \int_\Gamma \log \varrho(w, z)\, R_{12}(w, \zeta)\, ds_w +
$$

$$
+ \int_T \left[\frac{1}{2\pi} \log \varrho(w, z) + \mu \mathcal{L}(z, w) \right] R_{22}(w, \zeta)\, d\tau_w .
$$

La $F(z, \zeta)$, fissato ζ in T, verifica, come funzione di z, le seguenti proprietà:

1^0) È di classe due in $T - \zeta$ e di classe uno in $T + \Gamma - \zeta$.

2^0) Verifica su Γ la condizione al contorno:

$$(14) \qquad \frac{\partial F(z, \zeta)}{\partial \nu_z} + \lambda F(z, \zeta) = 0 \, .$$

Infatti tale equazione altro non è che la seconda delle (12).

3^0) Verifica in $T - \zeta$ l'equazione:

$$\mathcal{E}_z [F(z, \zeta)] = 0 \, ,$$

la quale altro non è che l'ultima delle (12).

La $F(z, \zeta)$ è la *funzione di* GREEN per l'operatore $\mathcal{E}(u)$ relativa all'operatore al contorno $\dfrac{\partial u}{\partial \nu} + \lambda u$ su Γ.

Il procedimento seguito può ripetersi, considerando anzichè l'operatore $\mathcal{E}$, l'operatore aggiunto:

$$\mathcal{E}^*(u) = \frac{\partial}{\partial x}\left(a_{11}\frac{\partial u}{\partial x} + a_{12}\frac{\partial u}{\partial y}\right) + \frac{\partial}{\partial y}\left(a_{21}\frac{\partial u}{\partial x} + a_{22}\frac{\partial u}{\partial y}\right) - \frac{\partial b_1 u}{\partial x} - \frac{\partial b_2 u}{\partial y} + cu$$

e su Γ sempre l'operatore $\dfrac{\partial u}{\partial \nu} + \lambda u$.

Non c'è che da ripetere, punto per punto, la dimostrazione seguita per pervenire alla $F(z, \zeta)$.

L'unica differenza da notare si ha allorquando, considerata la funzione data dalla (7), si constata che essa verifica, nel caso attuale, le equazioni:

$$(14_0) \qquad \frac{\partial u_0}{\partial \nu} + \lambda u_0 = 0 \quad \text{su } \Gamma, \qquad \mathcal{E}^*(u_0) = 0 \quad \text{in } T.$$

Non si può, allora, più invocare un teorema di unicità per il problema (14_0) fondato sulle proprietà di massimo e minimo per le soluzioni di $\mathcal{E}^*(u) = 0$, dato che il coefficiente di u in tale equazione può, in qualche punto, essere positivo.

Ma si osservi che, assegnate arbitrariamente $\psi_1(z_1) \, (z_1 \in \Gamma)$ e $\psi_2(z_2) \, (z_2 \in T + \Gamma)$, hölderiane nei rispettivi insiemi di definizione, esiste, per la dimostrazione precedente, una u tale che:

$$\frac{\partial u}{\partial \nu} + \lambda u = \psi_1 \quad \text{su } \varGamma, \qquad \mathcal{E}(u) = \psi_2 \quad \text{in } \mathcal{T}.$$

per modo che l'identità di GREEN applicata a u e u_0 porge:

$$\int_T u_0 \psi_2 \, d\tau + \int_\varGamma u_0 \psi_1 \, ds = 0$$

e quindi, per l'arbitrarietà di ψ_1 e ψ_2, segue $u_0 \equiv 0$.

Si giunge in tal modo a dimostrare l'esistenza di una soluzione fondamentale $F^*(z, \zeta)$ relativa all'operatore $\mathcal{E}^*$, la quale gode di proprietà analoghe alla 1^0), 2^0) e 3^0) sopra enunciate per la F.

Fissati ζ e w in T, diciamo $E_\varepsilon(\zeta)$ ed $E_\varepsilon(w)$ i due campi rispettivamente definiti dalle limitazioni:

$$\varrho(\zeta, z) < \varepsilon, \qquad \varrho(w, z) < \varepsilon.$$

Applicando l'identità di GREEN alle due funzioni di z: $F(z, \zeta)$ e $F^*(z, w)$ nel campo $T - E_\varepsilon(\zeta) - E_\varepsilon(w)$ e facendo poscia tendere ε a zero, con classico procedimento si trae:

$$F(w, \zeta) = F^*(\zeta, w),$$

il che prova che la $F(z, \zeta)$, come funzione di ζ, è soluzione fondamentale relativa all'operatore $\mathcal{E}^*$.

Raccogliamo in un unico enunciato tutti i risultati conseguiti.

II. — *Nelle ipotesi ammesse per i coefficienti dell'operatore $\mathcal{E}$, esiste una funzione $F(z, \zeta)$ data dalla (13), soluzione fondamentale dell'equazione $\mathcal{E}(u) = 0$, come funzione di z, e dell'equazione $\mathcal{E}^*(u) = 0$, come funzione di ζ. Essa inoltre, fissato ζ in T, come funzione di z verifica su $\varGamma$ la (14) e, fissato z in T, come funzione di ζ verifica su $\varGamma$ la condizione:*

$$(14^*) \qquad \frac{\partial F(z, \zeta)}{\partial \nu_\zeta} + \lambda F(z, \zeta) = 0.$$

È necessario notare anche il seguente teorema:

III. — *La funzione* $F(z, \zeta)$ *e le sue derivate* $\dfrac{\partial F}{\partial x}$ *e* $\dfrac{\partial F}{\partial y}$ *verificano le limitazioni:*

$$F - \frac{1}{2\pi} \log \varrho \, (z, \zeta) = O(1), \quad \frac{\partial F}{\partial x} - \frac{1}{2\pi} \frac{\partial \log \varrho}{\partial x} = O(1),$$

$$\frac{\partial F}{\partial y} - \frac{1}{2\pi} \frac{\partial \log \varrho}{\partial y} = O(1).$$

Le funzioni $\dfrac{\partial F}{\partial x}$ *e* $\dfrac{\partial F}{\partial y}$ *sono continue e dotate di derivate prime e seconde rispetto alle variabili* ξ *e* η *continue per* $z \neq \zeta$. *Riesce in ogni insieme chiuso contenuto in* T:

$$\frac{\partial^2 F}{\partial x \, \partial \xi} - \frac{1}{2\pi} \frac{\partial^2 \log \varrho}{\partial x \, \partial \xi} = O\left(\frac{1}{|z - \zeta|}\right), \quad \frac{\partial^2 F}{\partial x \, \partial \eta} - \frac{1}{2\pi} \frac{\partial^2 \log \varrho}{\partial x \, \partial \eta} = O\left(\frac{1}{|z - \zeta|}\right),$$

$$\frac{\partial^2 F}{\partial y \, \partial \xi} - \frac{1}{2\pi} \frac{\partial^2 \log \varrho}{\partial y \, \partial \xi} = O\left(\frac{1}{|z - \zeta|}\right), \quad \frac{\partial^2 F}{\partial y \, \partial \eta} - \frac{1}{2\pi} \frac{\partial^2 \log \varrho}{\partial y \, \partial \eta} = O\left(\frac{1}{|z - \zeta|}\right).$$

Risultati analoghi sussistono mutando le veci di x *e* y *con* ξ *e* η.

Le limitazioni relative a F, $\dfrac{\partial F}{\partial x}$ e $\dfrac{\partial F}{\partial y}$ sono conseguenza immediata della (13). Gli altri fatti asseriti nell'enunciato si provano ripetendo, con ovvie modifiche, la dimostrazione del teorema 19. IV di [19].

3. — Funzioni ℰ-coniugate.

Consideriamo le funzioni reali $a_{ij}(z)$ introdotte nel n⁰ 1 di questo capitolo e verificanti le ipotesi là specificate. In particolare, supporremo che esse siano definite in tutto il piano.

Sia A un campo limitato e $\alpha(z)$ e $\beta(z)$ due funzioni complesse di classe uno in A. Diremo che α e β sono una *coppia di funzioni ℰ-coniugate* se esse verificano in ogni punto di A il sistema alle derivate parziali:

(15)
$$a_{11} \alpha_x + a_{12} \alpha_y - \beta_y = 0$$
$$a_{21} \alpha_x + a_{22} \alpha_y + \beta_x = 0.$$

È immediato constatare che α e β sono $\mathcal{E}$-coniugate allora e allora soltanto che verificano il sistema:

$$(15') \qquad \begin{aligned} a_{11}\beta_x + a_{21}\beta_y + \alpha_y &= 0 \\ a_{12}\beta_x + a_{22}\beta_y - \alpha_x &= 0 . \end{aligned}$$

Consideriamo l'operatore:

$$(16) \qquad \mathcal{E}(u) = \frac{\partial}{\partial x}\left(a_{11}\frac{\partial u}{\partial x} + a_{12}\frac{\partial u}{\partial y}\right) + \frac{\partial}{\partial y}\left(a_{21}\frac{\partial u}{\partial x} + a_{22}\frac{\partial u}{\partial y}\right),$$

caso particolare di quello introdotto nel n⁰ 1. Nel seguito di questo capitolo, allorchè menzioneremo l'operatore $\mathcal{E}$, intenderemo sempre riferirci al caso particolare (16), ora considerato. Si constata che, se α e β sono di classe due in A, riesce:

$$\mathcal{E}(\alpha) = 0 , \qquad \mathcal{E}(\beta) = 0 .$$

Vedremo fra breve che due funzioni appartenenti a $\mathcal{C}^{(1)}(A)$ ed $\mathcal{E}$ coniugate, sono necessariamente di classe due.

Supponiamo che la frontiera di A sia la curva semplice e chiusa Σ di classe $\mathcal{C}_h^{(1)}$. Se $\bar{\alpha}$ e $\bar{\beta}$ sono $\mathcal{E}$-coniugate e continue in $A + \Sigma$, per ogni u appartenente alla famiglia $\mathfrak{A}$ delle funzioni di classe uno in $A + \Sigma$, di classe due in A e ivi verificanti l'equazione $\mathcal{E}(u) = 0$, riesce:

$$(17) \qquad \int_{\Sigma}\left[\bar{\alpha}\frac{\partial u}{\partial \nu} - \bar{\beta}\frac{\partial u}{\partial s}\right] ds = 0 .$$

Ciò è un'ovvia conseguenza del lemma di GREEN-GAUSS.

Seguendo ora un tipo di argomentazione, introdotto da AMERIO [5] nella teoria delle equazioni lineari alle derivate parziali, questo risultato può invertirsi.

Si consideri il campo T contenente $A + \Sigma$, nel quale esiste la soluzione fondamentale $F(z, \zeta)$ relativa all'operatore (16), costruita col procedimento del n⁰ precedente. Si osservi che nel

[5] Cfr. [1].

caso attuale la $F(z, \zeta)$ è funzione simmetrica di z e ζ. Sussiste il seguente teorema:

IV. — *Siano $\overline{\alpha}$ e $\overline{\beta}$ due funzioni complesse appartenenti a $\mathcal{L}^{(1)}(\Sigma)$ e verificanti la (17) per ogni u appartenente ad $\mathfrak{A}$. Per $z \in A$ si ponga:*

$$(18) \quad \alpha(z) = -\int_{\Sigma} \left[\overline{\alpha}(\zeta) \frac{\partial}{\partial \nu_\zeta} F(z, \zeta) - \overline{\beta}(\zeta) \frac{\partial}{\partial s_\zeta} F(z, \zeta) \right] ds_\zeta,$$

$$\beta(z) = -\int_{\Sigma} \left[\overline{\beta}(\zeta) \frac{\partial}{\partial \nu_\zeta} F(z, \zeta) + \overline{\alpha}(\zeta) \frac{\partial}{\partial s_\zeta} F(z, \zeta) \right] ds_\zeta.$$

Le α e β sono $\mathcal{E}$-coniugate e per quasi tutti i punti ζ di Σ riesce:

$$(19) \qquad \lim_{z \to \zeta \, (\text{su } \nu_\zeta^+)} \alpha(z) = \overline{\alpha}(\zeta), \qquad \lim_{z \to \zeta \, (\text{su } \nu_\zeta^+)} \beta(z) = \overline{\beta}(\zeta).$$

Se $\overline{\alpha}$ e $\overline{\beta}$ appartengono a $\mathcal{C}_k^{(0)}(\Sigma)$, allora α e β sono continue in $A + \Sigma$.

Se z è un punto di $T - (A + \Sigma)$, per la (17) riesce:

$$\int_{\Sigma} \left[\overline{\alpha}(\zeta) \frac{\partial}{\partial \nu_\zeta} F(z, \zeta) - \overline{\beta}(\zeta) \frac{\partial}{\partial s_\zeta} F(z, \zeta) \right] ds_\zeta = 0,$$

talchè la prima delle (19) è ovvia conseguenza del teor. III e dei teoremi XIV e XV del cap. I.

Se u appartiene ad $\mathfrak{A}$, esiste una v pure di $\mathfrak{A}$ tale che u e v riescono $\mathcal{E}$-coniugate. Si ha in ogni punto di Σ:

$$\frac{\partial u}{\partial s} = \frac{\partial v}{\partial \nu}, \qquad \frac{\partial u}{\partial \nu} = -\frac{\partial v}{\partial s}.$$

Inoltre, quando u descrive tutta $\mathfrak{A}$, anche v descrive tutta $\mathfrak{A}$. Ne segue che la (17) è verificata quando e solo quando riesce:

$$(17') \qquad \int_{\Sigma} \left[\overline{\beta} \frac{\partial u}{\partial \nu} + \overline{\alpha} \frac{\partial u}{\partial s} \right] ds = 0$$

per ogni $u \in \mathfrak{A}$.

Può quindi dimostrarsi la seconda delle (19), con lo stesso ragianamento usato per provare la prima di esse. Il teor. XV del cap. I assicura che la hölderianeità di $\overline{\alpha}$ e $\overline{\beta}$ implica la continuità in $A + \Sigma$ di α e β.

In virtù del teorema III, la α e la β sono di classe due in A e riesce ivi: $\mathcal{E}(\alpha) = \mathcal{E}(\beta) = 0$.

Sia Σ_0 una qualsiasi curva semplice e chiusa di classe $\mathcal{C}_h^{(1)}$ contenuta in A. Sia $u \in \mathfrak{A}$. Poniamo per ogni $\zeta \in \Sigma$:

$$p(\zeta) = \int_{\Sigma_0} \left[\frac{\partial u}{\partial \nu_z} \frac{\partial F(z, \zeta)}{\partial \nu_\zeta} - \frac{\partial u}{\partial s_z} \frac{\partial F(z, \zeta)}{\partial s_\zeta} \right] ds_z,$$

$$q(\zeta) = \int_{\Sigma_0} \left[\frac{\partial u}{\partial \nu_z} \frac{\partial F(z, \zeta)}{\partial s_\zeta} + \frac{\partial u}{\partial s_z} \frac{\partial F(z, \zeta)}{\partial \nu_\zeta} \right] ds_z.$$

Sia $a(z)$, $b(z)$ una qualsiasi coppia di funzioni $\mathcal{E}$-coniugate di di classe uno in $A + \Sigma$. Si ha per ogni $z \in A$:

(18′)
$$a(z) = -\int_{\Sigma} \left[a(\zeta) \frac{\partial}{\partial \nu_\zeta} F(z, \zeta) - b(\zeta) \frac{\partial}{\partial s_\zeta} F(z, \zeta) \right] ds_\zeta,$$

$$b(z) = -\int_{\Sigma} \left[b(\zeta) \frac{\partial}{\partial \nu_\zeta} F(z, \zeta) + a(\zeta) \frac{\partial}{\partial s_\zeta} F(z, \zeta) \right] ds_\zeta.$$

Ne segue:

(20)
$$0 = \int_{\Sigma_0} \left(a \frac{\partial u}{\partial \nu} - b \frac{\partial u}{\partial s} \right) ds = -\int_{\Sigma} (ap - bq) \, ds.$$

La $p(\zeta)$ ha valore medio nullo su Σ ed è di classe $\mathcal{C}_h^{(1)}(\Sigma)$. Esiste quindi una soluzione v dell'equazione $\mathcal{E}(v) = 0$ di classe uno in $A + \Sigma$ e tale che $\frac{\partial v}{\partial \nu} = p$ [6].

---

[6] Ripetendo un classico procedimento, si ponga:

$$v(z) = \int_{\Sigma} \varphi(\zeta) F(z, \zeta) \, ds_\zeta.$$

La funzione incognita $\varphi(\zeta)$ è soluzione su Σ della equazione integrale di FRED-

Essendo :

$$\int_{\Sigma} \left(a \, \frac{\partial v}{\partial \nu} - b \, \frac{\partial v}{\partial s} \right) ds = 0 \, ,$$

per la (20), segue :

$$\int_{\Sigma} b \left(\frac{\partial v}{\partial s} - q \right) d s = 0$$

per ogni b, traccia su Σ di una soluzione di classe uno di $\mathcal{E}(u) = 0$. Ciò implica [7]: $\dfrac{\partial v}{\partial s} = q$. Ne segue :

$$0 = - \int_{\Sigma} \left(\overline{\alpha} \, \frac{\partial v}{\partial \nu} - \overline{\beta} \, \frac{\partial v}{\partial s} \right) ds = - \int_{\Sigma} (\overline{\alpha} \, p - \overline{\beta} \, q) \, ds =$$

$$= \int_{\Sigma_0} \left(\alpha \, \frac{\partial u}{\partial \nu} - \beta \, \frac{\partial u}{\partial s} \right) ds$$

HOLM (cfr. teor. VIII e XVIII del cap. I) :

$$(*) \qquad \frac{1}{2} \, \varphi \, (z) + \int_{\Sigma} \varphi \, (\zeta) \, \frac{\partial}{\partial \nu_z} \, F \, (z \, , \zeta) \, ds_\zeta = p \, (z) \, .$$

L'equazione omogenea, a questa associata, ammette una autosoluzione $\varphi_0 \, (z)$, dato che l'equazione omogenea trasposta ammette l'autosoluzione $\psi_0 \, (z) \equiv 1$. Sia $\varphi_1 \, (z)$ una autosoluzione della equazione omogenea associata alla (*). Possono scegliersi le costanti c_0 e c_1 non entrambe nulle e tali che la funzione :

$$w \, (z) = \int_{\Sigma} [c_0 \, \varphi_0 \, (\zeta) + c_1 \, \varphi_1 \, (\zeta)] \, F \, (z \, , \zeta) \, ds_\zeta$$

sia nulla in A. La $w \, (z)$ verifica su Γ (frontiera di T) la condizione $\dfrac{\partial w}{\partial \nu} + \lambda w = 0$ e si annulla su Σ. Pertanto essa (non potendo avere su Γ nè massimi positivi nè minimi negativi, dato che è $\lambda < 0$), è nulla in $T - (A + \Sigma)$. Ne segue (teor. VIII e XVIII del cap. I): $c_0 \, \varphi_0 + c_1 \, \varphi_1 \equiv 0$ su Σ. Esiste quindi una soluzione della (*) e, in conseguenza, la funzione v menzionata nel testo, che, data l'appartenenza di φ a $\mathcal{C}_k^{(0)}(\Sigma)$ (cfr. [19] n⁰ 14), è di classe uno in $A + \Sigma$.

[7] Assegnata su Σ una qualsiasi funzione $\overline{b}$ di classe $\mathcal{C}_k^{(1)}(\Sigma)$, questa è la traccia su Σ di una b di classe uno in $A + \Sigma$, soluzione in A della $\mathcal{E}(b) = 0$. La b è infatti una $\mathcal{E}$-coniugata di una funzione a, soluzione del problema di NEUMANN: $\mathcal{E}(a) = 0$ in A, $\dfrac{\partial a}{\partial \nu} = - \dfrac{\partial b}{\partial s}$ su Σ, certamente esistente, per quanto si è provato nella precedente nota [6].

e quindi, detta β^* la funzione $\mathcal{E}$-coniugata della α in A tale che:

$$\int_{\Sigma_0} \beta \, ds = \int_{\Sigma_0} \beta^* \, ds \,,$$

si ottiene:

$$-\int_{\Sigma_0} (\beta - \beta^*) \frac{\partial u}{\partial s} \, ds = \int_{\Sigma_0} u \frac{\partial}{\partial s} (\beta - \beta^*) \, ds = 0$$

che per l'arbitrarietà di u, implica $\beta = \beta^*$ su Σ_0 e, in conseguenza, in ogni punto interno a Σ_0. Data l'arbitrarietà di Σ_0, resta provato che α e β sono $\mathcal{E}$-coniugate.

Osservazione. — Occorre notare che, sussistendo per due funzioni $\mathcal{E}$-coniugate la rappresentazione (18′) in ogni campo interno ad A, resta provata l'esistenza delle loro derivate parziali seconde, in accordo a quanto si era asserito in precedenza.

Notiamo il seguente utile lemma relativo alle funzioni $\mathcal{E}$-coniugate.

V. — *Sia $f(w)$ una funzione olomorfa nel campo $\mathcal{C}$ della variabile complessa w. Siano $\alpha(z)$ e $\beta(z)$ due funzioni reali, $\mathcal{E}$-coniugate nel campo A, tali che il punto $w = \alpha(z) + i\beta(z)$, al variare di z in A, sia sempre contenuto in $\mathcal{C}$. Pòsto:*

$$f[\alpha(z) + i\beta(z)] = U(z) + i V(z),$$

le due funzioni U e V risultano $\mathcal{E}$-coniugate in A.

Si ha:

$$a_{11} U_x + a_{12} U_y - V_y = (a_{11} \alpha_x + a_{12} \alpha_y) \frac{\partial U}{\partial \alpha} +$$

$$+ (a_{11} \beta_x + a_{21} \beta_y) \frac{\partial U}{\partial \beta} - \frac{\partial V}{\partial \alpha} \alpha_y - \frac{\partial V}{\partial \beta} \beta_y$$

e quindi, tenendo presenti le (15) e (15′) e le equazioni di CAUCHY-RIEMANN

$$\frac{\partial U}{\partial \alpha} = \frac{\partial V}{\partial \beta} \,, \quad \frac{\partial U}{\partial \beta} = -\frac{\partial V}{\partial \alpha} \,,$$

si trae:

$$a_{11} U_x + a_{12} U_y - V_y = 0 \,.$$

Analogamente si prova che :

$$a_{21}\, U_x + a_{22}\, U_y + V_x = 0 \,.$$

4. — Diseguaglianza fondamentale per le funzioni $\mathcal{E}$-coniugate.

Sia A il campo considerato nel n^0 precedente, avente per frontiera la curva Σ semplice e chiusa di classe $\mathcal{C}_h^{(1)}$. Con z_0 indicheremo un punto arbitrariamente fissato in A .

Sussiste il seguente teorema :

VI. — *Fissato il numero reale $p > 1$, esiste una costante $K_p (A\,, z_0)$ dipendente unicamente da p, da A e da z_0, tale che per ogni coppia di funzioni α e β, $\mathcal{E}$-coniugate in A, continue in $A + \Sigma$ e con $\beta (z_0) = 0$, si ha :*

$$(21) \qquad \left(\int_{\Sigma} |\,\beta\,|^p\, ds \right)^{1/p} \leq K_p (A\,, z_0) \left(\int_{\Sigma} |\,\alpha\,|^p\, d\,s \right)^{1/p} \,.$$

Poichè α e β sono $\mathcal{E}$-coniugate allora ed allora soltanto che lo sono le due coppie $\mathcal{R}\,\alpha$, $\mathcal{R}\,\beta$ e $\mathcal{I}\,\alpha$, $\mathcal{I}\,\beta$, è ovvio che basta limitarsi a dimostrare il teorema nel caso che α e β siano reali.

Poniamo per ogni $z \in \Sigma$:

$$\overline{\alpha}_1 (z) = \frac{1}{2}\,(\alpha\,(z) + |\,\alpha\,(z)\,|)\,, \qquad \overline{\alpha}_2(z) = \frac{1}{2}\,(|\,\alpha\,(z)\,| - \alpha\,(z))\,.$$

Riesce su Σ: $\alpha = \overline{\alpha}_1 - \overline{\alpha}_2$, $\overline{\alpha}_1 \geq 0$ $\overline{\alpha}_2 \geq 0$.

Sia $\alpha_h\,(h = 1\,, 2)$ la funzione continua in $A + \Sigma$ soluzione del problema di DIRICHLET : $\mathcal{E}\,(\alpha_h) = 0$ in A, $\alpha_h = \overline{\alpha}_h$ su Σ [8].

---

[8] L'esistenza di una u continua in $A + \Sigma$ e soluzione del problema di DIRICHLET $\mathcal{E}\,(u) = 0$ in A, $u = \overline{u}$ su Σ ($\overline{u}$ funzione continua assegnata su Σ) può provarsi direttamente col classico procedimento consistente nel rappresentare u con un doppio strato relativo a $F(z, \zeta)$ e nel risolvere la corrispondente equazione integrale. Ma più semplicemente, conviene approssimare uniformemente la $\overline{u}$ con funzioni $\{\overline{b}_h\}$ di classe $\mathcal{C}_k^{(1)}\,(\Sigma)$, considerare la successione $\{b_h\}$ delle soluzioni dei problemi di DIRICHLET con dati su Σ le $\overline{b}_h$ (cfr. nota [7]) e constatare (usando il classico teorema di HARNACK) che $\{b_h\}$ converge alla soluzione desiderata.

Fissato z in A, sia $g\,(z, \zeta)$ la funzione di ζ soluzione della $\mathcal{E}\,(u) = 0$, che su Σ coincide con $F(z, \zeta)$. Essa è di classe uno in $A + \Sigma$ (cfr. nota [7]). Posto :

$$G\,(z\,, \zeta) = g\,(z\,, \zeta) - F\,(z\,, \zeta),$$

Sia β_h nulla in z_0 e tale che α_h e β_h risultino $\mathcal{S}$-coniugate. Poichè riesce $\alpha = \alpha_1 - \alpha_2$, sarà $\beta = \beta_1 - \beta_2$. Supponiamo di aver provato il teorema nel caso di una coppia α e β con $\alpha \geq 0$ su Σ e con $K_p(A, z_0) = K$. Posto:

$$(22) \qquad \|\varphi\|_p = \left(\int_{\Sigma} |\varphi|^p \, ds \right)^{1/p},$$

sarà (la traccia di β_h su Σ essendo il limite in $\mathcal{L}^{(p)}$ di tracce di funzioni di $\mathfrak{A}$):

$$\|\beta_h\|_p \leq K \|\alpha_h\|_p \leq K \|\alpha\|_p$$

e quindi:

$$\|\beta\|_p \leq 2K \|\alpha\|_p.$$

Possiamo quindi limitarci al caso in cui α e β sono reali ed è $\alpha \geq 0$ su Σ. Poniamo per ogni z di $A + \Sigma$:

$$f(z) = \alpha(z) + i\beta(z).$$

Sussiste su Σ la diseguaglianza elementare:

$$(23) \qquad \left| [f(z)]^p - [i\beta(z)]^p \right| \leq p\, 2^{\frac{p-1}{2}} \left\{ [\alpha(z)]^p + [\alpha(z)] |\beta(z)|^{p-1} \right\},$$

avendo scelto la determinazione principale per le potenze che compaiono nel primo membro della (23) [9].

si ha:

$$u(z) = \int_{\Sigma} \overline{u}(\zeta) \frac{\partial G(z, \zeta)}{\partial \nu_\zeta} ds_\zeta.$$

La $G(z, \zeta)$ — che con classico procedimento si dimostra essere funzione simmetrica di z e ζ — è la *funzione di* GREEN per il problema di DIRICHLET.

[9] Si consideri la funzione $\varphi(w) = w^p$ della variabile complessa $w = u + iv$ $(p > 1)$, avendo scelto per la potenza la determinazione principale. Essa è continua con la sua derivata prima in tutto il piano privato del semiasse reale negativo. Per $u \geq 0$ si ha:

$$|w^p - (iv)^p| = |\varphi(w) - \varphi(iv)| = p \left| \int_{iv}^{w} w^{p-1} \, dw \right| \leq p \int_0^u (t^2 + v^2)^{\frac{p-1}{2}} dt \leq$$

$$\leq pu(u^2 + v^2)^{\frac{p-1}{2}} \leq p\, 2^{\frac{p-1}{2}} (u^p + u|v|^{p-1}),$$

Cfr. [27] pag. 135.

Diciamo $G(z, \zeta)$ la funzione di GREEN relativa al problema di DIRICHLET per l'operatore $\mathscr{E}$ in A (cfr. la precedente nota ([8]) a piè di pagina).

Poniamo:

$$M = p \, 2^{\frac{p-1}{2}} \max_{\zeta \epsilon \Sigma} \left| \frac{\partial \, G(z_0, \zeta)}{\partial \, \nu_\zeta} \right| .$$

Si ha per la (23):

$$\left| \int_{\Sigma} \{ [f(\zeta)]^p - [i\beta(\zeta)]^p \} \frac{\partial \, G(z_0, \zeta)}{\partial \, \nu_\zeta} ds_\zeta \right| \leq M \int_{\Sigma} (\alpha^p + \alpha \, | \, \beta \, |^{p-1}) \, ds .$$

Riesce d'altra parte, tenendo presente il lemma V ed il fatto che α è sempre positiva in A:

$$\int_{\Sigma} [f(\zeta)]^p \frac{\partial \, G(z_0, \zeta)}{\partial \, \nu_\zeta} d \, s_\zeta = [\alpha(z_0)]^p$$

e quindi:

$$\left| \int_{\Sigma} \{ [f(\zeta)]^p - [i\beta(\zeta)]^p \} \frac{\partial \, G(z_0, \zeta)}{\partial \, \nu_\zeta} ds_\zeta \right| =$$

$$= \left| [\alpha(z_0)]^p - \cos p \, \frac{\pi}{2} \int_{\Sigma} | \, \beta(\zeta) \, |^p \frac{\partial \, G(z_0, \zeta)}{\partial \, \nu_\zeta} ds_\zeta - \right.$$

$$\left. - i \sin p \, \frac{\pi}{2} \int_{\Sigma} \beta(\zeta) | \, \beta(\zeta) \, |^{p-1} \frac{\partial \, G(z_0, \zeta)}{\partial \, \nu_\zeta} ds_\zeta \right| .$$

Se ne trae:

$$(24) \qquad M \int_{\Sigma} (\alpha^p + \alpha \, | \, \beta \, |^{p-1}) \, ds \geq \left| [\alpha(z_0)]^p - \right.$$

$$\left. - \cos p \, \frac{\pi}{2} \int_{\Sigma} | \, \beta \, |^p \frac{\partial G(z_0, \zeta)}{\partial \, \nu_\zeta} ds_\zeta \right| .$$

Dalla:

$$\alpha(z_0) = \int_{\Sigma} \alpha(\zeta) \frac{\partial \, G(z_0, \zeta)}{\partial \, \nu_\zeta} ds_\zeta$$

si trae:

$$(25) \qquad [\alpha(z_0)]^p \leq M_1 \int_{\Sigma} \alpha^p \, ds ,$$

con M_1 costante. Supposto p diverso da ogni intero dispari e posto:

$$m = \min_{\zeta \epsilon \Sigma} \left| \frac{\partial G(z_0, \zeta)}{\partial \nu_\zeta} \right|,$$

dalle (24), (25), tenendo presente che $\dfrac{\partial G(z_0, \zeta)}{\partial \nu_\zeta}$ è sempre positiva su Σ, si deduce:

$$\int_\Sigma |\beta|^p \, ds \leq \frac{1}{m} \left| \int_\Sigma |\beta|^p \frac{\partial G(z_0, \zeta)}{\partial \nu_\zeta} \, ds \right| \leq \frac{1}{m \left| \cos p \dfrac{\pi}{2} \right|} |\alpha(z_0)|^p +$$

$$+ \frac{1}{m \left| \cos p \dfrac{\pi}{2} \right|} \left| |\alpha(z_0)|^p - \cos p \frac{\pi}{2} \int_\Sigma |\beta|^p \frac{\partial G(z_0, \zeta)}{\partial \nu_\zeta} \, ds_\zeta \right| \leq$$

$$\leq \frac{M_1}{m \left| \cos p \dfrac{\pi}{2} \right|} \int_\Sigma \alpha^p \, ds + \frac{M}{m \left| \cos p \dfrac{\pi}{2} \right|} \int_\Sigma (\alpha^p + \alpha |\beta|^{p-1}) \, ds.$$

Resta così provato che esistono due costanti positive c_1 e c_2 tali che:

$$\int_\Sigma |\beta|^p \, ds \leq c_1 \int_\Sigma \alpha^p \, ds + c_2 \left(\int_\Sigma \alpha^p \, ds \right)^{1/p} \left(\int_\Sigma |\beta|^p \, ds \right)^{\frac{p-1}{p}}.$$

È quindi verificata la (21), assumendo come $(K_p)^p$ la radice reale positiva della equazione:

$$c_1 + c_2 t^{\frac{p-1}{p}} - t = 0.$$

Sia ora $p = 2h + 1$ con h intero positivo qualsivoglia. È evidente che basta dimostrare la (21) per due funzioni (reali) α e β di classe $\mathcal{C}_h^{(1)}(\Sigma)$.

Le due funzioni $\alpha^2 - \beta^2$ e $2\alpha\beta$ sono, per il lemma V, $\mathcal{E}$-coniugate. Sia $\gamma(z)$ la soluzione del problema $\mathcal{E}(\gamma) = 0$ in A, $\dfrac{\partial \gamma}{\partial \nu} = 2\alpha \dfrac{\partial \alpha}{\partial s}$ su Σ, nulla in z_0 ed $\eta(z)$ sia quella del problema $\mathcal{E}(\eta) = 0$ in A, $\dfrac{\partial \eta}{\partial \nu} = 2\beta \dfrac{\partial \beta}{\partial s}$ su Σ, anch'essa nulla in z_0. Si ha in $A + \Sigma$:

$$\gamma(z) - \eta(z) = 2\alpha(z)\beta(z).$$

Ne segue, pòsto $q = h + \dfrac{1}{2}$:

$$\int_{\Sigma} |\eta|^q \, ds \leq 2^q \int_{\Sigma} |\gamma|^q \, ds + 2^{2q} \int_{\Sigma} |\alpha\beta|^q \, ds \leq$$

$$\leq 2^q \int_{\Sigma} |\gamma|^q \, ds + 2^{2q} \left(\int_{\Sigma} |\alpha|^p \, ds \int_{\Sigma} |\beta|^p \, ds \right)^{1/2}.$$

Riesce d'altra parte :

$$\int_{\Sigma} |\gamma|^q \, ds \leq (K_q)^q \int_{\Sigma} |\alpha|^p \, ds, \quad \int_{\Sigma} |\beta|^p \, ds \leq (K_q)^q \int_{\Sigma} |\eta|^q \, ds$$

e quindi :

$$\int_{\Sigma} |\beta|^p \, ds \leq 2^q (K_q)^{2q} \int_{\Sigma} |\alpha|^p \, ds + 2^{2q} (K_q)^q \left(\int_{\Sigma} |\alpha|^p \, ds \int_{\Sigma} |\beta|^p \, ds \right)^{1/2}.$$

Sussiste quindi la (21), assumendo per $(K_p)^p$ la radice reale positiva dell'equazione :

$$2 (K_q)^{2q} + 2^{2q} (K_q) \, t^{1/2} - t = 0 .$$

Il teorema è così completamente dimostrato. ([10])

5. — Diseguaglianza duale della diseguaglianza fondamentale per le funzioni $\mathcal{E}$-coniugate.

Sia V una varietà astratta lineare rispetto al corpo complesso e siano in essa definite le due trasformazioni lineari $M_1(v)$ ed $M_2(v)$ aventi codominî contenuti rispettivamente nei due spazi di BANACH: $\mathcal{B}_1$ e $\mathcal{B}_2$ ([11]). Sia Φ un funzionale lineare e continuo defi-

---

([10]) La dimostrazione seguita può riguardarsi come una estensione di quella relativa ad un teorema di M. RIESZ ([25], [26]) sulla trasformazione di HILBERT. Vedremo in effetti nel seguito come il teorema dimostrato sia equivalente ad una generalizzazione del citato teorema di M. RIESZ.

([11]) Per i concetti generali dell'Analisi lineare, cfr. [6].

nito in $\mathscr{B}_1$. Si consideri per ogni $v \in V$ l'equazione:

(26) $$\Phi\,[M_1\,(v)] = \Psi\,[M_2\,(v)]\,,$$

in cui l'incognita è il funzionale Ψ lineare e continuo definito in $\mathscr{B}_2$. Essa ammette soluzione per ogni Φ comunque prefissato se esiste $K > 0$ tale che per $v \in V$ riesce:

(27) $$\|\,M_1\,(v)\,\| \leq K\,\|\,M_2\,(v)\,\|\,.$$

Esiste allora una soluzione Ψ della (26) verificante la diseguaglianza:

(28) $$\|\,\Psi\,\| \leq K\,\|\,\Phi\,\|\,.\,(^{12})$$

Se Ψ_0 è il generico funzionale ortogonale al codominio $M_2\,(V)$ della M_2, si ha:

(28′) $$\operatorname*{estr.\,inf.}_{\Psi_0}\|\,\Psi + \Psi_0\,\| \leq K\,\|\,\Phi\,\|\,.$$

(^{12}) Cfr. [8]. Questo teorema è stato esteso da S. FAEDO [5], considerando il caso in cui l'insieme V_2 delle soluzioni della $M_2\,(v) = 0$ (autoinsieme di M_2) non è contenuto nell'analogo insieme V_1 relativo alla trasformazione M_1.

È interessante notare che con la considerazione del concetto di spazio quoziente di due spazi di BANACH (cfr. [33] pag. 99) l'estensione di FAEDO può farsi rientrare nel teorema richiamato nel testo. Infatti, detta $\overline{M_1\,(V_2)}$ la chiusura di $M_1\,(V_2)$, si consideri lo spazio di BANACH quoziente:

$$\Sigma_1 = \mathscr{B}_1\,/\,\overline{M_1\,(V_2)}$$

e la trasformazione $\mathscr{M}_1\,(v)$ che muta l'elemento v di V nell'elemento $[M_1\,(v)]$ di Σ_1. Sia $\mathscr{V}_1$ l'autoinsieme di $\mathscr{M}_1$. Si ha $V_2 \subset \mathscr{V}_1$. Se allora φ è un qualsiasi funzionale lineare e continuo definito in Σ_1, condizione necessaria e sufficiente perchè l'equazione:

$$\varphi\,[\mathscr{M}_1\,(v)] = \Psi\,[M_2\,(v)]$$

ammetta soluzione, è che per $v \in V$:

(*) $$\|\,\mathscr{M}_1\,(v)\,\| = \operatorname*{estr.\,inf.}_{v_2 \in V_2}\|\,M_1\,(v) + M_1\,(v_2)\,\| \leq K\,\|\,M_2\,(v)\,\|\,.$$

Ma poichè lo spazio dei funzionali φ lineari e continui in Σ_1 è equivalente alla varietà dei funzionali lineari e continui Φ nulli su $M_1\,(V_2)$, nel senso che $\varphi\,([w]) = \Phi\,(w)$, ne segue che la (*) è necessaria e sufficiente perchè esista una soluzione Ψ della (26), comunque si assegni Φ ortogonale a $M_1\,(V_2)$.

La (28′) [e, nel caso che la (26) abbia una sola soluzione Ψ (il che avviene se e solo se $M_2(V)$ è una base per $\mathcal{B}_2$), la (28)] dicesi la *formola di maggiorazione duale* [13] della (27).

Sia $\mathcal{B}_1 \equiv \mathcal{B}_2 \equiv \mathcal{L}^{(p)}(\Sigma) \, (p > 1)$. Sia V la classe delle funzioni continue in $A + \Sigma$ di classe $\mathcal{C}^{(2)}(A)$ ed ivi soluzioni dell'equazione $\mathcal{E}(v) = 0$, tali che ognuna di esse sia dotata di $\mathcal{E}$-coniugata continua in $A + \Sigma$. Diciamo α la traccia di un elemento v di V su Σ e β quella della $\mathcal{E}$-coniugata nulla in z_0 (prefissato punto di A). Poniamo:

$$M_1(v) = \beta, \quad M_2(v) = \alpha.$$

Siano φ e ψ due funzioni di $\mathcal{L}^{(q)}(\Sigma)$. La (26) nel caso attuale si scrive:

$$(26') \qquad \int_{\Sigma} \beta \, \varphi \, ds = \int_{\Sigma} \alpha \, \psi \, ds.$$

Sia u appartenente alle classi $\mathcal{C}^{(2)}(A)$ e $\mathcal{C}^{(1)}(A + \Sigma)$ e soluzione in A della equazione $\mathcal{E}(u) = 0$. Abbiamo già indicato con $\mathfrak{U}$ la totalità di queste funzioni. Assumendo $\varphi \equiv \dfrac{\partial u}{\partial s}$, la (26′) ammette la soluzione $\psi \equiv \dfrac{\partial u}{\partial \nu}$ (cfr. la (17)) e questa è unica, dato che $\alpha \equiv M_2(v)$, al variare di v in V descrive un insieme che contiene tutte le funzioni della classe $\mathcal{C}_k^{(1)}(\Sigma)$ e quindi è una base per $\mathcal{L}^{(p)}(\Sigma)$. Sussiste quindi la formola (28) duale della (27), che nel caso in considerazione, altro non è che la (21) e detta formola duale esprime che:

$$(29) \qquad \left\| \frac{\partial u}{\partial \nu} \right\|_q \le K_p \left\| \frac{\partial u}{\partial s} \right\|_q \left(q = \frac{p-1}{p} \right)$$

per ogni u di $\mathfrak{U}$.

Si assuma ora nella (26′) $\varphi \equiv \dfrac{\partial u}{\partial \nu}$; esiste allora (cfr. la (17′)) l'unica soluzione $\psi \equiv -\dfrac{\partial u}{\partial s}$ e quindi la (28) fornisce:

$$(30) \qquad \left\| \frac{\partial u}{\partial s} \right\|_q \le K_p \left\| \frac{\partial u}{\partial \nu} \right\|_q.$$

---

[13] Cfr. [9].

Abbiamo così dimostrato il seguente teorema:

VII. — *Se u è una funzione appartenente alla classe* $\mathfrak{U}$, *per essa sussistono le due formole di maggiorazione* (29) *e* (30).

6. — Posizione del problema della derivata obliqua.

Siano $p(z)$ e $q(z)$ due funzioni complesse definite sulla curva semplice e chiusa Σ di classe $\mathcal{C}_h^{(1)}$, le quali godano delle seguenti proprietà:

1^0) Appartengono entrambe a $\mathcal{C}_k^{(0)}(\Sigma)$:

2^0) La funzione $p^2 + q^2$ non è mai nulla su Σ.

Assegnata su Σ la funzione complessa $f(z)$ appartenente a $\mathcal{C}_k^{(0)}(\Sigma)$, considereremo il seguente problema al contorno:

determinare una funzione (complessa) u appartenente alle classi $\mathcal{C}^{(1)}(A + \Sigma)$ e $\mathcal{C}^{(2)}(A)$ la quale verifichi le equazioni:

$$(31) \qquad \qquad \mathcal{E}(u) = 0 \qquad \qquad in \ A \ ,$$

$$(32) \qquad \qquad p \frac{\partial u}{\partial \nu} - q \frac{\partial u}{\partial s} = f \qquad su \ \Sigma \ .$$

Chiameremo questo problema: *problema della derivata obliqua* per l'equazione (31). Tale locuzione è giustificata dal fatto che, supposto p e q reali, la (32) equivale ad assegnare su Σ la derivata della u secondo una direzione variabile nei punti di Σ.

Nella discussione di questo problema riveste fondamentale importanza la seguente funzione dell'arco s di Σ:

$$(33) \qquad \qquad \gamma(s) = \frac{1}{2\pi i} \log \frac{p - iq}{p + iq} \ ,$$

la cui definizione nei punti di Σ occorre precisare, data la polidromia del logaritmo. Sia $(0, L)$ l'intervallo in cui varia il parametro s che esprime la lunghezza dell'arco positivo $\overset{\frown}{z_0 z}$ di Σ, essendo z_0 un punto fissato su Σ. Consideriamo la funzione complessa così definita in $(0, L)$:

$$w(s) = \frac{p(z) - iq(z)}{p(z) + iq(z)} \ .$$

Scegliamo una determinazione ψ_0 di $\mathrm{Arg}\, w(0)$, ad esempio quella principale. Rimane allora univocamente determinata una funzione $\psi(s)$ la quale verifica le seguenti condizioni:

1^0) È hölderiana in $(0, L)$.

2^0) Si ha $\psi(0) = \psi_0$.

3^0) Per ogni s di $(0, L)$ coincide con una determinazione di $\mathrm{Arg}\, w(s)$.

Porremo:

$$(33')\qquad \gamma(s) = \frac{1}{2\pi i}\left[\log|w(s)| + i\psi(s)\right]$$

che precisa la determinazione da scegliere per il logaritmo al secondo membro della (33). La funzione $\gamma(s)$ è hölderiana in $(0, L)$, dato che è sempre $|w(s)| \neq 0$.

Porremo:

$$(34)\qquad \varkappa = \gamma(L) - \gamma(0).$$

Il numero $\varkappa$ è un intero e rappresenta l'indice topologico della curva di equazione $w = w(s)$, nel piano della variabile complessa w, rispetto all'origine di tale piano.

7. — Il caso $\varkappa = 0$.

Supponiamo $\varkappa = 0$. La γ, considerata come funzione del punto z di Σ, appartiene in tal caso a $\mathcal{C}_k^{(0)}(\Sigma)$. Diciamo $\Omega(z)$ la funzione appartenente alle classi $\mathcal{C}^{(0)}(A + \Sigma)$ e $\mathcal{C}^{(2)}(A)$, soluzione del problema di DIRICHLET:

$$\mathcal{E}(\Omega) = 0 \quad \text{in } A, \qquad \Omega = -\pi\gamma \quad \text{su } \Sigma.$$

In virtù del principio di Analisi funzionale richiamato nel n^0 5 e per la (30), fissato comunque p, esiste una $\lambda(z) \in \mathcal{L}^{(p)}(\Sigma)$ verificante per ogni $u \in \mathcal{U}$ le equazioni:

$$\int_{\Sigma}\left(\lambda\,\frac{\partial u}{\partial \nu} + \pi\gamma\,\frac{\partial u}{\partial s}\right)ds = 0.$$

Deve quindi essere per $z \in T - (A + \Sigma)$:

$$\int_{\Sigma}\left[\lambda(\zeta)\,\frac{\partial F(z,\zeta)}{\partial \nu_\zeta} + \pi\gamma(\zeta)\,\frac{\partial F(z,\zeta)}{\partial s_\zeta}\right]ds_\zeta = 0.$$

Poichè la funzione:

$$h(z) = \pi \int_{\Sigma} \gamma(\zeta) \frac{\partial F(z,\zeta)}{\partial s_\zeta} ds_\zeta$$

è continua in $T - A$ (cfr. teor. XV del cap. I), si trae che λ è continua su Σ, dato che essa è soluzione dell'equazione di FREDHOLM (cfr. teor. XIV del cap. I):

$$\frac{1}{2}\lambda(z) + \int_{\Sigma}\lambda(\zeta) \frac{\partial F(z,\zeta)}{\partial \nu_\zeta} ds_\zeta + h(z) = 0$$

con termine noto continuo ([14]).

Ne segue che la funzione così definita in A:

$$\Lambda(z) = -\int_{\Sigma}\left[\lambda(\zeta) \frac{\partial F(z,\zeta)}{\partial \nu_\zeta} + \pi\gamma(\zeta) \frac{\partial F(z,\zeta)}{\partial s_\zeta}\right] ds_\zeta$$

è continua in $A + \Sigma$ (teor. XV del cap. I) ed è tale che Λ e Ω risultano $\mathcal{E}$-coniugate (teor. IV) in A.

È immediato constatare che le due funzioni:

$$\alpha = e^\Lambda \cos\Omega, \qquad \beta = e^\Lambda \sin\Omega$$

sono $\mathcal{E}$-coniugate.

Si consideri quella determinazione della potenza $[w(s)]^{1/2}$ corrispondente ad $\operatorname{Arg} w(s) = \psi(s)$. Rimane fissata una determinazione della potenza $(p^2 + q^2)^{1/2}$ tale che su Σ si ha:

$$[w(s)]^{1/2} = \frac{p - iq}{(p^2 + q^2)^{1/2}} .$$

È facile verificare che con tale scelta di $(p^2 + q^2)^{1/2}$ riesce su Σ:

(35) $$\alpha = \frac{e^\Lambda p}{(p^2 + q^2)^{1/2}}, \qquad \beta = \frac{e^\Lambda q}{(p^2 + q^2)^{1/2}} .$$

([14]) Il termine noto $h(z)$ è anzi hölderiano su Σ (cfr. teor. III del cap. III) e quindi anche λ è tale.

Per la (17) si ricava la seguente condizione per il dato f, necessaria per l'esistenza della soluzione u del problema di derivata obliqua $(^{15})$:

$$(36) \qquad \int_{\Sigma} \frac{e^{A}}{(p^2 + q^2)^{1/2}} f \, ds = 0 \, .$$

Le (35) assicurano che:

$$(37) \qquad \tau = \frac{e^{A}}{(p^2 + q^2)^{1/2}}$$

appartiene a $\mathcal{C}_k^{(0)}(\Sigma)$ (cfr. nota $(^{14})$) per modo che, essendo $\tau f \in \mathcal{C}_k^{(0)}(\Sigma)$ e, supposta verificata la (36), esiste una v soluzione del problema di DIRICHLET:

$$(38) \qquad \mathcal{E}(v) = 0 \quad \text{in } A \, , \qquad v\,[z\,(s)] = \int_{0}^{s} \tau f \, d\sigma \quad \text{su } \Sigma$$

di classe $\mathcal{C}^{(1)}(A + \Sigma)$ (cfr. nota $(^7)$).

Si consideri ora il seguente lemma:

VIII. — *Se a e b sono due funzioni $\mathcal{E}$-coniugate in A e continue in $A + \Sigma$ e v una funzione di $\mathfrak{A}$, esiste una funzione u appartenente ad $\mathfrak{A}$ tale che:*

$$(39) \qquad \begin{aligned} u_x &= a\,(a_{21}\,v_x + a_{22}\,v_y) - b v_x \\[2mm] u_y &= - a\,(a_{11}\,v_x + a_{12}\,v_y) - b v_y \, . \end{aligned}$$

Con calcoli elementari si constata che:

$$(39') \quad \frac{\partial}{\partial y}\,[a\,(a_{21}\,v_x + a_{22}\,v_y) - b v_x] = \frac{\partial}{\partial x}\,[- a\,(a_{11}\,v_x + a_{12}\,v_y) - b v_y] \, ,$$

ciò che prova l'esistenza di una u di classe $\mathcal{C}^{(1)}(A + \Sigma)$ verificante le (39). È anche elementare constatare che $\mathcal{E}(u) = 0$.

Si ponga:

$$(40) \qquad a = \frac{-\alpha}{\alpha^2 + \beta^2} \, , \qquad b = \frac{\beta}{\alpha^2 + \beta^2} \, .$$

$(^{15})$ Cfr. [10].

Poichè è $\alpha^2 + \beta^2 = e^{2A}$, la a e la b appartengono alle classi $\mathcal{C}^{(0)}(A + \Sigma)$ e $\mathcal{C}^{(2)}(A)$. Semplici calcoli provano inoltre che a e b sono $\mathcal{E}$-coniugate. Sia u la funzione fornita dalle (39), quando v è la soluzione del problema (38) e a e b sono date dalle (40). Si ha dalle (39):

(41)
$$v_x = \quad \alpha\,(a_{21}\,u_x + a_{22}\,u_y) - \beta u_x$$

$$v_y = -\,\alpha\,(a_{11}\,u_x + a_{12}\,u_y) - \beta u_y$$

e quindi su Σ :

(42)
$$\tau f \equiv \frac{\partial v}{\partial s} = \alpha\,\frac{\partial u}{\partial \nu} - \beta\,\frac{\partial u}{\partial s}\,.$$

Per le (35) e la (37) segue che u è una soluzione del problema.

È ovvio che la costante è una autosoluzione del problema. Sia u una eventuale autosoluzione non costante appartenente ad $\mathfrak{U}$. Si consideri la funzione v di $\mathfrak{U}$ che per il lemma VIII viene fornita dalle (41). Per essa si ha su Σ : $\dfrac{\partial v}{\partial s} = 0$. Quindi $v_x \equiv v_y \equiv 0$ in A, talchè dalle (41) si trae $u_x \equiv u_y \equiv 0$ in A.

Possiamo quindi concludere con il seguente teorema:

IX. — *Se è* $\varkappa = 0$, *esiste una soluzione in* $\mathfrak{U}$ *del problema* (31), (32) *se e solo se, data* $f(z) \in \mathcal{C}_k^{(0)}(\Sigma)$, *è verificata la* (36). *La costante è una autosoluzione del problema e non esistono in* $\mathfrak{U}$ *autosoluzioni non identicamente costanti in* A.

8. — Il caso $\varkappa < 0$.

Consideriamo la soluzione fondamentale $F(z, \zeta)$ che scriviamo al modo seguente:

(43)
$$F(z, \zeta) = \frac{1}{2\pi}\,\log \varrho\,(z, \zeta) + F_0\,(z, \zeta)\,.$$

Per il teor. III riesce:

(43′) $F_0\,(z, \zeta) = O\,(1), \qquad \dfrac{\partial F_0\,(z, \zeta)}{\partial x} = O\,(1), \qquad \dfrac{\partial F_0\,(z, \zeta)}{\partial y} = O\,(1)\,.$

Fissato ζ in T per ogni z di T, distinto da ζ, pòsto $t = t_1 + it_2$, consideriamo la funzione:

$$H(z,\zeta) = \int_0^z [a_{11}(t) F_{t_1}(t,\zeta) + a_{12}(t) F_{t_2}(t,\zeta)]\, dt_2 -$$

$$- \int_0^z [a_{21}(t)\ F_{t_1}(t,\zeta) + a_{22}(t) F_{t_2}(t,\zeta)]\, dt_1 .$$

L'integrazione è estesa ad una curva regolare che unisce 0 con z.

La $H(z,\zeta)$ è funzione di z polidroma attorno a ζ, dato che per ogni curva semplice e chiusa C cui ζ è interno, riesce:

$$\int_{+C} (a_{11} F_x + a_{12} F_y)\, dy - (a_{21} F_x + a_{22} F_y)\, dx = -\int_C \frac{\partial F(z,\zeta)}{\partial \nu_z}\, ds_z = 1 .$$

Diciamo $\Theta_\zeta(z)$ l'anomalia del punto z rispetto al polo ζ e con asse polare parallelo ed equiverso al semiasse delle ascisse positive. Si ha:

(44) $$H(z,\zeta) = \frac{1}{2\pi} \Theta_\zeta(z) + H_0(z,\zeta) .$$

La funzione $H_0(z,\zeta)$ è funzione di z monodroma in $T - \zeta$. Scelta una qualsiasi determinazione monodroma di $H(z,\zeta)$ in un campo semplicemente connesso che non contiene ζ, si constata che le due funzioni di z: F ed H sono $\mathcal{E}$-coniugate.

Supponiamo dapprima $\varkappa$ pari e poniamo $2m = -\varkappa$. Siano $\zeta_1, \zeta_2, \ldots, \zeta_m$, m punti distinti contenuti in A. Diciamo $H_j(z)$ $(j = 1, 2, \ldots, m)$ una determinazione di $H(z,\zeta_j)$ che per $z \in \Sigma$ riesca funzione di s continua in $(0, L)$. La funzione:

$$\overline{\omega}(z) = -\pi\gamma(z) - 2\pi \sum_{j=1}^m H_j(z)$$

appartiene a $\mathcal{C}_k^{(0)}(\Sigma)$. Diciamo $\overline{\Omega}$ la soluzione del problema di DI-RICHLET: $\mathcal{E}(\overline{\Omega}) = 0$ in A, $\overline{\Omega} = \overline{\omega}$ su Σ.

Ripetendo il ragionamento fatto nel n^0 precedente, si prova che esiste una funzione $\overline{\Lambda}(z)$, continua in $A + \Sigma$ e la cui traccia $\overline{\lambda}$ su Σ appartiene a $\mathcal{C}_k^{(0)}(\Sigma)$, tale che $\overline{\Lambda}$ e $\overline{\Omega}$ riescono $\mathcal{E}$-coniugate in A.

Poniamo per $z \in A + \Sigma$:

$$\Omega(z) = \overline{\Omega}(z) + 2\pi \sum_{j=1}^{m} H_j(z), \qquad \Lambda(z) = \overline{\Lambda}(z) + 2\pi \sum_{j=1}^{m} F(z, \zeta_j),$$

$$\alpha(z) = e^{\Lambda} \cos \Omega, \qquad \beta(z) = e^{\Lambda} \sin \Omega.$$

Le due funzioni α e β sono monodrome e continue in $A + \Sigma$, $\mathcal{E}$-coniugate in A e su Σ di classe $\mathcal{C}_k^{(0)}(\Sigma)$. Esse verificano su Σ le (35) per una opportuna scelta della determinazione di $(p^2 + q^2)^{1/2}$. Pòsto:

$$\overline{\Lambda}_0(z) = \overline{\Lambda}(z) + 2\pi \sum_{j=1}^{m} F_0(z, \zeta_j),$$

per la (43) si trae:

$$e^{\Lambda(z)} = e^{\overline{\Lambda}_0(z)} \prod_{j=1}^{m} \varrho(z, \zeta_j).$$

Pertanto, pòsto:

$$\alpha(z) = \overline{\alpha}(z) \prod_{j=1}^{m} \varrho(z, \zeta_j), \qquad \beta(z) = \overline{\beta}(z) \prod_{j=1}^{m} \varrho(z, \zeta_j),$$

si deduce che la funzione $\overline{\alpha}^2 + \overline{\beta}^2 = e^{2\overline{\Lambda}_0}$ non è mai nulla in $A + \Sigma$.

Supposta verificata la (36) e fatta la posizione (37), sia v la soluzione (di classe $\mathcal{C}^{(1)}(A + \Sigma)$) del problema (38). Poniamo, detta $G(z, \zeta)$ la funzione di GREEN del problema di DIRICHLET:

$$A_j(s) = \int_s^L \left[\frac{\partial}{\partial x} \frac{\partial G(z, \zeta)}{\partial \nu_\zeta} \right]_{z=\zeta_j} d\sigma_\zeta, \qquad B_j(s) = \int_s^L \left[\frac{\partial}{\partial y} \frac{\partial G(z, \zeta)}{\partial \nu_\zeta} \right]_{z=\zeta_j} d\sigma_\zeta$$

ed ammettiamo che siano verificate le seguenti condizioni:

$$(45) \qquad \int_\Sigma A_j \, \tau \, f ds = 0, \qquad \int_\Sigma B_j \, \tau \, f ds = 0 \qquad (j = 1, 2, \ldots, m).$$

Ciò significa che la v soddisfa le condizioni:

$$(45') \qquad v_x(\zeta_j) = v_y(\zeta_j) = 0 \qquad (j = 1, 2, \ldots, m).$$

Consideriamo le equazioni (39) con a e b date dalle (40). I secondi membri definiscono una funzione di classe uno in $A + \Sigma - \zeta_1 - \ldots - \zeta_m$. Infatti è verificata la (39') ed inoltre per ogni cerchio Γ_j di centro ζ_j, che esclude ogni ζ_h con $h \neq j$ riesce:

$$\int_{\Gamma_j} \frac{\partial u}{\partial s}\, ds = \int_{\Gamma_j} \left(a\, \frac{\partial v}{\partial \nu} - b\, \frac{\partial v}{\partial s} \right) ds = 0$$

data la limitatezza dei secondi membri delle (39), assicurata dalle (45′). La u è limitata in $A - \zeta_1 - \ldots - \zeta_m$, ivi di classe $C^{(2)}$ e soluzione dell'equazione $\mathcal{S}(u) = 0$. Ne segue, per un classico teorema sulle soluzioni dell'equazioni ellittiche (^{16}), che u può prolungarsi per continuità in tutto A riuscendo ivi di classe due. Poichè è verificata la (42), ne segue che u è una soluzione del problema.

Viceversa, se u è una soluzione appartenente ad $\mathfrak{A}$, può assumersi una v in $\mathfrak{A}$ che sia data dalle (41) e soluzione del problema (38). Ne segue la necessità della condizione (36) e anche delle (45), dato che la v, a causa delle (41), verifica le (45′).

Le $2m + 1$ condizioni (36) e (45) sono linearmente indipendenti. Ciò sarà dimostrato se proveremo che è possibile scegliere $2m$ funzioni $v^{(1)}, v^{(2)}, \ldots, v^{(2m)}$ in $\mathfrak{A}$ ed m punti: $\zeta_1, \zeta_2, \ldots, \zeta_m$ in A in guisa tale che, pòsto $a_{i,2j-1} = v_x^{(i)}(\zeta_j)$, $a_{i,2j} = v_y^{(i)}(\zeta_j)$, riesce: $\det\{a_{hk}\} \neq 0$ $(h, k = 1, 2, \ldots, 2m)$. Supponiamo dapprima $m = 1$. Se per ogni ζ_1 fosse $v_x^{(1)}(\zeta_1)\, v_y^{(2)}(\zeta_1) - v_x^{(2)}(\zeta_1)\, v_y^{(1)}(\zeta_1) \equiv 0$, ne seguirebbe l'esistenza di una funzione $\sigma(z)$ tale che su Σ si avrebbe $\dfrac{\partial v^{(2)}}{\partial s} = \sigma\, \dfrac{\partial v^{(1)}}{\partial s}$, $\dfrac{\partial v^{(2)}}{\partial \nu} = \sigma\, \dfrac{\partial v^{(1)}}{\partial \nu}$. Ciò è assurdo perchè, data $v^{(1)}$ non costante, essendo $\dfrac{\partial v^{(1)}}{\partial s} \not\equiv \dfrac{\partial v^{(1)}}{\partial \nu}$ (la $\dfrac{\partial v^{(1)}}{\partial s}$ è nulla nei punti di massimo di $v^{(1)}$ e la $\dfrac{\partial v^{(1)}}{\partial \nu}$ è in essi negativa), può scegliersi σ tale che: $\int_{\Sigma} \sigma\, \dfrac{\partial v^{(1)}}{\partial s}\, ds = 0$, $\int_{\Sigma} \sigma\, \dfrac{\partial v^{(1)}}{\partial \nu}\, ds \neq 0$, talchè, se $v^{(2)}$ è determinata (a meno di una costante) dalla condizione al contorno $\dfrac{\partial v^{(2)}}{\partial s} = \sigma\, \dfrac{\partial v^{(1)}}{\partial s}$, essa non verifica la seconda delle identità sopra scritte. Sia ora $m > 1$. Supponiamo vero l'asserto per $m - 1$. Ne segue che possono fissarsi $\zeta_1, \ldots, \zeta_{m-1}$ tali che $\det\{a_{hk}\}$ $(h, k = 1, 2, \ldots, 2m - 2)$ sia $\neq 0$. Se non esiste alcun minore di ordine $2m - 1$ diverso da zero, qualunque sia ζ_m, ne seguirebbe l'esistenza di $2m$ costanti tali che per ogni ζ_m sarebbe:

(^{16}) [19] pag. 85.

$$\sum_{k=1}^{2m} c_k v_x^{(k)}(\zeta_m) \equiv \sum_{k=1}^{2m} c_k v_y^{(k)}(\zeta_m) = 0 \ .$$ Ciò è assurdo. Nell'altro caso avverrebbe che ogni funzione v di $\mathfrak{A}$ la quale verifica le condizioni $v_x(\zeta_i) = v_y(\zeta_i) = 0 \ (i = 1, 2, \ldots, m-1)$ ed ha nulla in ζ_m una delle due derivate parziali, vi ha nulla anche l'altra. Ma abbiamo già visto che si possono costruire due funzioni α e β, $\mathscr{E}$-coniugate, nulle in $\zeta_1, \ldots, \zeta_{m-1}$ e tali che $\alpha^2 + \beta^2$ sia diversa da zero negli altri punti. Sia ζ_m un punto in cui si possono assegnare ad arbitrio i valori a u_x e u_y essendo $u \in \mathfrak{A}$. Le (41) permettono allora di costruire una v che ha nulle le sue derivate parziali prime in ζ_i $(i = 1, 2, \ldots, m-1)$ mentre che queste assumono in ζ_m valori comunque prescritti.

Il ragionamento fatto nel caso $\varkappa = 0$ può ripetersi per provare che non esistono autosoluzioni diverse dalle costanti. Si è così provato il teorema :

X. *Se $\varkappa$ è negativo e pari, esiste una soluzione in $\mathfrak{A}$ del problema* (31), (32) *se e solo se, data $f(z) \in \mathcal{C}_k^{(0)}(\Sigma)$, sono verificate le $-\varkappa + 1$ condizioni indipendenti* (36), (45). *La costante è un'autosoluzione del problema e non esistono in $\mathfrak{A}$ autosoluzioni non identicamente costanti in A.*

Sia ora $\varkappa$ dispari. Poniamo $|\varkappa| = 2m + 1$ $(m \geq 0)$. Fissiamo il punto ζ_0 scegliendolo coincidente con z_0, origine degli archi su Σ e scegliamo, eventualmente, gli m punti $\zeta_1, \ldots, \zeta_m$ in A come nel caso precedente. La funzione $H_0(z)$ rappresenti una determinazione di $H(z, \zeta_0)$ monodroma in A. Tale determinazione esiste certamente per la (44). Poichè la $H_0(z, \zeta_0)$ è, in virtù delle (43'), una funzione di z lipschitziana, la $H_0(z) \equiv H_0(s)$ è, come funzione di s, lipschitziana, (cioè appartenente a $\mathcal{C}_1^{(0)}$) in $(0, L)$ e riesce inoltre $H_0(L) - H_0(0) = \dfrac{1}{2}$. La funzione :

$$\overline{\omega}(z) = -\pi\gamma(z) - 2\pi \sum_{j=1}^{m} H_j(z) - 2\pi H_0(z)$$

appartiene a $\mathcal{C}_k^{(0)}(\Sigma)$. Una volta scelta $\overline{\omega}$, definiamo $\overline{\Omega}$ e $\overline{\Lambda}$, come nel caso precedente e poniamo :

$$\Omega(z) = \overline{\Omega}(z) + 2\pi \sum_{j=0}^{m} H_j(z), \qquad \Lambda(z) = \overline{\Lambda}(z) + 2\pi \sum_{j=0}^{m} F(z, \zeta_j)$$

(46) $\qquad \alpha(z) = e^{\Lambda} \cos\Omega, \qquad \beta(z) = e^{\Lambda} \sin\Omega \ .$

Anche nel caso attuale sono verificate le (35).

Pòsto:

$$\overline{A}_0(z) = \overline{A}(z) + 2\pi \sum_{j=0}^{m} F_0(z, \zeta_j),$$

si trae:

(47) $$e^{A(z)} = e^{\overline{A}_0(z)} \prod_{j=0}^{m} [\varrho(z, \zeta_j)].$$

Ne segue, per le (46), la continuità di α e β in $A + \Sigma$ e, considerate su Σ, la loro appartenenza a $\mathcal{C}_k^{(0)}(\Sigma)$. Talchè la τ definita dalla (37) è, per le (35), appartenente a $\mathcal{C}_k^{(0)}(\Sigma)$. Pòsto:

$$\alpha(z) = \overline{\alpha}(z) \prod_{j=0}^{m} \varrho(z, \zeta_j), \qquad \beta(z) = \overline{\beta}(z) \prod_{j=0}^{m} \varrho(z, \zeta_j),$$

come in precedenza si constata che $\overline{\alpha}^2 + \overline{\beta}^2$ non è mai nulla in $A + \Sigma$.

Supponiamo siano verificate le (36), (45) e sia v la soluzione del problema (38). Supponiamo inoltre che f sia tale che si abbia:

(48) $$\left[\frac{\partial v}{\partial \nu}\right]_{z=\zeta_0} = 0.$$

Poichè per la (47) riesce $\tau(\zeta_0) = 0$ e quindi $\left[\frac{\partial v}{\partial s}\right]_{z=\zeta_0} = 0$, e dato che $\frac{\partial v}{\partial \nu} \varepsilon \mathcal{C}_{k'}^{(0)}(\Sigma)$ [17], sarà:

$$v_x(z) = O(|z - \zeta_0|^{k'}), \quad v_y(z) = O(|z - \zeta_0|^{k'}).$$

Le solite (39), con a e b date da (40) forniscono una soluzione u del problema di classe uno in $A + \Sigma - \zeta_0$ e tale che:

(49) $$u_x(z) = O(|z - \zeta_0|^{k'-1}), \quad u_y(z) = O(|z - \zeta_0|^{k'-1}).$$

Ma è facile provare le continuità di u_x e u_y in ζ_0.

Sia infatti Σ_0 un arco di Σ cui ζ_0 è interno, tale che esistano due funzioni p^* e q^*, verificanti le condizioni 1^0) e 2^0) di pag. 55, coincidenti con p e q rispettivamente su Σ_0 e tali che $\varkappa^*$, indice topologico della curva $w = w^*(s) \equiv \dfrac{p^* - i q^*}{p^* + i q^*}$ sia zero. È ovvia l'esistenza di tali p^* e q^* pur di prendere Σ_0 abbastanza piccolo. Consideriamo in A il problema di derivata obliqua: $\mathcal{E}(u^*) = 0$ in A, $p^* \dfrac{\partial u^*}{\partial \nu} - q^* \dfrac{\partial u^*}{\partial s} = f^* \equiv p^* \dfrac{\partial u}{\partial \nu} - q^* \dfrac{\partial u}{\partial s}$. La f^*, dato che si assume in tutto Σ_0 coincidente con f, appartiene a $\mathcal{C}_k^{(0)}(\Sigma)$ e verifica, per le (49), la condizione di compatibilità per l'esistenza

---

[17] Questa è un'immediata conseguenza del teor. IV del cap. III.

della soluzione. Esiste quindi in $\mathcal{C}^{(1)}(A + \Sigma)$ la u^*. Poniamo $w^* = u - u^*$. Consideriamo le analoghe delle (41) relative al problema di derivata obliqua con coefficienti p^* e q^*. Sostituendo nei secondi membri di queste le derivate di w^*, si ottengono le derivate v_x^* e v_y^* di una funzione v^* tale che:

$$v_x^*(z) = O\left(|z - \zeta_0|^{k'-1}\right), \quad v_y^* = O\left(|z - \zeta_0|^{k'-1}\right),$$

$$\mathcal{E}(v^*) = 0 \quad \text{in} \quad A, \quad \frac{\partial v^*}{\partial s} = 0 \quad \text{su} \quad \Sigma.$$

Ciò implica $v^* \equiv costante$ e quindi $w_x^* \equiv w_y^* \equiv 0$.

Ci proponiamo ora di determinare la condizione cui deve soddisfare f perchè sia verificata la (48).

Sia w una funzione di $\mathfrak{A}$ tale che v e w siano $\mathcal{E}$-coniugate in A. Tenendo presente la nota $(^6)$, è facile constatare che può porsi in $A + \Sigma$:

$$w(z) = \int_{\Sigma} \tau(\zeta) f(\zeta) N(z, \zeta) \, ds_\zeta,$$

essendo $N(z, \zeta)$ (funzione di NEUMANN) una particolare soluzione fondamentale per l'operatore $\mathcal{E}$. Si avrà allora (teor. XIII del cap. I):

$$\left[\frac{\partial v}{\partial \nu}\right]_{z=\zeta_0} = \int_{\Sigma} \tau(\zeta) f(\zeta) \left[\frac{\partial N(z, \zeta)}{\partial s_z}\right]_{z=\zeta_0} ds_\zeta.$$

Sicchè pòsto:

$$A_0(\zeta) = \tau(\zeta) \left[\frac{\partial N(z, \zeta)}{\partial s_z}\right]_{z=\zeta_0},$$

la (48) è verificata se e solo se riesce:

$$(48') \qquad \int_{\Sigma} A_0(\zeta) f(\zeta) \, ds_\zeta = 0.$$

Si noti che $A_0(\zeta)$ riesce continua su Σ. Per provare la indipendenza delle (36), (45), (48') nel caso attuale, non c'è che da ripetere un ragionamento del tutto analogo a quello in precedenza fatto.

Possono ora ripetersi considerazioni identiche a quelle svolte nel caso $\varkappa$ pari per provare la necessità delle (36), (45), (48') e la non esistenza di autosoluzioni diverse dalla costante.

XI. *Se $\varkappa$ è negativo e dispari, esiste una soluzione in $\mathfrak{A}$ del problema (31), (32) se, e solo se, data $f(z) \in \mathcal{C}_k^{(0)}(\Sigma)$, sono verificate le*

$- \varkappa + 1$ *condizioni indipendenti* (36), (45), (48′). *La costante è una autosoluzione del problema e non esistono in* $\mathfrak{A}$ *autosoluzioni non identicamente costanti in* A.

9. — Il caso $\varkappa > 0$.

Supponiamo prima $\varkappa = 2m$ (m intero positivo). Siano $\zeta_1, \zeta_2, \ldots, \zeta_m$ i soliti punti arbitrariamente scelti in A. Poniamo:

$$\overline{\omega}(z) = - \pi\gamma(z) + 2\pi \sum_{j=1}^{m} H_j(z).$$

Come al solito $\overline{\Omega}$ è la soluzione del problema di Dirichlet: $\mathcal{E}(\overline{\Omega}) = 0$ in A, $\overline{\Omega} = \overline{\omega}$ su Σ e $\overline{\Lambda}$ è tale che $\overline{\Lambda}$ e $\overline{\Omega}$ siano $\mathcal{E}$-coniugate.

Poniamo per $z \in A + \Sigma$:

$$\Omega(z) = \overline{\Omega} - 2\pi \sum_{j=1}^{m} H_j(z), \qquad \Lambda(z) = \overline{\Lambda}(z) - 2\pi \sum_{j=1}^{m} F(z, \zeta_j),$$

$$\alpha(z) = e^{\Lambda} \cos \Omega, \qquad \beta(z) = e^{\Lambda} \sin \Omega.$$

Le due funzioni α e β sono monodrome e continue in $\Lambda + \Sigma -$ $- \zeta_1 - \ldots - \zeta_m$, $\mathcal{E}$-coniugate in A e su Σ di classe $\mathcal{C}_k^{(0)}(\Sigma)$. Esse verificano su Σ le (35) per un'opportuna scelta della determinazione di $(p^2 + q^2)^{1/2}$.

Posto:

$$\overline{\Lambda}_0(z) = \overline{\Lambda}(z) - 2\pi \sum_{j=1}^{m} F_0(z, \zeta_j),$$

per la (43) si trae:

$$e^{\Lambda(z)} = \frac{e^{\overline{\Lambda}_0(z)}}{\prod\limits_{j=1}^{m} \varrho(z, \zeta_j)}.$$

Pertanto, pòsto:

$$\alpha(z) = \frac{\overline{\alpha}(z)}{\prod\limits_{j=1}^{m} \varrho(z, \zeta_j)}, \qquad \beta(z) = \frac{\overline{\beta}(z)}{\prod\limits_{j=1}^{m} \varrho(z, \zeta_j)},$$

si deduce che la funzione $\overline{\alpha}^2 + \overline{\beta}^2 = e^{2\overline{\Lambda}_0(z)}$ è limitata in $\Lambda + \Sigma$.

Sia :

(50)
$$\int_{\Sigma} \tau f \, ds = c \ .$$

Consideriamo la funzione $\overline{v}$ di $\mathscr{U}$ soluzione del problema di DIRICH-LET :

$$\mathscr{E}\,(\overline{v}) = 0 \ \text{in} \ A \ , \qquad \overline{v} = \int_{0}^{s} \tau f \, d\sigma - c H_{1}\,(z) \ \text{su} \ \Sigma,$$

e poniamo :

$$v\,(z) = \overline{v}\,(z) + c H_{1}\,(z).$$

La v è polidroma in $A - \zeta_{1}$, ma le sue derivate prime sono ivi monodrome. Ripetendo un ragionamento già in precedenza fatto, si deduce che le (39), con a e b date dalle (40), forniscono una soluzione del problema appartenente ad $\mathscr{U}$.

Si noti che in questo caso non è stata richiesta alla f alcuna condizione di compatibilità.

Indichi, come al solito, $G\,(z\,,\zeta)$ la funzione di GREEN per il problema di DIRICHLET relativo all'operatore $\mathscr{E}$. Pòsto :

$$g_{j}(z) = G\,(z\,,\zeta_{j}) \qquad (j = 1\,,2\,,\ldots,m)\,,$$

la $g_{j}(z)$ è di classe uno in $A + \Sigma - \zeta_{j}$ e verifica le equazioni :

$$\mathscr{E}\,[g_{j}(z)] = 0 \ \text{in} \ A - \zeta_{j}, \qquad \frac{\partial g_{j}}{\partial s} = 0 \ \text{su} \ \Sigma.$$

Le solite (39), nelle quali si assuma $v = g_{j}$, forniscono, con l'ormai consueto ragionamento, una funzione $u^{(j)}$ di $\mathscr{U}$ la quale su Σ verifica la condizione : $p\dfrac{\partial u^{(j)}}{\partial \nu} - q\dfrac{\partial u^{(j)}}{\partial s} = 0$. Cioè una autosoluzione del problema.

Supposto $m > 1$, sia $\overline{h}_{r}$ $(r = 1\,,\ldots,m-1)$ la funzione di $\mathscr{U}$ soluzione del problema di DIRICHLET :

$$\mathscr{E}\,(\overline{h}_{r}) = 0 \ \text{in} \ A \ , \qquad \overline{h}_{r} = H_{r}\,(z) - H_{m}\,(z) \ \text{su} \ \Sigma \ .$$

Poniamo :

$$h_{r}\,(z) = H_{r}\,(z) - H_{m}\,(z) - \overline{h}_{r}\,(z).$$

195

La $h_r(z)$ è polidroma in $A - \zeta_r - \zeta_m$ ma le sue derivate prime sono ivi monodrome. Inoltre riesce:

$$\frac{\partial h_r}{\partial s} = 0 \ \text{su} \ \Sigma.$$

Le (39), assuntavi $v = h_r$, forniscono una funzione $u^{(m+r)}$ $(r = 1, 2, \ldots \ldots, m-1)$ di $\mathscr{2l}$ autosoluzione del problema.

Le funzioni $u^{(1)}, u^{(2)}, \ldots, u^{(2m-1)}, 1$ sono linearmente indipendenti in $A + \Sigma$. Infatti, in caso contrario, dalle (39) e (41) si trarrebbe l'esistenza di $2m$ costanti $c_1, c_2, \ldots, c_{2m}$ non tutte nulle tali che, per $z \in A - \zeta_1 - \ldots - \zeta_m$, sarebbe:

$$w(z) = \overset{m}{\underset{j=1}{\Sigma}} \, c_j \, g_j(z) + \overset{m-1}{\underset{r=1}{\Sigma}} \, c_{m+r} \, h_r(z) + c_{2m} \equiv 0 \, .$$

Se Γ_j è una circonferenza di centro ζ_j, contenuta in A, cui ogni ζ_h con $h \neq j$ è esterno, si ha:

$$\int_{\Gamma_j} \frac{\partial w}{\partial v} \, ds = c_j = 0 \qquad (j = 1, 2, \ldots, m)$$

$$\int_{\Gamma_{m+r}} \frac{\partial w}{\partial s} \, ds = c_{m+r} = 0 \qquad (r = 1, 2, \ldots, m-1)$$

e quindi anche $c_{2m} = 0$.

Il seguente lemma servirà a provare che ogni autosoluzione del problema è una combinazione lineare di quelle già trovate.

XII. *Siano X e Y due funzioni di classe uno in* $A + \Sigma -$ $- \zeta_1 - \ldots - \zeta_m$, *ivi verificanti le seguenti condizioni:*

$$X_y = Y_x, \ \frac{\partial}{\partial x}(a_{11} X + a_{12} Y) + \frac{\partial}{\partial y}(a_{21} X + a_{22} Y) = 0 \, ,$$

$$X \frac{dx}{ds} + Y \frac{dy}{ds} \equiv 0 \ \text{su} \ \Sigma,$$

$$X(z) = O(|z - \zeta_j|^{-1}), \qquad Y(z) = O(|z - \zeta_j|^{-1}) \qquad (j = 1, 2, \ldots, m).$$

Esistono allora e sono univocamente determinate $2m - 1$ *costanti:* $c_1, c_2, \ldots, c_{2m-1}$ *tali che si abbia:*

$$X(z) = \sum_{j=1}^{m} c_j \frac{\partial g_j}{\partial x} + \sum_{r=1}^{m-1} c_{m+r} \frac{\partial h_r}{\partial x},$$

$$Y(z) = \sum_{j=1}^{m} c_j \frac{\partial g_j}{\partial y} + \sum_{r=1}^{m-1} c_{m+r} \frac{\partial h_r}{\partial y} . \quad (^{18})$$

L'univocità delle c_h si consegue col medesimo ragionamento usato per dimostrare l'indipendenza lineare delle $u^{(h)}$. Proviamone l'esistenza.

Si assuma:

$$c_j = \int_{\Gamma_j} \left[(a_{11} X + a_{12} Y) \frac{dx}{dn} + (a_{21} X + a_{22} Y) \frac{dy}{dn} \right] ds \qquad (j = 1, 2, \ldots, m)$$

e per $m > 1$:

$$c_{m+r} = \int_{+\Gamma_j} (X dx + Y dy) \qquad (r = 1, 2, \ldots, m - 1).$$

Poniamo:

$$X_0(z) = X(z) - \sum_{j=1}^{m} c_j \frac{\partial g_j}{\partial x} - \sum_{r=1}^{m-1} c_{m+r} \frac{\partial h_r}{\partial x},$$

$$Y_0(z) = Y(z) - \sum_{j=1}^{m} c_j \frac{\partial g_j}{\partial y} - \sum_{r=1}^{m-1} c_{m+r} \frac{\partial h_r}{\partial y} .$$

Esiste una funzione $v_0(x)$ di classe due in $A + \Sigma - \zeta_1 - \ldots - \zeta_m$, ivi soluzione dell'equazione $\mathcal{E}(v_0) = 0$ e tale che:

$$\frac{\partial v_0}{\partial x} = X_0, \qquad \frac{\partial v_0}{\partial y} = Y_0 .$$

Riesce $\dfrac{\partial v_0}{\partial s} = 0$ su Σ e inoltre:

$$\frac{\partial v_0}{\partial x} = O(|z - \zeta_j|^{-1}), \qquad \frac{\partial v_0}{\partial y} = O(|z - \zeta_j|^{-1}) .$$

(^{18}) Nel caso $m = 1$ la seconda sommatoria, in ciascuno dei secondi membri, va soppressa.

Tali ultime condizioni implicano, come si prova con classici ragionamenti [19] :

$$v_0 = w_0 + \sum_{j=1}^{m} b_j\, G\,(z\,,\zeta_j)\,,$$

essendo w_0 di classe due in $A + \Sigma$ e :

$$b_j = \int_{\Gamma_j} \frac{\partial v_0}{\partial \nu}\, ds \qquad\qquad (j=1,2,\ldots,m)\,.$$

Ma riesce $b_j = 0$ $(j=1,2,\ldots,m)$ e quindi è $v_0 = w_0 \equiv costante$ in $A + \Sigma$. Segue da ciò la tesi.

Sia u_0 un'autosoluzione del problema. Sostituendola nei secondi membri delle (41), si ottengono due funzioni X e Y che verificano le ipotesi del lemma ora dimostrato. Da ciò segue che u_0 è una combinazione lineare delle seguenti : $u^{(1)}, u^{(2)}, \ldots, u^{(2m-1)}, 1$.

Si supponga ora $\varkappa = 2m + 1$ (m intero non negativo). Si scelga ζ_0 su Σ come nel n° precedente ed, eventualmente, $\zeta_1, \zeta_2, \ldots, \zeta_m$ in A.
Si ponga :

$$\overline{\omega}\,(z) = -\,\pi\gamma\,(z) + 2\pi \sum_{j=0}^{m} H_j(z)\,.$$

Col solito procedimento si determinano la Ω e la Λ e quindi le due funzioni $\mathcal{S}$-coniugate α e β, monodrome e continue in $A + \Sigma - \zeta_0 - \zeta_1 - \ldots - \zeta_m$, verificanti su Σ le (35) e per le quali può porsi :

$$\alpha\,(z) = \frac{\overline{\alpha}\,(z)}{\prod\limits_{j=0}^{m} \varrho\,(z\,,\zeta_j)}\,, \qquad \beta\,(z) = \frac{\overline{\beta}\,(z)}{\prod\limits_{j=0}^{m} \varrho\,(z\,,\zeta_j)}$$

con $\overline{\alpha}^2 + \overline{\beta}^2$ limitata in $A + \Sigma$. Sia c la costante data dalla (50) e $\overline{v}$ la funzione di $\mathfrak{A}$ soluzione del problema di DIRICHLET :

$$\mathcal{S}(\overline{v}) = 0 \text{ in } A\,, \qquad \overline{v} = \int_0^s \tau f\, d\sigma - 2c\, H_0\,(z) \text{ su } \Sigma\,.$$

[19] Cfr. [24] pag. 293.

13

Pòsto :

$$v(z) = \overline{v}(z) + 2c\,H_0(z)$$

e sostituita tale funzione nelle (39), si ottiene una soluzione del problema di derivata obliqua, appartenente ad $\mathfrak{A}$.

Nel caso $m = 0$ ogni autosoluzione del problema coincide con la costante, come si prova con l'ormai consueto ragionamento che impiega le (41) e sfruttando, in più, la circostanza che ogni soluzione di $\mathcal{E}(v) = 0$ di classe uno in $A + \Sigma - \zeta_0$, tale che $v = 0$ su Σ, $v_x(z) = O(\,|\,z - \zeta_0\,|^{-1})$, $v_y(z) = O(\,|\,z - \zeta_0\,|^{-1})$ è identicamente nulla in $A + \Sigma$.

Per $m > 0$ si costruiscono le $2m - 1$ autosoluzioni $u^{(1)}, u^{(2)}, \dots$ $\dots, u^{(2m-1)}$ già considerate nel caso $\varkappa$ pari. In più si costruisce l'autosoluzione $u^{(2m)}$ al modo seguente. Si considera la soluzione $\overline{h}_m$ del problema di DIRICHLET :

$$\mathcal{E}(\overline{h}_m) = 0 \text{ in } A \,, \qquad \overline{h}_m = H_0(z) - \frac{1}{2}H_m(z) \text{ su } \Sigma\,.$$

Quindi, pòsto : $h_m = H_0 - \dfrac{1}{2}H_m - \overline{h}_m$ e sostituita la h_m nelle (39), si ottiene la $u^{(2m)}$.

La indipendenza delle autosoluzioni $u^{(1)}, u^{(2)}, \dots, u^{(2m)}, 1$ si prova con ragionamento analogo a quello fatto nel caso precedente e così pure la circostanza che ogni autosoluzione del problema è una combinazione lineare di quelle ora trovate.

I risultati ottenuti si compendiano nel seguente teorema :

XIII. *Se $\varkappa$ è positivo, esiste una autosoluzione in $\mathfrak{A}$ del problema (31), (32), comunque si assegni $f(z)$ in $\mathcal{C}_k^{(0)}(\Sigma)$. Il problema ammette inoltre $\varkappa$ e non più di $\varkappa$ autosoluzioni linearmente indipendenti.*

10. — Risultati conclusivi della discussione dei varî casi nel problema di derivata obliqua.

La seguente tabella riassume i risultati relativi ai vari casi che si presentano nella discussione espletata nei n^i precedenti, del problema della derivata obliqua (31), (32) nella classe $\mathfrak{A}$.

$\varkappa$	Condizioni di compatibilità	Dimensione dell'insieme delle autosoluzioni
$\varkappa = 0$	1	1
$\varkappa < 0$	$-\varkappa + 1$	1
$\varkappa > 0$	0	$\varkappa$

È opportuno notare che:

XIV. *La differenza fra la dimensione dell'insieme delle auto-soluzioni nel problema di derivata obliqua* (31), (32) *in* $\mathfrak{A}$ *e il numero delle condizioni di compatibilità cui deve soddisfare il termine noto* f, *è sempre uguale a* $\varkappa$.

CAP. III.

EQUAZIONI INTEGRALI SINGOLARI
SU UNA CURVA CHIUSA.

1. — Classe H e operatore integrale singolare.

In relazione alla solita curva Σ, semplice e chiusa di classe $\mathcal{C}_h^{(1)}$, consideriamo le classi $\mathcal{C}_k^{(0)}(\Sigma)$ per ogni k tale che $0 < k \leq 1$. Diremo classe H la unione di tutte queste classi.

Fissato $p > 1$, sia $M(z, \zeta)$ un nucleo definito quasi ovunque in $\Sigma \times \Sigma$ e tale che la trasformazione:

$$\mathfrak{M}(\varphi) = \int_{\Sigma} M(z, \zeta)\, \varphi(\zeta)\, d_\zeta s$$

sia definita per ogni $\varphi \in \mathcal{L}^{(p)}(\Sigma)$, abbia codominio contenuto in $\mathcal{L}^{(p)}(\Sigma)$ e sia totalmente continua in tale spazio.

Chiameremo brevemente una trasformazione come la $\mathfrak{M}(\varphi)$ un *operatore integrale regolare*.

Più in generale, allorchè in seguito, fissato p, parleremo di *operatore regolare* in $\mathcal{L}^{(p)}(\Sigma)$, intenderemo riferirci ad una qualsiasi trasformazione lineare di $\mathcal{L}^{(p)}(\Sigma)$ in sè, la quale sia totalmente continua.

Sia $K(z, \zeta)$ un nucleo singolare di tipo ellittico, secondo la definizione data nel n. 2 del cap. I. Consideriamo la trasformazione:

$$\mathcal{K}(\varphi) = \frac{1}{\pi} \int_{\Sigma} K(z, \zeta)\, \varphi(\zeta)\, d\, s_\zeta\,.$$

la quale è certamente definita per ogni $\varphi \in H$ ed ha codominio contenuto in $\mathcal{C}^{(0)}(\Sigma)$. Siano $p(z)$ e $q(z)$ due funzioni complesse appartenenti ad H.

Definiremo al modo seguente l'*operatore (integrale) singolare* $\mathcal{S}$:

(1) $\mathcal{S}(\varphi) = p(z)\, \varphi(z) - q(z)\, \mathcal{K}(\varphi) + \mathcal{M}(\varphi)\,.$

Esso assume significato per ogni $\varphi \in H$ e il suo codominio è contenuto in $\mathcal{L}^{(p)}(\Sigma)$. Ci occuperemo in seguito del suo prolungamento a tutto $\mathcal{L}^{(p)}(\Sigma)$.

2. — Forme canoniche dell'operatore singolare $\mathcal{S}$.

Dicendo che la funzione $Q(z, \zeta)$ definita in $E \subset \Sigma \times \Sigma$ appartiene a $\mathcal{C}_k^{(0)}(E)$, intendiamo che esistono due costanti L e k con $L > 0$ e $0 < k \le 1$, tali che per $(z, \zeta) \in E$, $(z', \zeta') \in E$ su Σ riesca:

$$|\, Q(z', \zeta') - Q(z, \zeta)\,| \le L\,(\,|\, z' - z\,|^k + |\, \zeta' - \zeta\,|^k)\,.$$

È evidente che se è $Q(z, \zeta) \in \mathcal{C}_k^{(0)}(\Sigma \times \Sigma)$, allora è $Q(z, z) \in \mathcal{C}_k^{(0)}(\Sigma)$. Poniamo:

$$Q_1(z, \zeta) \begin{cases} = \dfrac{\xi - x}{\widehat{z\zeta}} & \text{per } z \ne \zeta\,, \\[2mm] = \dfrac{dx}{ds} & \text{per } z = \zeta\,, \end{cases}$$

$$Q_2(z, \zeta) \begin{cases} = \dfrac{\eta - y}{\widehat{z\zeta}} & \text{per } z \ne \zeta\,, \\[2mm] = \dfrac{dy}{ds} & \text{per } z = \zeta\,. \end{cases}$$

A $\widehat{z\zeta}$ attribuiamo il significato datogli al n. 2 del cap. I. Sia E_ε l'insieme dei punti (z, ζ) di $\Sigma \times \Sigma$ tali che $\big[\widehat{z\zeta}\big] \le \varepsilon$ $(0 < 2\varepsilon < \text{lungh. } \Sigma)$.

È evidente che $Q_h(z,\zeta)$ $(h=1,2)$ è continua in E_ε. Si può in più affermare che:

     I. *Nelle solite ipotesi per* Σ, *le funzioni* $Q_1(z,\zeta)$ *e* $Q_2(z,\zeta)$ *appartengono a* $\mathcal{C}_h^{(0)}(E_\varepsilon)$ [1].

Si ha infatti:

$$Q_1(z,\zeta) = \int_0^1 x'[t\,\widehat{z\zeta}]\,dt\,, \qquad Q_2(z,\zeta) = \int_0^1 y'[t\,\widehat{z\zeta}]\,dt\,,$$

donde facilmente la tesi.

Da questo lemma segue immediatamente che, detto $\overline{\zeta}$ il coniugato di ζ, posto:

$$(2) \qquad \mu(z,\zeta)\begin{cases} = \dfrac{d\overline{\zeta}}{ds}\,\dfrac{z-\zeta}{\varrho(z,\zeta)}\,\dfrac{\partial}{\partial s_z}\varrho(z,\zeta) & \text{per} \quad z \neq \zeta\,, \\[3mm] = 1 & \text{per} \quad z = \zeta\,, \end{cases}$$

la $\mu(z,\zeta)$ appartiene a $\mathcal{C}_h^{(0)}(\Sigma \times \Sigma)$. Si ha quindi:

$$(3) \qquad \mathcal{K}(\varphi) = \frac{1}{\pi}\int_{+\Sigma}\frac{\mu(z,\zeta)\,\varphi(\zeta)}{z-\zeta}\,d\zeta + \mathcal{M}_1(\varphi)\,,$$

essendo $\mathcal{M}_1(\varphi)$ un operatore integrale regolare (cfr. la dimostrazione del teor. VI di questo capitolo).

L'operatore singolare $\mathcal{S}(\varphi)$ assume pertanto la forma seguente:

$$(4) \qquad \mathcal{S}(\varphi) = p(z)\,\varphi(z) + \frac{q(z)}{\pi}\int_{+\Sigma}\frac{\varphi(\zeta)}{\zeta-z}\,d\zeta + \mathcal{T}(\varphi)\,,$$

avendo posto:

$$\mathcal{T}(\varphi) = \mathcal{M}(\varphi) + q(z)\,\mathcal{M}_1(\varphi) + \frac{q(z)}{\pi}\int_{+\Sigma}\frac{\mu(z,\zeta)-\mu(z,z)}{z-\zeta}\,\varphi(\zeta)\,d\zeta\,;$$

quindi $\mathcal{T}(\varphi)$ è un operatore integrale regolare (cfr. teor. VI).

---

[1] Cfr. [21], pag. 19.

La (4) dicesi la *prima forma canonica* dell'operatore integrale singolare $\mathcal{S}$. Posto :

(5)
$$\mathcal{S}_0(\varphi) = \frac{1}{\pi} \int\limits_{+\Sigma} \frac{\varphi(\zeta)}{\zeta - z} \, d\zeta \, ,$$

scriveremo brevemente la (4) in questo modo :

(4)
$$\mathcal{S}(\varphi) = p(z)\,\varphi(z) + q(z)\,\mathcal{S}_0(\varphi) + \mathcal{C}(\varphi) \, .$$

Si ha d'altra parte :

$$\mathcal{S}_0(\varphi) = -\frac{1}{\pi} \int\limits_{\Sigma} \varphi(\zeta) \frac{\partial}{\partial s_z} \log | z - \zeta | \, ds_\zeta + \mathcal{C}_0(\varphi)$$

con $\mathcal{C}_0(\varphi)$ regolare, sicchè posto :

(6)
$$\mathcal{K}_0(\varphi) = \frac{1}{\pi} \int\limits_{\Sigma} \varphi(\zeta) \frac{\partial}{\partial s_z} \log | z - \zeta | \, ds_\zeta \, ,$$

$$\mathcal{C}_1(\varphi) = q\,\mathcal{C}_0(\varphi) + \mathcal{C}(\varphi) \, ,$$

abbiamo la *seconda forma canonica* per $\mathcal{S}$:

(7)
$$\mathcal{S}(\varphi) = p(z)\,\varphi(z) - q(z)\,\mathcal{K}_0(\varphi) + \mathcal{C}_1(\varphi) \, .$$

È ovvio che l'operatore $\mathcal{C}_1(\varphi)$ è regolare.

Si è così dimostrato che :

II. *L'operatore integrale singolare* $\mathcal{S}(\varphi)$ *può sempre mettersi sotto la forma* (4) (*prima forma canonica*) *o sotto la* (7) (*seconda forma canonica*).

Vedremo in seguito che tali rappresentazioni dell'operatore $\mathcal{S}$ sono univocamente determinate da $\mathcal{S}$.

3. — Appartenenza ad *H* della funzione trasformata.

Sussiste il seguente importante lemma :

III. *Se* $\varphi(z, \zeta)$ *appartiene a* $\mathcal{C}_k^{(0)}(\Sigma \times \Sigma)$, *la funzione :*

$$\psi(z, w) = \int\limits_{+\Sigma} \frac{\varphi(\zeta, w)}{\zeta - z} \, d\zeta$$

appartiene a $\mathcal{C}^{(0)}_{k'}(\Sigma \times \Sigma)$ *con* $k' = k - \varepsilon$ ($\varepsilon > 0$ *arbitrario*) [2].

Siano z e z' due punti di Σ. Poniamo $a = z' - z$ e $\sigma = \widehat{zz'}$. Possiamo supporre $\sigma > 0$ e tale inoltre che z sia contenuto in un arco di curva Λ, di estremi z_1 e z_2, di lunghezza 4σ, siffatto che $\widehat{z_1 z} = \widehat{zz_2} = 2\sigma$. Si ha:

$$\psi(z + a, w) - \psi(z, w) - i\pi[\varphi(z + a, w) - \varphi(z, w)] =$$

$$= \int_{+\Sigma} \left\{ \frac{\varphi(\zeta, w) - \varphi(z + a, w)}{\zeta - z - a} - \frac{\varphi(\zeta, w) - \varphi(z, w)}{\zeta - z} \right\} d\zeta = I_0 + I$$

essendo I_0 l'integrale esteso a Λ ed I la parte residua. Poichè è:

$$|\varphi(z + a, w) - \varphi(\zeta, w)| \leq L |z + a - \zeta|^k,$$

$$|\varphi(z, w) - \varphi(\zeta, w)| \leq L |z - \zeta|^k,$$

riesce, come si constata con semplici calcoli:

$$|I_0| \leq L \int_{\Lambda} |z + a - \zeta|^{k-1} ds + L \int_{\Lambda} |z - \zeta|^{k-1} ds \leq L_0 |a|^k,$$

essendo L_0 una costante positiva. Si ha inoltre:

$$I = I_1 + I_2$$

con

$$I_1 = \int_{+(\Sigma - \Lambda)} \frac{\varphi(z, w) - \varphi(z + a, w)}{\zeta - z} d\zeta, \quad I_2 = a \int_{+(\Sigma - \Lambda)} \frac{\varphi(\zeta, w) - \varphi(z + a, w)}{(\zeta - z - a)(\zeta - z)} d\zeta.$$

Si ha, detta L_1 una costante positiva:

$$|I_1| \leq L |a|^k \left| \log \frac{z_1 - z}{z_2 - z} \right| \leq L_1 |a|^k.$$

Posto $\tau = \dfrac{|a|}{|\zeta - z|}$, si osservi che τ è limitato per ζ variabile in $\Sigma - \Lambda$ da un numero indipendente da a. Riesce pertanto, dette

---

(2) La dimostrazione qui esposta del lemma è quella contenuta in [21] pagg. 47-50.

L_2, L_3, ... costanti positive:

$$|I_2| \leq L\,|\,a\,|\int\limits_{\Sigma-\Lambda} \frac{ds}{|\,\zeta-z\,|\,|\,\zeta-z-a\,|^{1-k}} \leq$$

$$\leq L\,|\,a\,|\int\limits_{\Sigma-\Lambda} \frac{ds}{|\,\zeta-z\,|^{2-k}(1-\tau)^{1-k}} \leq L_2\,|\,a\,|\int\limits_{\Sigma-\Lambda} \frac{ds}{|\,\zeta-z\,|^{2-k}}\,.$$

Pertanto:

$$|I_2|\begin{cases} \leq L_3\,|\,a\,|^k & \text{se}\quad k<1\,,\\[2mm] \leq L_3\,|\,a\,|\,|\log|\,a\,|\,| & \text{se}\quad k=1\,. \end{cases}$$

È così provato che:

(8) $$|\,\psi\,(z'\,,\,w) - \psi\,(z\,,\,w)\,| \leq L_4\,|z'-z\,|^{k'}$$

con L_4 e k' indipendenti da w.

Siano ora w' e w due punti di Σ. Si ponga $b = w' - w$. Si ha:

$$|\,\psi\,(z\,,\,w') - \psi\,(z\,,\,w)\,| =$$

$$= \int\limits_{+\Sigma} \frac{[\varphi\,(\zeta\,,\,w+b) - \varphi\,(z\,,\,w+b)] - [\varphi\,(\zeta\,,\,w) - \varphi\,(z\,,\,w)]}{\zeta-z}\,d\zeta +$$

$$+ [\varphi\,(z\,,\,w+b) - \varphi\,(z\,,\,w)]\int\limits_{+\Sigma} \frac{d\zeta}{\zeta-z}\,.$$

Indicato con J il primo integrale al secondo membro, e detto Λ l'arco dianzi considerato, assunto ora di lunghezza $4\sigma = 4\,|\,b\,|$, centrato nel punto z, si ha:

$$J = J_1 + J_2$$

dove J_1 indica l'integrale esteso a Λ e J_2 la parte residua. Riesce:

$$|\,J_1\,| \leq 2L\int\limits_{\Lambda} \frac{ds}{|\,\zeta-z\,|^{1-k}} \leq L_5\,|\,b\,|^k\,,$$

$$|\,J_2\,| = \left|\int\limits_{+(\Sigma-\Lambda)} \frac{\varphi\,(\zeta\,,\,w+b) - \varphi\,(\zeta\,,\,w)}{\zeta-z}\,d\zeta - [\varphi\,(z\,,\,w+b) - \varphi\,(z\,,\,w)]\int\limits_{+(\Sigma-\Lambda)} \frac{d\zeta}{\zeta-z}\right| \leq$$

$$\leq L\,|\,b\,|^k\int\limits_{\Sigma-\Lambda} \frac{ds}{|\,\zeta-z\,|} + L_6\,|\,b\,|^k \leq |\,b\,|^k \log\frac{L_7}{|\,b\,|}\,.$$

Si ha pertanto:

$$(9) \qquad |\psi(z,w') - \psi(z,w)| \le L_8 |w' - w|^{k'}$$

con L_8 indipendente da z. Da (8) e (9) segue la tesi.

Osservazione. — Si noti che nella dimostrazione del lemma si è soltanto sfruttata l'appartenenza di Σ alla classe $\mathcal{C}^{(1)}$ e non quella a $\mathcal{C}_h^{(1)}$.

Dal lemma dimostrato segue:

IV. *Sia Σ di classe $\mathcal{C}_h^{(1)}$ e si ponga:*

$$K(z,\zeta) = \frac{\partial}{\partial s_z} \log \varrho(z,\zeta).$$

Il codominio della trasformazione $\mathcal{K}(\varphi)$ per $\varphi \in H$ è contenuto in H.

Ciò è conseguenza immediata della (3), nella quale, con l'attuale assunzione di $K(z,\zeta)$, riesce $\mathcal{M}_1(\varphi) \equiv 0$.

Diremo che un operatore integrale regolare è *H-regolare* se trasforma ogni funzione di H in una funzione appartenente ad H.

Indicheremo brevemente con $\mathcal{S}(H)$ il codominio dell'operatore $\mathcal{S}$ quando φ varia in H.

Dai teoremi III e IV consegue ovviamente il seguente.

V. *Il codominio $\mathcal{S}(H)$ dell'operatore integrale singolare $\mathcal{S}$ è contenuto in H allora e allora soltanto che l'operatore regolare $\mathcal{C}$ (oppure $\mathcal{C}_0$) che compare nella (4) (nella (7)) è H-regolare.*

È utile il seguente lemma che fornisce un'importante classe di operatori *H*-regolari.

VI. *È H-regolare ogni operatore regolare $\mathcal{M}$ il cui nucleo possa mettersi sotto la forma seguente:*

$$M(z,\zeta) = \frac{\gamma(z,\zeta)}{\zeta - z}$$

con $\gamma(z,\zeta)$ appartenente a $\mathcal{C}_k^{(0)}(\Sigma \times \Sigma)$ e tale che $\gamma(z,\zeta) = O(|z-\zeta|^k)$ $(k > 0)$.

L'appartenenza di $\mathcal{M}(\varphi)$ ad H è assicurata dal teorema IV. Si ha inoltre, dette C_1, C_2, C_3 costanti positive:

$$|\mathcal{M}(\varphi)|^p \le C_1 \left(\int_{\Sigma} \frac{|\varphi(\zeta)|}{|z-\zeta|^{1-h}} ds_\zeta \right)^p = C_1 \left(\int_{\Sigma} \frac{|\varphi(\zeta)| ds_\zeta}{|z-\zeta|^{\frac{1-h}{p}} |z-\zeta|^{\frac{1-h}{q}}} \right)^p \le$$

$$\leq C_1 \int_{\Sigma} \frac{|\varphi(\zeta)|^p}{|z-\zeta|^{1-h}} \, ds_\zeta \left(\int_{\Sigma} \frac{ds_\zeta}{|z-\zeta|^{1-h}} \right)^{p/q} \leq C_2 \int_{\Sigma} \frac{|\varphi(\zeta)|^p}{|z-\zeta|^{1-h}} \, ds_\zeta$$

e quindi :

$$\| \mathfrak{M}(\varphi) \|_p \leq C_3 \| \varphi \|_p \, ,$$

che prova la continuità di $\mathfrak{M}(\varphi)$ in $\mathcal{L}^{(p)}(\Sigma)$. Per la dimostrazione della totale continuità di $\mathfrak{M}(\varphi)$ rimandiamo a [33] (pag. 326, esempio F).

Si noti che $\mathfrak{M}(\varphi)$ è definito per ogni $\varphi \in \mathcal{L}^{(p)}(\Sigma)$ e l'elemento $\psi(z)$ di $\mathcal{L}^{(p)}(\Sigma)$, che corrisponde a φ, tramite la $\mathfrak{M}$, è dato dall'integrale :

$$\int_{\Sigma} \varphi(\zeta) \frac{\gamma(z,\zeta)}{\zeta-z} \, ds_\zeta \, ;$$

il cui integrando è sommabile in corrispondenza ad ogni z, punto di LEBESGUE per φ, come facilmente si prova.

4. — Proprietà degli operatori integrali singolari.

Poniamo :

(10)
$$\mathcal{H}^*(\varphi) = \frac{1}{\pi} \int_{\Sigma} K(\zeta, z) \, \varphi(\zeta) \, ds_\zeta \, .$$

Tale integrale esiste come integrale singolare, con la consueta famiglia degli insiemi di esclusione, se φ appartiene ad H. Diciamo $\mathfrak{M}^*(\varphi)$ la trasformazione aggiunta della $\mathfrak{M}(\varphi)$, cioè quella trasformazione tale che per ogni ψ appartenente allo spazio $\mathcal{L}^{(q)}(\Sigma)$, duale di $\mathcal{L}^{(p)}(\Sigma)$, si abbia :

$$\langle \psi, \mathfrak{M}(\varphi) \rangle = \langle \mathfrak{M}^*(\psi), \varphi \rangle \, ,$$

avendo posto :

$$\langle u, v \rangle = \int_{\Sigma} uv \, ds \, .$$

L'operatore così definito per $\varphi \in H$:

(11)
$$\mathcal{S}^*(\varphi) = p(z) \, \varphi(z) - \mathcal{H}^*(q\varphi) + \mathfrak{M}^*(\varphi) \, ,$$

dicesi l'operatore aggiunto dell'operatore integrale singolare $\mathcal{S}(\varphi)$. Fatte le posizioni analoghe della (10):

$$\mathcal{S}_0^*(\varphi) = \frac{1}{\pi} \int\limits_{+\Sigma} \frac{\varphi(\zeta)}{z - \zeta}\, d\zeta\,; \qquad \mathcal{H}_0^*(\varphi) = \frac{1}{\pi} \int\limits_{\Sigma} \varphi(\zeta)\, \frac{\partial}{\partial s_\zeta} \log |\, z - \zeta\,|\, ds_\zeta,$$

l'operatore $\mathcal{S}^*(\varphi)$ può mettersi sotto le forme seguenti:

(12) $$\mathcal{S}^*(\varphi) = p(z)\, \varphi(z) + \mathcal{S}_0^*(q\varphi) + \mathcal{C}^*(\varphi)$$

(13) $$\mathcal{S}^*(\varphi) = p(z)\, \varphi(z) - \mathcal{H}_0^*(q\varphi) + \mathcal{C}_1^*(\varphi)$$

con ovvio significato di $\mathcal{C}^*$ e $\mathcal{C}_1^*$.

VII. *Se φ e ψ sono due funzioni di H si ha:*

(14) $$\langle\, \psi\,, \mathcal{S}(\varphi)\,\rangle = \langle\, \mathcal{S}^*(\psi)\,, \varphi\,\rangle.$$

Basta ovviamente limitarsi a provare che:

(15) $$\langle\, \psi\,, \mathcal{H}_0(\varphi)\,\rangle = \langle\, \mathcal{H}_0^*(\psi)\,, \varphi\,\rangle.$$

La (15) è verificata assumendo $\psi \equiv 1$. Difatti, posto:

(16) $$v(z) = \frac{1}{\pi} \int\limits_{\Sigma} \varphi(\zeta) \log |\, z - \zeta\,|\, ds_\zeta$$

si ha, tenendo presente il teor. XIII del cap. I:

$$\langle\, 1\,, \mathcal{H}_0(\varphi)\,\rangle = \int\limits_{\Sigma} \frac{\partial v}{\partial s}\, ds = 0\,,$$

ed inoltre:

$$\langle\, \mathcal{H}_0^*(1)\,, \varphi\,\rangle = \frac{1}{\pi} \int\limits_{\Sigma} \varphi(z)\, ds_z \int\limits_{\Sigma} \frac{\partial}{\partial s_\zeta} \log |\, z - \zeta\,|\, ds_\zeta = 0\,,$$

dato che (cfr. la dimostrazione del teor. II dal cap. I):

$$\int\limits_{\Sigma} \frac{\partial}{\partial s_\zeta} \log |\, z - \zeta\,|\, ds_\zeta \equiv 0\,.$$

Sia ora $\psi(z)$ una arbitraria funzione di $\mathcal{C}_k^{(0)}(\Sigma)$. Si ha:

$$\varphi(z)[\psi(\zeta)-\psi(z)]\frac{\partial}{\partial s_\zeta}\log\mid z-\zeta\mid\,=0\left(\frac{1}{\mid z-\zeta\mid^{1-k}}\right),$$

pertanto la funzione a primo membro è sommabile in $\Sigma\times\Sigma$. Applicando il teorema di riduzione degli integrali multipli, si ha:

$$\iint\limits_{\Sigma\times\Sigma}\varphi(z)[\psi(\zeta)-\psi(z)]\frac{\partial}{\partial s_\zeta}\log\mid z-\zeta\mid ds_z ds_\zeta=$$

$$=\int\limits_\Sigma\varphi(z)\,ds_z\int\limits_\Sigma[\psi(\zeta)-\psi(z)]\frac{\partial}{\partial s_\zeta}\log\mid z-\zeta\mid ds_\zeta=$$

$$=\left\langle\,\mathcal{K}_0^*(\psi)\,,\,\varphi\,\right\rangle-\left\langle\,\mathcal{K}_0^*(1)\,,\,\varphi\psi\,\right\rangle.$$

Ma si ha anche:

$$\iint\limits_{\Sigma\times\Sigma}\varphi(z)[\psi(\zeta)-\psi(z)]\frac{\partial}{\partial s_\zeta}\log\mid z-\zeta\mid ds_z ds_\zeta=$$

$$=\int\limits_\Sigma ds_\zeta\int\limits_\Sigma\varphi(z)[\psi(\zeta)-\psi(z)]\frac{\partial}{\partial s_\zeta}\log\mid z-\zeta\mid ds_z=$$

$$=\left\langle\,\psi\,,\,\mathcal{K}_0(\varphi)\,\right\rangle-\left\langle\,1\,,\,\mathcal{K}_0(\varphi\psi)\,\right\rangle.$$

Resta quindi provata la (15).

VIII. *Se $\mathcal{R}$ è un operatore tale che $\mathcal{R}^*$ sia H-regolare, per φ e ψ in H si ha:*

(17) $$\left\langle\,\psi\,,\,\mathcal{R}\mathcal{S}(\varphi)\,\right\rangle=\left\langle\,\mathcal{S}^*\mathcal{R}^*(\psi)\,,\,\varphi\,\right\rangle.$$

È un'ovvia conseguenza del teorema VII.

IX. *Posto per w e ζ su Σ $(w\neq\zeta)$:*

(18) $$L(w,\zeta)=\int\limits_\Sigma\frac{\partial}{\partial s_w}\log\mid w-z\mid\frac{\partial}{\partial s_z}\log\mid z-\zeta\mid ds_z,$$

si ha:

(18′) $$L(w,\zeta)=\int\limits_\Sigma\frac{\partial}{\partial n_w}\log\mid w-z\mid\frac{\partial}{\partial n_z}\log\mid z-\zeta\mid ds_z.$$

L'integrale (18) che definisce $L(w, \zeta)$ è da intendersi ovviamente come integrale singolare. Siano w' e ζ' due punti esterni ad $A + \Sigma$ posti, rispettivamente, sulle normali, n_w^- ed n_ζ^-, esterne a Σ, nei punti w e ζ. Si ha (teoremi X e XII del cap. I):

$$L(w, \zeta) = \lim_{w' \to w} \frac{\partial}{\partial s_w} \left[\lim_{\zeta' \to \zeta} \int_\Sigma \log |w - z| \frac{\partial}{\partial s_z} \log |z - \zeta'| \, ds_z \right].$$

Diciamo $\Theta_{w'}(z)$ una determinazione monodroma in $A + \Sigma$ della funzione (anomalia di z rispetto al polo w') introdotta a pag. 60. Si ha, con semplici applicazioni della formula di GREEN:

$$\int_\Sigma \log |w' - z| \frac{\partial}{\partial s_z} \log |z - \zeta'| \, ds_z = - \int_\Sigma \Theta_{w'}(z) \frac{\partial}{\partial n_z} \log |z - \zeta'| \, ds_z$$

e quindi (teor. XIV, cap. I):

$$\lim_{\zeta' \to \zeta} \int_\Sigma \log |w' - z| \frac{\partial}{\partial s_z} \log |z - \zeta'| \, ds_z = - \pi \Theta_{w'}(\zeta) -$$
$$- \int_\Sigma \Theta_{w'}(z) \frac{\partial}{\partial n_z} \log |z - \zeta| \, ds_z.$$

Riesce d'altra parte:

$$\frac{\partial}{\partial s_w} \Theta_{w'}(z) = - \frac{\partial}{\partial n_w} \log |w' - z|.$$

Ne segue:

$$(19) \quad \frac{\partial}{\partial s_w} \left[\lim_{\zeta' \to \zeta} \int_\Sigma \log |w' - z| \frac{\partial}{\partial s_z} \log |z - \zeta'| \, ds_z \right] = \pi \frac{\partial}{\partial n_w} \log |w' - \zeta| +$$
$$+ \int_\Sigma \frac{\partial}{\partial n_w} \log |w' - z| \frac{\partial}{\partial n_z} \log |z - \zeta| \, ds_z$$

e pertanto (teor. XIV cap. I):

$$L(w, \zeta) = + \pi \frac{\partial}{\partial n_w} \log |w - \zeta| - \pi \frac{\partial}{\partial n_w} \log |w - \zeta| +$$
$$+ \int_\Sigma \frac{\partial}{\partial n_w} \log |w - z| \frac{\partial}{\partial n_z} \log |z - \zeta| \, ds_z.$$

X. *Per ogni* $\varphi \in H$ *si ha*:

$$(20) \qquad \int_{\Sigma} \frac{\partial}{\partial s_w} \log | w - z | \, ds_z \int_{\Sigma} \varphi(\zeta) \frac{\partial}{\partial s_z} \log | z - \zeta | \, ds_\zeta =$$

$$= - \pi^2 \varphi(w) + \int_{\Sigma} \varphi(\zeta) L(w, \zeta) \, ds_\zeta .$$

Attribuendo a w' e ζ' lo stesso significato dato loro nella dimostrazione del teorema precedente e tenendo presente la (15) e la (19), si ha:

$$\int_{\Sigma} \frac{\partial}{\partial s_w} \log | w - z | \, ds_z \int_{\Sigma} \varphi(\zeta) \frac{\partial}{\partial s_z} \log | z - \zeta | \, ds_\zeta =$$

$$= \lim_{w' \to w} \frac{\partial}{\partial s_w} \int_{\Sigma} \log | w' - z | \, ds_z \int_{\Sigma} \varphi(\zeta) \frac{\partial}{\partial s_z} \log | z - \zeta | \, ds_\zeta =$$

$$= \lim_{w' \to w} \int_{\Sigma} \varphi(\zeta) \frac{\partial}{\partial s_w} \left[\lim_{\zeta' \to \zeta} \int_{\Sigma} \log | w' - z | \frac{\partial}{\partial s_z} \log | z - \zeta' | \, ds_z \right] ds_\zeta =$$

$$= \lim_{w' \to w} \pi \int_{\Sigma} \varphi(\zeta) \frac{\partial}{\partial n_w} \log | w' - \zeta | \, ds_\zeta +$$

$$+ \lim_{w' \to w} \int_{\Sigma} \frac{\partial}{\partial n_w} \log | w' - z | \, ds_z \int_{\Sigma} \varphi(\zeta) \frac{\partial}{\partial n_z} \log | z - \zeta | \, ds_\zeta =$$

$$= - \pi^2 \varphi(w) + \pi \int_{\Sigma} \varphi(\zeta) \frac{\partial}{\partial n_w} \log | w - \zeta | \, ds_\zeta -$$

$$- \pi \int_{\Sigma} \varphi(\zeta) \frac{\partial}{\partial n_w} \log | w - \zeta | \, ds_\zeta +$$

$$+ \int_{\Sigma} \frac{\partial}{\partial n_w} \log | w - z | \, ds_z \int_{\Sigma} \varphi(\zeta) \frac{\partial}{\partial n_z} \log | z - \zeta | \, ds_\zeta .$$

Indicato con $\mathcal{L}(\varphi)$ l'operatore integrale avente per nucleo $\pi^{-2} L(w, \zeta)$, la (20) può scriversi al modo seguente:

$$(21) \qquad \mathcal{K}_0 \mathcal{K}_0 (\varphi) = - \varphi + \mathcal{L}(\varphi) .$$

L'operatore $\mathcal{L}$ è regolare, come segue dalla (18′) e dal lemma IV del capitolo I.

È evidente che proprietà analoga alla (21) sussiste per gli operatori $\mathcal{K}(\varphi)$ ed $\mathcal{S}_0(\varphi)$ considerati nel n. 2 [3].

Dimostriamo ora un fondamentale teorema.

XI. *Fissato* $p > 1$, *ad ogni operatore integrale singolare* $\mathcal{S}$ *è associata una costante* C_p *tale che per ogni* $\varphi \in H$ *riesce*:

(22) $$\| \mathcal{S}(\varphi) \|_p \leq C_p \| \varphi \|_p .$$

Assumiamo per $\mathcal{S}(\varphi)$ la seconda forma canonica (7). Basta limitarsi a provare che:

$$\| \mathcal{K}_0(\varphi) \|_p \leq C_p^{(0)} \| \varphi \|_p .$$

---

[3] Dal teorema dimostrato può facilmente dedursi la classica formula di inversione degli integrali singolari di CAUCHY, nota col nome di *formola di inversione di* POINCARÉ-BERTRAND. Detta $A(z, \zeta)$ una funzione appartenente a $\mathcal{C}_h^{(0)}(\Sigma \times \Sigma)$, detta formola è la seguente :

(∗) $$\int\limits_{+\Sigma} \frac{dz}{z - w} \int\limits_{+\Sigma} \frac{A(z, \zeta)\, d\zeta}{\zeta - z} = - \pi^2 A(w, w) + \int\limits_{+\Sigma} d\zeta \int\limits_{+\Sigma} \frac{A(z, \zeta)\, dz}{(z - w)(\zeta - z)} .$$

Essa si ottiene dimostrando prima, con procedimenti analoghi a quelli seguiti nelle dimostrazioni dei teoremi IX e X, che per ogni nucleo $M(z, \zeta)$ verificante le ipotesi del lemma IV, si ha :

$$\int\limits_{\Sigma} \frac{\partial}{\partial s_w} \log |z - w|\, ds_z \int\limits_{\Sigma} M(z, \zeta)\, ds_\zeta = \int\limits_{\Sigma} ds_\zeta \int\limits_{\Sigma} M(z, \zeta) \frac{\partial}{\partial s_w} \log |z - w|\, ds_z$$

$$\int\limits_{\Sigma} M(w, z)\, ds_z \int\limits_{\Sigma} \frac{\partial}{\partial s_z} \log |z - \zeta|\, ds_\zeta = \int\limits_{\Sigma} ds_\zeta \int\limits_{\Sigma} M(w, z) \frac{\partial}{\partial s_z} \log |z - \zeta|\, ds_z .$$

Successivamente, tenendo conto che si ha :

$$\frac{1}{\zeta - z} d\zeta = \left[- \frac{\partial}{\partial s_z} \log |z - \zeta| + M(z, \zeta) \right],$$

con $M(z, \zeta)$ del tipo anzidetto, e scrivendo nel primo membro della (∗): $A(z, \zeta) = [A(z, \zeta) - A(\zeta, \zeta)] + A(\zeta, \zeta)$, con facili passaggi si trae la (∗).

Per una dimostrazione della (∗) in ipotesi di notevole generalità cfr. [30].

Consideriamo in $A + \Sigma$ la funzione:

$$u(z) = \frac{1}{\pi} \int_{\Sigma} \varphi(\zeta) \log |z - \zeta| \, ds_\zeta ;$$

essa è — per $\varphi \in H$ — di classe $\mathcal{C}^{(1)}(A + \Sigma)$ (teor. XIII, cap. I), inoltre è armonica in A. Può ad essa applicarsi la (30) del cap. II (nella quale si mutano le veci di p e q) e si ha (nel caso attuale è $\nu \equiv n$):

$$(23) \qquad \| \mathcal{H}_0(\varphi) \|_p = \left\| \frac{\partial u}{\partial s} \right\|_p \leq \mathcal{C}_p^{(1)} \left\| \frac{\partial u}{\partial n} \right\|_p .$$

Riesce d'altra parte (teor. VIII cap. I):

$$(24) \qquad \frac{\partial u}{\partial n} = \varphi(z) + \mathfrak{M}(\varphi) ,$$

avendo pòsto:

$$(25) \qquad \mathfrak{M}(\varphi) = \frac{1}{\pi} \int_{\Sigma} \varphi(\zeta) \frac{\partial}{\partial n_z} \log |z - \zeta| \, ds_\zeta .$$

Poichè quest'operatore verifica le ipotesi del lemma VI, come facilmente si constata, dalla (24) si trae:

$$\left\| \frac{\partial u}{\partial n} \right\|_p \leq C_p^{(2)} \| \varphi \|_p$$

e quindi, dalla (23), la tesi.

Una semplicissima dimostrazione, fondata unicamente sulla (21), può darsi nel caso particolare $p = 2$. Si ha infatti:

$$\| \mathcal{H}_0(\varphi) \|_2^2 = \langle \overline{\mathcal{H}_0(\varphi)}, \mathcal{H}_0(\varphi) \rangle = \langle \mathcal{H}_0^* \overline{\mathcal{H}_0(\varphi)}, \varphi \rangle =$$
$$= \langle (\mathcal{H}_0^* + \mathcal{H}_0) \overline{\mathcal{H}_0(\varphi)}, \varphi \rangle + \| \varphi \|_2^2 - \langle \mathcal{L}(\overline{\varphi}), \varphi \rangle .$$

Per la continuità dell'operatore $\mathcal{H}_0^* + \mathcal{H}_0$ (cfr. la (5) del cap. I) e dell'operatore $\mathcal{L}$ segue:

$$\| \mathcal{H}_0(\varphi) \|_2 \leq C_2^{(0)} \| \varphi \|_2 .$$

Il teorema ora provato dimostra che $\mathcal{S}(\varphi)$ è una trasformazione continua in H con la metrica di $\mathcal{L}^{(p)}$. Poichè H è una base per

$\mathcal{L}^{(p)}(\Sigma)$ la (22) permette di prolungare $\mathcal{S}(\varphi)$ per continuità in tutto lo spazio $\mathcal{L}^{(p)}(\Sigma)$.

Quindi d'ora in avanti considereremo $\mathcal{S}(\varphi)$ *come una trasformazione lineare e continua definita in tutto* $\mathcal{L}^{(p)}(\Sigma)$ *e con codominio ivi contenuto.*

Vedremo in seguito come ad $\mathcal{S}(\varphi)$ possa darsi il significato di operatore integrale anche per funzioni φ di $\mathcal{L}^{(p)}(\Sigma)$ che non appartengono ad H.

La continuità di $\mathcal{S}$ si è ottenuta come conseguenza di quella dell'operatore $\mathcal{K}_0$.

È ovvio che *considerando il prolungamento di* $\mathcal{K}_0$ *in* $\mathcal{L}^{(p)}(\Sigma)$ *per esso seguita a sussistere la* (21).

Occorre notare il seguente teorema, immediata conseguenza della (21), che denuncia il motivo per il quale la teoria delle equazioni integrali singolari non può farsi rientrare in quella delle ordinarie equazioni integrali.

XII. *L'operatore* $\mathcal{K}_0$ *non è totalmente continuo in* $\mathcal{L}^{(p)}(\Sigma)$.

Supponiamo $\mathcal{K}_0$ totalmente continuo. Tale è allora $\mathcal{K}_0^2$. Sia $\{\varphi_m\}$ un'arbitraria successione limitata in $\mathcal{L}^{(p)}(\Sigma)$. Da essa può estrarsi una sottosuccessione $\{\varphi_{m_k}\}$ tale che $\{\mathcal{K}_0^2(\varphi_{m_k})\}$ ed $\{\mathcal{L}(\varphi_{m_k})\}$ siano convergenti. Per la (21) sarebbe allora $\{\varphi_{m_k}\}$ convergente. Ciò è assurdo, data la non compattezza dello spazio $\mathcal{L}^{(p)}(\Sigma)$.

Per l'operatore $\mathcal{S}$, prolungato nel modo sopra detto in tutto $\mathcal{L}^{(p)}(\Sigma)$ si ha:

XIII. *Sussistono la* (14) *e la* (17) *comunque si assumano* $\varphi \in \mathcal{L}^{(p)}(\Sigma)$, $\psi \in \mathcal{L}^{(q)}(\Sigma)$ *e qualunque sia l'operatore regolare* $\mathcal{R}$.

La (14) sussiste, data la continuità di $\mathcal{S}$, assumendo come $\mathcal{S}^*$ l'operatore aggiunto di $\mathcal{S}$, nel senso della teoria delle trasformazioni lineari. Occorre solo notare che tale $\mathcal{S}^*$ è il prolungamento in $\mathcal{L}^{(q)}(\Sigma)$ dell'operatore già definito in H per mezzo della (11).

La (17) sussiste, com'è noto, per due quali si vogliano operatori continui $\mathcal{R}$ ed $\mathcal{S}$ in $\mathcal{L}^{(p)}(\Sigma)$, quindi, in particolare, per quelli considerati nell'enunciato.

Il seguente teorema fornisce la legge di composizione di due operatori singolari.

XIV. *Siano* $\mathcal{S}_1$ *ed* $\mathcal{S}_2$ *due operatori singolari dei quali consideriamo la seconda forma canonica:*

$$\mathcal{S}_1(\varphi) = p_1(z)\,\varphi(z) - q_1(z)\,\mathcal{K}_0(\varphi) + \mathcal{C}_1(\varphi)$$

$$\mathcal{S}_2(\varphi) = p_2(z)\,\varphi(z) - q_2(z)\,\mathcal{K}_0(\varphi) + \mathcal{C}_2(\varphi).$$

14

Si ha per $\varphi \in \mathcal{L}^{(p)}(\Sigma)$:

(27)
$$\mathcal{S}_1 \mathcal{S}_2 (\varphi) = (p_2 (z) \, p_1 (z) - q_2 (z) \, q_1 (z)) \, \varphi (z) -$$
$$- (p_2 (z) \, q_1 (z) + q_2 (z) \, p_1 (z)) \, \mathcal{K}_0 (\varphi) + \mathcal{C} (\varphi)$$

con $\mathcal{C} (\varphi)$ *operatore regolare.*

Cominciamo con l'osservare che l'operatore relativo alla trasformazione :

$$\psi (z) = \mathcal{K}_0 \left[(\, p \, (\zeta) - p \, (z)) \, \varphi \, (\zeta) \right] ,$$

che muta φ in ψ, è regolare se $p (z)$ appartiene ad H. Infatti esso può mettersi sotto forma di operatore integrale con un nucleo verificante l'ipotesi del lemma VI.

Si ha :

$$\mathcal{S}_2 \mathcal{S}_1 (\varphi) = p_2 \, p_1 \, \varphi - p_2 \, q_1 \, \mathcal{K}_0 (\varphi) + p_2 \, \mathcal{C}_1 (\varphi) -$$
$$- q_2 \, \mathcal{K}_0 (p_1 \, \varphi) + q_2 \, \mathcal{K}_0 \left[q_1 \, \mathcal{K}_0 (\varphi) \right] - q_2 \, \mathcal{K}_0 \, \mathcal{C}_1 (\varphi) +$$
$$+ \mathcal{C}_2 (p_1 \, \varphi) - \mathcal{C}_2 \left[q_1 \, \mathcal{K}_0 (\varphi) \right] + \mathcal{C}_2 \, \mathcal{C}_1 (\varphi) .$$

Poniamo :

$$\mathcal{C}_0 (\varphi) = p_2 (z) \, \mathcal{C}_1 (\varphi) - q_2 (z) \, \mathcal{K}_0 \left[(p_1 (\zeta) - p_1 (z)) \, \varphi (\zeta) \right] +$$
$$+ q_2 (z) \, \mathcal{K}_0 \left[(q_1 (\zeta) - q_1 (z)) \, \mathcal{K}_0 (\varphi) \right] - q_2 (z) \, \mathcal{K}_0 \, \mathcal{C}_1 (\varphi) +$$
$$+ \mathcal{C}_2 (p_1 \, \varphi) - \mathcal{C}_2 \left[q_1 \, \mathcal{K}_0 (\varphi) \right] + \mathcal{C}_2 \, \mathcal{C}_1 (\varphi) .$$

In base all'osservazione premessa $\mathcal{C}_0 (\varphi)$ è un operatore regolare. Si ha quindi :

$$\mathcal{S}_2 \mathcal{S}_1 (\varphi) = p_2 \, p_1 \, \varphi + q_2 \, q_1 \, \mathcal{K}_0^2 (\varphi) - (p_2 \, q_1 + q_2 \, p_1) \, \mathcal{K}_0 (\varphi) + \mathcal{C}_0 (\varphi) .$$

Per la (21), ponendo : $\mathcal{C} (\varphi) = \mathcal{C}_0 (\varphi) + q_2 \, q_1 \, \mathcal{L} (\varphi)$, segue la (27).

XV. *Le funzioni* $p (z)$, $q (z)$ *e gli operatori regolari* $\mathcal{C} (\varphi)$ *e* $\mathcal{C}_1 (\varphi)$ *che intervengono nella* (4) *e nella* (7) *sono univocamente determinate dall'operatore* $\mathcal{S}$.

Basta limitarsi a dimostrare che se per ogni $\varphi \in \mathcal{L}^{(p)}(\Sigma)$ riesce :

(28)
$$p (z) \, \varphi (z) - q (z) \, \mathcal{K}_0 (\varphi) + \mathcal{C}_1 (\varphi) = 0 ,$$

si ha : $p \equiv q \equiv 0$, $\mathcal{C}_1 \equiv 0$.

Sia $p = p' + ip''$, $q = q' + iq''$ con p', p'', q', q'' reali. Per ogni φ appartenente a $\mathcal{L}^{(p)}(\Sigma)$ e reale si ha:

$$\mathcal{S}'(\varphi) \equiv p'(z)\,\varphi(z) - q'(z)\,\mathcal{K}_0(\varphi) + \mathcal{R}\mathcal{C}_1(\varphi) = 0\,,$$

avendo indicato con $\mathcal{R}\mathcal{C}_1(\varphi)$ la parte reale della funzione $\mathcal{C}_1(\varphi)$. Consideriamo l'operatore:

$$\mathcal{S}'_1(\varphi) = p'(z)\,\varphi(z) + q'(z)\,\mathcal{K}_0(\varphi)\,.$$

Si ha, per ogni φ reale:

(29) $$\mathcal{S}'_1\,\mathcal{S}'(\varphi) = [(p'(z))^2 + (q'(z)^2]\,\varphi(z) + \mathcal{C}'(\varphi) = 0\,,$$

essendo $\mathcal{C}'(\varphi)$ una trasformazione lineare totalmente continua dello spazio $\mathcal{L}^{(p)}(\Sigma)$ reale in se stesso. Dalla (29) segue ovviamente $p'(z) \equiv q'(z) \equiv 0$. Analogamente si prova che $p''(z) \equiv q''(z) \equiv 0$. Segue allora dalla (28) $\mathcal{C}_1 \equiv 0$.

5. — Sul prolungamento dell'operatore integrale singolare $\mathcal{S}$ a tutto lo spazio $\mathcal{L}^{(p)}(\Sigma)$.

Nel n⁰ precedente abbiamo dimostrato la possibilità di prolungare per continuità l'operatore $\mathcal{K}_0(\varphi)$, e quindi $\mathcal{S}(\varphi)$, da H a tutto $\mathcal{L}^{(p)}(\Sigma)$. Vogliamo ora vedere come a questo prolungamento possa attribuirsi il significato di un effettivo operatore integrale.

Mostreremo precisamente che per ogni $\varphi \in \mathcal{L}^{(p)}(\Sigma)$ esiste per quasi tutti i punti z di Σ l'integrale singolare:

$$\int_{\Sigma} \varphi(\zeta)\,\frac{\partial}{\partial s_z}\log|z - \zeta|\,ds_{\zeta}$$

e che la funzione $\psi(z)$ da esso quasi ovunque definita, coincide con l'elemento di $\mathcal{L}^{(p)}(\Sigma)$ trasformato di φ tramite l'operatore $\mathcal{K}_0$, quando questo si pensi prolungato a $\mathcal{L}^{(p)}(\Sigma)$ per continuità. Tale elemento, come nel n⁰ precedente, seguiterà ad essere indicato con $\mathcal{K}_0(\varphi)$.

Sia N l'insieme dei punti di Σ, che non sono di LEBESGUE per la funzione $\varphi(z)$ di $\mathcal{L}^{(p)}(\Sigma)$, con $\Sigma(z, t)$ l'insieme dei punti di Σ interni al cerchio di centro z e raggio t (cfr. cap. I).

Sussiste il seguente teorema:

XVI. *Fissato* z *in* $\Sigma - N$, *esistono i limiti*:

$$\lim_{t \to 0} \frac{1}{\pi} \int_{\Sigma - \Sigma(z,t)} \varphi(\zeta) \frac{\partial}{\partial s_z} \log |z - \zeta| \, ds_\zeta, \qquad \lim_{t \to 0} \frac{1}{\pi} \int_{\Sigma - \Sigma(z,t)} \varphi(\zeta) K(z, \zeta) \, ds_\zeta,$$

$$\lim_{t \to 0} \frac{1}{\pi} \int_{\Sigma - \Sigma(z,t)} \frac{\varphi(\zeta)}{\zeta - z} \, d\zeta$$

e le funzioni quasi ovunque definite in Σ *per mezzo di essi coincidono rispettivamente con* $\mathcal{K}_0(\varphi)$, $\mathcal{K}(\varphi)$ *e* $\mathcal{S}_0(\varphi)$.

È evidente che basta limitarsi a dimostrare il teorema per il primo dei tre limiti considerati, dato che il nucleo del primo integrale differisce dai restanti due per nuclei M continui, per $z \neq \zeta$, e verificanti la limitazione $M = O(|z - \zeta|^{q-1})$ $(q > 1)$.

In virtù del teor. IX del cap. I basta limitarsi a far vedere che per $z \in \Sigma - N$ si ha:

$$(30) \qquad \lim_{z_1 \to z \; (\text{su } n_z^+)} \frac{1}{\pi} \int_{\Sigma} \varphi(\zeta) \frac{\partial}{\partial s_z} \log |z_1 - \zeta| \, ds_\zeta = \mathcal{K}_0(\varphi).$$

Sia $\{\varphi_k\}$ una successione di funzioni di H tali che $\lim_{k \to \infty} \|\varphi_k - \varphi\|_p = 0$. Poniamo:

$$v_k(z) = \frac{1}{\pi} \int_{\Sigma} \varphi_k(\zeta) \log |z - \zeta| \, ds_\zeta, \quad v(z) = \frac{1}{\pi} \int_{\Sigma} \varphi(\zeta) \log |z - \zeta| \, ds_\zeta.$$

Fissato z in Σ sia u_k una coniugata armonica di v_k tale che:

$$\frac{\partial v_k}{\partial s} = -\frac{\partial u_k}{\partial n}, \qquad \frac{\partial v_k}{\partial n} = \frac{\partial u_k}{\partial s}.$$

Poichè è: $\lim_{k \to \infty} \left\| \frac{\partial v_k}{\partial s} - \mathcal{K}_0(\varphi) \right\|_p = 0$, per la (29) del cap. II sarà $\left\{ \frac{\partial v_k}{\partial n} \right\}$ e quindi $\left\{ \frac{\partial u_k}{\partial s} \right\}$ convergente in $\mathcal{L}^{(p)}(\Sigma)$. Ciò implica la uniforme convergenza in $A + \Sigma$ della successione $\{u_k(z)\}$ verso una funzione $u(z)$ coniugata armonica della v. Indichiamo con $\delta(z_1)$ una funzione uguale a zero per z_1 esterno ad A, uguale a 1 per z_1 interno ad A.

Per ogni z_1 fuori di Σ si ha:

$$\delta\,(z_1)\,u_k(z_1) = \frac{-1}{2\pi} \int_\Sigma \left[\frac{\partial v_k}{\partial s} \log |\,z_1 - \zeta\,| + u_k \frac{\partial \log |\,z_1 - \zeta\,|}{\partial n_\zeta} \right] ds_\zeta.$$

Per $k \to \infty$ si trae:

$$\delta\,(z_1)\,u(z_1) = \frac{-1}{2\pi} \int_\Sigma \left[\mathcal{K}_0\,(\varphi) \log |\,z_1 - \zeta\,| + u \frac{\partial \log |\,z_1 - \zeta\,|}{\partial n_\zeta} \right] ds_\zeta.$$

Pertanto il teorema XVII del cap. I ci assicura che sussiste la (30).

6. — Indice di un operatore singolare e operatore riducente.

Si è dimostrato che ogni operatore singolare δ determina univocamente le due funzioni $p\,(z)$ e $q\,(z)$ e gli operatori regolari $\mathcal{C}$ e $\mathcal{C}_1$ che intervengono nelle sue espressioni canoniche (teor. XV).

Diremo di *prima specie* ogni operatore singolare δ tale che sia $p^2 + q^2 \equiv 0$ su Σ.

δ sarà detto invece di *seconda specie* se $p^2 + q^2$ non è mai nulla su Σ.

Sono di *terza specie* tutti gli operatori che non sono nè di prima nè di seconda specie, per i quali cioè $p^2 + q^2$ si annulla in punti di Σ senza essere identicamente nulla su Σ.

Sia δ di seconda specie e consideriamo la funzione $\gamma\,(s)$ ben definita, a partire da p e q, nel n° 6 del cap. II, e il suo incremento $\varkappa = \gamma\,(L) - \gamma\,(0)$. Tale numero intero verrà da noi indicato con $\varkappa\,(\delta)$ e chiamato l'*indice dell'operatore di seconda specie* δ. Sussistono i seguenti teoremi.

XVII. *Due operatori singolari di seconda specie la cui differenza è un operatore regolare hanno lo stesso indice.*

La dimostrazione è ovvia.

XVIII. *Se δ_1 e δ_2 sono di seconda specie*

$$\varkappa(\delta_1\,\delta_2) = \varkappa(\delta_1) + \varkappa(\delta_2).$$

Si dimostra con calcoli elementari.

Diremo che $\mathcal{F}$ è un *operatore di* FREDHOLM se può mettersi sotto la forma:

$$\mathcal{F} = \mathcal{I} + \mathcal{C},$$

essendo $\mathcal{J}$ l'operatore identico e $\mathcal{C}$ un operatore regolare. È ovvio che:

XIX. *Ogni operatore di* FREDHOLM *è di seconda specie ed ha indice nullo.*

Sia $\mathcal{S}$ un qualsiasi operatore lineare continuo che muta $\mathcal{L}^{(p)}(\Sigma)$ in una sua varietà. Diremo che $\mathcal{S}$ è *riducibile* se esiste un operatore $\mathcal{S}'$, anch'esso lineare e continuo, tale che $\mathcal{S}'\mathcal{S}$ sia un operatore di FREDHOLM. L'operatore $\mathcal{S}'$ si dirà *riducente* $\mathcal{S}$ o che *riduce* $\mathcal{S}$.

XX. *Se $\mathcal{S}$ ed $\mathcal{S}'$ sono operatori singolari di seconda specie e se $\mathcal{S}'$ riduce $\mathcal{S}$, i loro indici saranno di modulo uguale e di segno opposto.*

È ovvia conseguenza dei teor. XVIII e XIX.

XXI. *Per ogni operatore singolare $\mathcal{S}$ di seconda specie esistono infiniti operatori singolari di seconda specie che lo riducono e, posto:*

$$\mathcal{S}(\varphi) = p\,\varphi - q\,\mathcal{K}_0(\varphi) + \mathcal{C}_1(\varphi),$$

il generico di essi è dato da:

$$\mathcal{S}'(\varphi) = \frac{p}{p^2 + q^2}\,\varphi + \frac{q}{p^2 + q^2}\,\mathcal{K}_0(\varphi) + \mathcal{C}(\varphi),$$

essendo $\mathcal{C}(\varphi)$ un **arbitrario** *operatore regolare.*

Segue facilmente dal teor. XIV.

7. — Teoria degli operatori riducibili in uno spazio di Banach.

Sia $\mathcal{B}$ uno spazio di BANACH completo e $\mathcal{B}^*$ il suo duale. Sia $\mathcal{S}$ un operatore lineare continuo che trasforma $\mathcal{B}$ in una sua varietà. Con $\mathcal{S}^*$ denoteremo l'operatore aggiunto di $\mathcal{S}$, per modo che se la dualità fra $\mathcal{B}$ e $\mathcal{B}^*$ si indica con:

$$\langle\, u\,, \varphi\,\rangle \qquad u \in \mathcal{B}^*, \varphi \in \mathcal{B},$$

si avrà per $u \in \mathcal{B}^*$, $\varphi \in \mathcal{B}$:

$$(31) \qquad\qquad \langle\, u\,, \mathcal{S}(\varphi)\,\rangle = \langle\, \mathcal{S}^*(u)\,, \varphi\,\rangle.$$

Come nel n^0 precedente, diremo $\mathcal{S}$ riducibile se esiste un operatore lineare e continuo $\mathcal{S}'$ tale che:

$$\mathcal{S}'\mathcal{S} = \mathcal{J} + \mathcal{C},$$

essendo $\mathscr{I}$ la trasformazione identica di $\mathscr{B}$ e $\mathscr{C}$ un operatore lineare totalmente continuo definito in $\mathscr{B}$ e con codominio contenuto in $\mathscr{B}$. L'operatore $\mathscr{F} = \mathscr{I} + \mathscr{C}$ sarà, come in precedenza, chiamato un operatore di FREDHOLM.

Vogliamo, in questo numero, stabilire alcuni teoremi generali sugli operatori riducibili, che applicheremo successivamente agli operatori integrali singolari.

XXII. *Il codominio di un operatore lineare e continuo* $\mathscr{S}$ *riducibile è una varietà chiusa di* $\mathscr{B}$.

Sia :

(32) $$\mathscr{S}(\varphi_h) = \psi_h \qquad (h = 1, 2, \ldots).$$

La successione $\{\psi_h\}$ sia convergente. Sia $\mathscr{S}'$ riducente $\mathscr{S}$. Sarà allora :

$$\mathscr{S}'\mathscr{S}(\varphi_h) = \mathscr{S}'(\psi_h)$$

e quindi φ_h è soluzione dell'equazione di RIESZ-FREDHOLM

$$\mathscr{F}(\varphi_h) \equiv \varphi_h + \mathscr{C}(\varphi_h) = \mathscr{S}'(\psi_h) \, .$$

Sia $\mathscr{B}_0$ la varietà lineare di tutte le soluzioni dell'equazione $\mathscr{F}(\varphi) = 0$ (autoinsieme dell'operatore $\mathscr{F}$). Sia $\mathscr{B}_1$ lo spazio di BANACH (completo) costituito da tutti gli elementi di $\mathscr{B}$ che verificano tutte le seguenti equazioni $\langle u_k, \varphi \rangle = 0$ $(k = 1, 2, \ldots, r)$ essendo u_1, $u_2, \ldots, u_r$ un sistema completo di soluzioni dell'equazione $\mathscr{F}^*(u) = 0$.

Consideriamo lo spazio quoziente $\mathscr{B}/\mathscr{B}_0$. Com'è noto, esso è uno spazio di BANACH completo, definendo al modo seguente il modulo di un suo elemento $[\varphi]$:

$$\| [\varphi] \| = \operatorname*{estr.\ inf.}_{\varphi_0 \,\epsilon\, \mathscr{B}_0} \| \varphi + \varphi_0 \| \, . \, [4]$$

Definiamo in $\mathscr{B}/\mathscr{B}_0$ la trasformazione lineare e continua $\mathscr{F}_0$ al modo seguente :

$$\mathscr{F}_0([\varphi]) = \mathscr{F}(\varphi) \, .$$

Essa ha codominio contenuto in $\mathscr{B}_1$ dato che

$$\langle u_k, \mathscr{F}(\varphi) \rangle = \langle \mathscr{F}^*(u_k), \varphi \rangle = 0 \, .$$

---

[4] Cfr. [33] pag. 99.

Anzi la $\mathcal{F}_0$, per il teorema fondamentale di RIESZ-FREDHOLM [5], pone una corrispondenza biunivoca fra $\mathcal{B}/\mathcal{B}_0$ e $\mathcal{B}_1$. Ne segue che essa è dotata di inversa continua: $\mathcal{F}_0^{-1}$ [6]. Sarà quindi:

$$[\varphi_h] = \mathcal{F}_0^{-1}\, \mathcal{S}'(\psi_h).$$

Sia ψ il limite della successione $\{\psi_h\}$. Si ponga:

$$[\varphi] = \mathcal{F}_0^{-1}\, \mathcal{S}'(\psi).$$

Sarà $[\varphi] = \lim\limits_{h\to\infty} [\varphi_h]$, nella topologia di $\mathcal{B}/\mathcal{B}_0$.

Sia $\{i_m\}$ una successione crescente di indici tale che:

$$\| [\varphi] - [\varphi_{i_m}] \| < \frac{1}{2^m} \qquad (m = 1, 2, \ldots).$$

Posto: $[\varphi_{i_0}] = 0$, $[\eta_m] = [\varphi_{i_m}] - [\varphi_{i_{m-1}}]$, si ha $\sum\limits_{m=1}^{\infty} [\eta_m] = [\varphi]$. Riesce d'altra parte:

$$\| [\eta_m] \| \leq \| [\varphi] - [\varphi_{i_m}] \| + \| [\varphi] - [\varphi_{i_{m-1}}] \| < \frac{3}{2^m}$$

e quindi, scegliendo η_m nella classe $[\eta_m]$ in guisa tale che $\| \eta_m \| < 2 \| [\eta_m] \|$ (ciò che è lecito), si ha la convergenza della serie $\sum\limits_{m=1}^{\infty} \eta_m$.

Porremo $\varphi_{i_m}^{(0)} = \sum\limits_{s=1}^{m} \eta_s$. Sia $\mathcal{B}_0^{(1)}$ l'autoinsieme della trasformazione $\mathcal{S}$. Riesce $\mathcal{B}_0^{(1)} \subset \mathcal{B}_0$. Nel caso $\mathcal{B}_0^{(1)} = \mathcal{B}_0$ si avrebbe:

$$\mathcal{S}(\varphi_{i_m}^{(0)}) = \psi_{i_m}$$

e la tesi sarebbe acquisita. Sia $r^{(1)}$ la dimensione di $\mathcal{B}_0^{(1)}$ ed r quella di $\mathcal{B}_0$; riesce $j = r - r^{(1)} > 0$. Sia $\beta_1, \beta_2, \ldots, \beta_r$ un sistema completo in $\mathcal{B}_0$ con $\beta_{j+1} \ldots \beta_r$ appartenenti a $\mathcal{B}_0^{(1)}$. Vi sarà un elemento

---

[5] Cfr. [33] pag. 330.
[6] Cfr. [6] pag. 102.

φ_h verificante la (32), per $h = i_m$, avente la forma seguente:

$$(33) \qquad \varphi_{i_m} = \varphi_{i_m}^{(0)} + \sum_{s=1}^{j} c_m^{(s)} \beta_s .$$

Gli elementi $\mathcal{S}(\beta_s)$ $s = 1, 2, \ldots, j$ sono linearmente indipendenti e pertanto possono trovarsi j elementi $v_1, v_2, \ldots, v_j$ in $\mathcal{B}^*$ tali che:

$$\langle v_h , \mathcal{S}(\beta_s) \rangle = \delta_h^s \ {}^{(7)}.$$

Poniamo $\varphi_m^{(1)} = \sum_{s=1}^{j} c_m^{(s)} \beta_s$. Avremo $c_m^{(s)} = \langle v_s, \mathcal{S}(\varphi_m^{(1)}) \rangle$. Poichè è:

$$\mathcal{S}(\varphi_m^{(1)}) = \psi_{i_m} - \mathcal{S}(\varphi_{i_m}^{(0)})$$

si ha la convergenza di $\{\mathcal{S}(\varphi_m^{(1)})\}$ e quindi la convergenza della successione numerica $\{c_m^{(s)}\}$. Ciò implica che la successione $\{\varphi_{i_m}\}$ il cui elemento è dato dalla (33) è convergente e detto φ il suo limite sarà $\mathcal{S}(\varphi) = \lim_{h \to \infty} \psi_h$. Ciò prova la chiusura di $\mathcal{S}(\mathcal{B})$.

XXIII. *Sia $\mathcal{S}$ un operatore lineare continuo e riducibile. Per l'equazione:*

$$(34) \qquad \mathcal{S}(\varphi) = \psi$$

sussiste il principio dell'alternativa. Cioè essa è risolubile allora ed allora soltanto che ψ è ortogonale ad ogni soluzione dell'equazione omogenea aggiunta:

$$(35) \qquad \mathcal{S}^*(u) = 0$$

---

[7] Poniamo $\alpha_s = \mathcal{S}(\beta_s)$ e diciamo $\mathcal{Q}$ la varietà lineare individuata da $\alpha_1, \ldots, \alpha_j$. Sia $\alpha = a_1 \alpha_1 + \ldots + a_j \alpha_j$ il generico vettore di $\mathcal{Q}$. Poniamo $v_h(\alpha) = a_h$. Il funzionale v_h è lineare in $\mathcal{Q}$. Detta d_h la distanza di α_h dalla varietà individuata da $\alpha_1, \ldots, \alpha_{h-1}, \alpha_{h+1}, \ldots, \alpha_j$ si ha per $a_h \neq 0$: $\| \alpha \| = $

$$= | a_h | \| \frac{a_1}{a_h} \alpha_1 + \ldots + \frac{a_{h-1}}{a_h} \alpha_{h-1} + \alpha_h + \frac{a_{h+1}}{a_h} \alpha_{h+1} + \ldots + \frac{a_j}{a_h} \alpha_j \| \geq | a_h | d_h .$$

E quindi essendo $d_h > 0$ per l'indipendenza lineare delle α_s, si ha: $| v_h(\alpha) | \leq$ $\leq d_h^{-1} \| \alpha \|$. Cioè v_h è continuo in $\mathcal{Q}$. Si prolunghi v_h in tutto $\mathcal{B}$, usando il teorema di HAHN-BANACH. I funzionali $v_1, \ldots, v_j$ verificano le condizioni indicate nel testo.

La tesi è una conseguenza ben nota della chiusura del codominio $\mathcal{S}(\mathcal{B})$ di $\mathcal{S}$[8]. Riportiamo comunque l'assai semplice dimostrazione. La necessità dell'ortogonalità di ψ alle soluzioni delle (35) è un'ovvia conseguenza della (31). Viceversa, verifichi ψ tale condizione di ortogonalità e sia, per assurdo, non appartenente ad $\mathcal{S}(\mathcal{B})$. Esiste allora un elemento u di $\mathcal{B}^*$ nullo su $\mathcal{S}(\mathcal{B})$ e tale che $\langle u, \psi \rangle = 1$ [9]. Tale u è una soluzione della (35) (come segue dalla (31)) non ortogonale a ψ, contro l'ipotesi.

XXIV. *Sia $\mathcal{S}$ un operatore lineare, continuo e riducibile ed $\mathcal{S}'$ sia riducente $\mathcal{S}$. Condizione necessaria e sufficiente perchè esista una soluzione dell'equazione:*

$$(36) \qquad \mathcal{S}'^*(v) = w,$$

è che w sia ortogonale ad ogni soluzione dell'equazione:

$$\mathcal{S}'(\psi) = 0.$$

La necessità della condizione è ovvia. Dimostriamo la sufficienza. $\mathcal{B}_0, \mathcal{B}_0^{(1)}, r, r^{(1)}, j; \beta_1, \ldots, \beta_j, \ldots, \beta_r; u_1, \ldots, u_r$ abbiano lo stesso significato loro attribuito nella dimostrazione del teor. XXII. Siano $z_1, \ldots, z_r$, r elementi di $\mathcal{B}^*$ tali che:

$$\langle z_h, \beta_k \rangle = \delta_h^k$$

e $\zeta_1, \ldots, \zeta_r$, r elementi di $\mathcal{B}$ tali che:

$$\langle u_i, \zeta_j \rangle = \delta_i^j.$$

Dato comunque z in $\mathcal{B}^*$, esiste ed è unico l'elemento v di $\mathcal{B}^*$ verificante le equazioni:

$$\mathscr{F}^*(v) \equiv \mathcal{S}^*\mathcal{S}'^*(v) \doteq z - \sum_{h=1}^{r} \langle z, \beta_h \rangle z_h, \quad \langle v, \zeta_j \rangle = 0 \quad (j = 1, 2, \ldots, r).$$

Indichiamo tale elemento v con $\mathcal{B}(z)$. L'operatore $\mathcal{R}$ è lineare e continuo. Sia w un elemento di $\mathcal{B}^*$ tale che, se $j > 0$, si abbia:

$$(37) \qquad \langle w, \mathcal{S}(\beta_k) \rangle = 0 \qquad (k = 1, \ldots, j).$$

---

[8] Cfr. [6] pag. 150.
[9] Cfr. [6] pag. 140.

Riesce in ogni caso:

$$\langle \mathcal{S}^*(w) , \beta_h \rangle = 0 \qquad\qquad (h = 1 , \ldots , r).$$

Esiste, quindi, la soluzione dell'equazione:

$$\mathcal{S}^* \, \mathcal{S}'^*(v) = \mathcal{S}^*(w)$$

e si ha:

$$(38) \qquad\qquad v = \mathcal{R}\mathcal{S}^*(w) + \sum_{k=1}^{r} c_k \, u_k .$$

Sia φ un arbitrario elemento di $\mathcal{B}$. Si ha:

$$\langle \mathcal{S}'^*(v) , \varphi \rangle = \langle v , \mathcal{S}'(\varphi) \rangle = \langle \mathcal{R}\mathcal{S}^*(w) , \mathcal{S}'(\varphi) \rangle +$$

$$+ \sum_{k=1}^{r} c_k \langle u_k , \mathcal{S}'(\varphi) \rangle = \langle w , \mathcal{S}\mathcal{R}^* \mathcal{S}'(\varphi) \rangle + \sum_{k=1}^{r} c_k \langle u_k , \mathcal{S}'(\varphi) \rangle .$$

Pertanto, pòsto $\mathcal{G} = \mathcal{S}\mathcal{R}^*\mathcal{S}' - \mathcal{I}$, si trae:

$$(39) \qquad \langle \mathcal{S}'^*(v) - w , \varphi \rangle = \langle w , \mathcal{G}(\varphi) \rangle + \sum_{k=1}^{r} c_k \langle u_k , \mathcal{S}'(\varphi) \rangle .$$

Sia r' la dimensione dell'autoinsieme dell'operatore $\mathcal{S}'^*$. Sarà $0 \leq r' \leq r$. Pòsto $\nu = r - r'$, se $\nu > 0$, possiamo supporre che $u_{\nu+1} , \ldots , u_r$ appartengano al detto autoinsieme. Diciamo, in tal caso, $\varphi_1 , \ldots , \varphi_\nu , \nu$ elementi di $\mathcal{B}$ tali che:

$$\langle \mathcal{S}'^*(u_k) , \varphi_h \rangle = \delta_k^h$$

ed assumiamo:

$$(40) \qquad\qquad c_h = - \langle w , \mathcal{G}(\varphi_h) \rangle \qquad (h = 1 , \ldots , \nu).$$

Poniamo:

$$\mathcal{B}(\varphi) \begin{cases} = \mathcal{G}(\varphi), & \text{se } \nu = 0, \\[2mm] = \mathcal{G}(\varphi) - \sum_{h=1}^{\nu} \langle \mathcal{S}'^*(u_h) , \varphi \rangle \mathcal{G}(\varphi_h), & \text{se } \nu > 0. \end{cases}$$

Se w verifica le condizioni seguenti:

$$(41) \qquad\qquad \langle w , \mathcal{B}(\varphi) \rangle = 0 ,$$

per ogni $\varphi \in \mathcal{B}$, allora, assunte nella (38) $c_1 , \ldots , c_\nu$ come indicato dalle (40) e le restanti c_k arbitrarie, si ottiene una soluzione v della

(36). Infatti, in virtù della (39), per ogni $\varphi \in \mathcal{B}$ riesce: $\langle \mathcal{S}'^*(v) - w, \varphi \rangle = 0$. Viceversa, se v è soluzione della (36), $w = \mathcal{S}'^*(v)$ verifica le (37) e le (41).

Sia $\mathcal{D}$ l'insieme costituito dai vettori $\mathcal{S}(\beta_k)$ $(k = 1, \ldots, j)$ (per $j > 0$) e da tutti i vettori $\mathcal{S}(\varphi)$ al variare di φ in $\mathcal{B}$. Sia $\psi \in \mathcal{D}$. Riesce per ogni $v \in \mathcal{B}^*$: $\langle \mathcal{S}'^*(v), \psi \rangle = 0$ e quindi $\langle v, \mathcal{S}'(\psi) \rangle = 0$, che implica $\mathcal{S}'(\psi) = 0$. Cioè $\mathcal{D}$ è contenuto nell'autoinsieme di $\mathcal{S}'$. Da ciò la tesi.

Osservazione. La dimostrazione ora svolta poteva anche essere impiegata per dimostrare il teorema XXIII.

Viceversa, il teorema ora provato non avrebbe avuto bisogno di esser dimostrato — rientrando nel teor. XXIII — qualora si fosse imposta allo spazio $\mathcal{B}$ la condizione di essere riflessivo [10].

XXV. *Sia $\mathcal{S}$ un operatore lineare, continuo e riducibile. Condizione necessaria e sufficiente perchè l'insieme delle soluzioni dell'equazione (35) abbia dimensione finita, è che abbia dimensione finita l'insieme delle soluzioni dell'equazione $\mathcal{S}'(\varphi) = 0$, essendo $\mathcal{S}'$ un qualsiasi operatore riducente $\mathcal{S}$.*

La condizione è necessaria. L'equazione (35) abbia n, e non più di n, soluzioni linearmente indipendenti: $u_1, u_2, \ldots, u_n$. Siano $\psi_1, \psi_2, \ldots, \psi_n$, n elementi di $\mathcal{B}$, linearmente indipendenti, tali che:

$$\langle u_h, \psi_k \rangle = \delta_h^k \qquad (h, k = 1, 2, \ldots, n).$$

Siano inoltre $\varphi_1, \varphi_2, \ldots, \varphi_m$, m elementi di $\mathcal{B}$ linearmente indipendenti e costituenti un sistema completo per l'autoinsieme dell'operatore di FREDHOLM $\mathcal{S}'\mathcal{S} = \mathcal{I} + \mathcal{T}$. Indichiamo con $v_1, v_2, \ldots, v_m$, m elementi di $\mathcal{B}^*$ tali che:

$$\langle v_h, \varphi_k \rangle = \delta_h^k \qquad (h, k = 1, 2, \ldots, m).$$

Se ψ è un elemento di $\mathcal{B}$ ortogonale ad ogni soluzione dell'equazione: $u + \mathcal{T}^*(u) = 0$, esiste ed è unico l'elemento di $\mathcal{B}$, che indicheremo con $\mathcal{R}(\psi)$, verificante le equazioni:

$$(\mathcal{I} + \mathcal{T}) \mathcal{R}(\psi) = 0, \qquad \langle v_h, \mathcal{R}(\psi) \rangle = 0 \quad (h = 1, 2, \ldots, m).$$

<hr>

[10] Cfr. [6] pag. 149.

Sia ψ una qualsiasi soluzione dell'equazione $\mathcal{S}'(\psi) = 0$. Pòsto $a_k = \langle u_k, \psi \rangle$ $(k = 1, \ldots, n)$, esiste (teor. XXIII) un elemento φ di $\mathcal{B}$ tale che:

$$(42) \qquad\qquad \mathcal{S}(\varphi) = \psi - \sum_{k=1}^{n} a_k\, \psi_k.$$

Sarà allora: $\mathcal{S}'\mathcal{S}(\varphi) = - \sum\limits_{k=1}^{n} a_k\, \mathcal{S}'(\psi_k)$ e quindi deve essere $\varphi = -$

$- \sum\limits_{k=1}^{n} a_k\, \mathcal{R}\mathcal{S}'(\psi_k) + \sum\limits_{h=1}^{m} b_h\, \varphi_h$ con le b_h costanti. Segue dalla (42):

$$\psi = \sum_{k=1}^{n} a_k(\psi_k - \mathcal{S}\mathcal{R}\mathcal{S}'(\psi_k)) + \sum_{h=1}^{m} b_h\, \mathcal{S}(\varphi_h).$$

Ciò prova che l'autoinsieme di $\mathcal{S}'$ ha dimensione finita non superiore ad $n + m$.

La condizione è sufficiente. L'operatore $\overline{\mathcal{S}'}^*$ aggiunto di $\mathcal{S}'$ è riducibile ed $\mathcal{S}^*$ è un suo riducente. Detto $\overline{\mathcal{B}}^*$ lo spazio duale di $\mathcal{B}^*$, è noto che esso contiene un sottospazio $\overline{\mathcal{B}}_0^*$ equivalente a $\mathcal{B}$, tale che se φ e Φ sono due elementi di $\mathcal{R}$ e $\overline{\mathcal{B}}_0^*$ corrispondenti nell'equivaleuza fra $\mathcal{B}$ e $\overline{\mathcal{B}}_0^*$ riesce :

$$\langle u, \varphi \rangle = \langle \Phi, u \rangle$$

per ogni $u \varepsilon \mathcal{B}^*$ [11]. Il codominio $\mathcal{S}'^*(\mathcal{B}^*)$ dell'operatore $\mathcal{S}'^*$ è costituito da tutti i vettori di $\mathcal{B}^*$ ortogonali ad ogni autosoluzione dell'equazione $\mathcal{S}'(\psi) = 0$ (teor. XXIV). D'altra parte, poichè ogni elemento di $\mathcal{S}'^*(\mathcal{B}^*)$ è ortogonale ad ogni elemento dell'autoinsieme dell'operatore $\overline{\mathcal{S}}'$, aggiunto di $\mathcal{S}'^*$, ne segue che ogni soluzione dell'equazione $\overline{\mathcal{S}}'(\Psi) = 0$ appartiene a $\overline{\mathcal{B}}_0^*$. Quindi tale equazione ha un numero finito di soluzioni linearmente indipendenti. Ne segue, per la prima parte del teorema, che $\mathcal{S}^*$ ha autoinsieme di dimensione finita.

XXVI. *Se $\mathcal{S}'$ riduce $\mathcal{S}$, detti $\mathcal{C}$ e $\mathcal{C}'$ due qualsiansi operatori lineari totalmente continui, $\mathcal{S}' + \mathcal{C}'$ riduce $\mathcal{S} + \mathcal{C}$.*

La dimostrazione è ovvia.

XXVII. *Sia $\mathcal{S}$ riducibile e $\mathcal{C}$ un qualsiasi operatore lineare totalmente continuo. L'autoinsieme di $\mathcal{S}^* + \mathcal{C}^*$ ha dimensione finita se e solo se ha dimensione finita quello di $\mathcal{S}^*$.*

---

[11] Cfr. [6] pag. 148, teor. XVIII.

Se $\mathcal{S}'$ riduce $\mathcal{S}$, l'autoinsieme di $\mathcal{S}' + \mathcal{T}$ ha dimensione finita se e solo se ha dimensione finita quello di $\mathcal{S}'$.

È conseguenza immediata dei teoremi XXV e XXVI.

XXVIII. *Se $\mathcal{S}$ è riducibile ed $\mathcal{S}^*$ ha autoinsieme di dimensione finita, la differenza fra le dimensioni degli autoinsiemi di $\mathcal{S} + \mathcal{T}$ e di $\mathcal{S}^* + \mathcal{T}^*$ è un numero che non dipende dall'operatore lineare totalmente continuo $\mathcal{T}$.*

Sia $\mathcal{S}'$ riducente $\mathcal{S}$. Gli autoinsiemi di $\mathcal{S}$, $\mathcal{S}^*$, $\mathcal{S}'$, $\mathcal{S}'^*$ hanno tutti dimensione finita (teor. XXV) e queste siano, rispettivamente, eguali ad r, n, r', n'. Siano $\{\varphi_h\}$ $(h = 1, \ldots, r)$, $\{u_k\}$ $(k = 1, \ldots, n)$, $\{\psi_i\}$ $(i = 1, \ldots, r')$, $\{v_j\}$ $(j = 1, \ldots, n')$ sistemi rispettivamente completi negli anzidetti autoinsiemi.

È immediato constatare, tenendo presente il teor. XXXIII, che φ è una soluzione dell'equazione:

$$\mathcal{S}'\mathcal{S}(\varphi) = 0 \,,$$

allora, ed allora soltanto, che essa verifica l'equazione:

$$\mathcal{S}(\varphi) = \sum_{i=1}^{r'} a_i \, \psi_i,$$

con le a_i costanti, soluzioni del sistema omogeneo:

$$(43) \qquad\qquad \sum_{i=1}^{r'} a_i \langle u_k, \psi_i \rangle = 0 \qquad\qquad (k = 1, \ldots, n) \,.$$

Se s è il rango della matrice $(\langle u_k, \psi_i \rangle)$ $(k = 1, \ldots, n; i = 1, \ldots, r')$, ne viene che l'autoinsieme di $\mathcal{S}'\mathcal{S}$ ha dimensione $r' - s + r$. Infatti sia $V_{r'}$, lo spazio lineare descritto da $\sum\limits_{i=1}^{r'} a_i \psi_i$ al variare delle a_i (autoinsieme di $\mathcal{S}'$) e $V_{r'-s}$ la varietà di $V_{r'}$ costituita da tutti gli elementi di $V_{r'}$ tali che le corrispondenti a_i verificano le (43). Sia $\overline{\psi}_1, \overline{\psi}_2, \ldots, \overline{\psi}_{r'-s}$ un sistema completo in $V_{r'-s}$ e $\overline{\varphi}_i$ una soluzione particolare dell'equazione $\mathcal{S}(\varphi) = \overline{\psi}_i$ $(i = 1, \ldots, r' - s)$. Si ha:

$$\varphi = \sum_{i=1}^{r'-s} a_i' \, \overline{\varphi}_i + \sum_{h=1}^{r} c_h \, \varphi_h \,.$$

Nè può essere:

$$\sum_{i=1}^{r'-s} a_i' \, \overline{\varphi}_i + \sum_{h=1}^{r} c_h \, \varphi_h = 0 \,,$$

con le a_i' e le c_h non tutte nulle, dato che allora si avrebbe:
$$\sum_{i=1}^{r'-s} a_i' \, \mathcal{S}(\overline{\varphi_i}) = \sum_{i=1}^{r'-s} a_i' \, \overline{\psi_i} = 0 \quad \text{e quindi } a_i' = 0 \ (i=1,\dots,r'-s). \text{ Donde}$$
seguirebbe $c_h = 0 \ (h = 1,\dots,r)$.

Si consideri ora l'equazione:

$$\mathcal{S}^* \, \mathcal{S}'^* (u) = 0.$$

Per il teor. XXIV, si ha che u verifica tale equazione se e solo se essa è soluzione dell'equazione:

$$\mathcal{S}'^* (u) = \sum_{k=1}^{n} b_k \, u_k,$$

con le b_k costanti, soluzioni del sistema omogeneo:

$$\sum_{k=1}^{n} b_k \langle u_k, \psi_i \rangle = 0 \qquad\qquad (i = 1,\dots,r').$$

Ne segue, per considerazioni analoghe a quelle testè svolte, che l'autoinsieme di $\mathcal{S}^* \, \mathcal{S}'^*$ ha dimensione $n - s + n'$. Dato che $\mathcal{S}'\mathcal{S}$ è un operatore di FREDHOLM, riesce $r' - s + r = n - s + n'$ e quindi:

(44) $$r - n = n' - r'.$$

Ripetendo il ragionamento ora fatto per pervenire alla (44), considerando $\mathcal{S} + \mathcal{T}$ in luogo di $\mathcal{S}$, ma lasciando inalterato $\mathcal{S}'$, ciò che è possibile in virtù dei teoremi XXVI e XXVII, si giunge alla analoga della (44). Ciò prova il teorema.

Vogliamo adesso occuparci di un importante problema, risoluto da S. G. MIHLIN nel caso particolare degli operatori integrali singolari, che verrà qui considerato per un qualsiasi operatore riducibile $\mathcal{S}$ in uno spazio di BANACH $\mathcal{B}$.

Il problema in questione è quello della *riduzione equivalente* di un operatore lineare e continuo $\mathcal{S}$. Precisamente diremo che $\mathcal{S}$, operatore lineare e continuo definito in $\mathcal{B}$, *ammette una riduzione equivalente* se esiste un operatore $\mathcal{S}'$ lineare e continuo, riducente $\mathcal{S}$, tale che, qualunque sia $\psi \in \mathcal{B}$, ogni φ, soluzione dell'equazione:

(45) $$\mathcal{S}' \, \mathcal{S} (\varphi) = \mathcal{S}' (\psi),$$

è anche soluzione dell'equazione:

$$(46) \qquad\qquad \mathcal{S}(\varphi) = \psi \,.$$

Si dice allora che $\mathcal{S}'$ *riduce* $\mathcal{S}$ *equivalentemente*.

Si tratta di assegnare le condizioni sotto le quali $\mathcal{S}$ ammette una riduzione equivalente. Il seguente teorema risolve completamente il problema.

XXIX. *Condizione necessaria e sufficiente perchè l'operatore lineare, continuo e riducibile* $\mathcal{S}$ *ammetta una riduzione equivalente, è che la dimensione dell'autoinsieme di* $\mathcal{S}$ *non sia inferiore a quella dell'autoinsieme di* $\mathcal{S}^*$.

Cominciamo con l'osservare che $\mathcal{S}'$, riducente $\mathcal{S}$, lo riduce equivalentemente se e solo se l'autoinsieme di $\mathcal{S}'$ ha dimensione nulla [12]. Infatti, se φ verifica la (45), $\mathcal{S}(\varphi) - \psi$ appartiene all'autoinsieme di $\mathcal{S}'$ e quindi, se questo ha dimensione nulla, φ verifica la (46). Viceversa, se ogni soluzione della (45) verifica la (46), assunto ψ nell'autoinsieme di $\mathcal{S}'$, si ha: $\mathcal{S}'\mathcal{S}(0) = \mathcal{S}'(\psi)$ e quindi $\mathcal{S}(0) = \psi$, cioè $\psi = 0$.

La condizione del teorema è necessaria. Infatti, esistendo $\mathcal{S}'$ riducente $\mathcal{S}$ e con autoinsieme di dimensione nulla, dalla (44) si trae $r - n = n' \geq 0$. Dimostriamo la sufficienza della anzidetta condizione. Sia $\mathcal{S}'$ un qualsiasi operatore riducente $\mathcal{S}$. Abbiano $\{\psi_i\}$ $(i = 1, \ldots, r')$ e $\{r_j\}$ $(j = 1, \ldots, n')$ lo stesso significato loro attribuito nella dimostrazione del teor. XXVIII. Per l'ipotesi ammessa e per la (44), riesce $n' \geq r'$. Siano $\{z_i\}$ $(i = 1, \ldots, r')$ e $\{\eta_j\}$ $(j = 1, \ldots, n')$ elementi rispettivamente di $\mathcal{B}^*$ e $\mathcal{B}$ tali che:

$$\langle z_h, \psi_i \rangle = \delta_h^i, \qquad \langle v_j, \eta_k \rangle = \delta_j^k \,.$$

Poniamo, per $u \in \mathcal{B}^*$, $\varphi \in \mathcal{B}$:

$$\mathcal{P}(u) = \sum_{i=1}^{r'} \langle u, \psi_i \rangle z_i, \qquad \mathcal{C}(\varphi) = \sum_{i=1}^{r'} \langle z_i, \varphi \rangle \eta_i \,.$$

Dato che $\mathcal{S}'$ è riducente $\mathcal{S}$, anche $\mathcal{S}' + \mathcal{C}$ riduce $\mathcal{S}$, essendo $\mathcal{C}$ un operatore lineare totalmente continuo (teor. XXVI). Se faremo vedere che $\mathcal{S}' + \mathcal{C}$ ha autoinsieme di dimensione nulla, avremo dimo-

---

[12] Cfr. [17] pag. 30.

strato il teorema. A tal fine basta provare che l'equazione :

$$(47) \qquad \mathcal{S}'^*(v) + \mathcal{C}^*(v) = w$$

ammette soluzione comunque si scelga w in $\mathscr{B}^*$ (teor. XXIV). Esiste, iutanto, ed è unico, l'elemento $v^{(0)}$ di $\mathscr{B}^*$, verificante le condizioni :

$$\mathcal{S}'^*(v^{(0)}) = w - \mathscr{P}(w), \quad \langle v^{(0)}, \eta_k \rangle = 0 \qquad (k = 1, \dots, n')$$

Poniamo :

$$v^{(1)} = \sum_{i=1}^{r'} \langle w, \psi_i \rangle v_i \;.$$

L'elemento $v = v^{(0)} + v^{(1)}$ è una soluzione della (47). Tenendo presente che è $\mathcal{C}^*(u) = \sum_{i=1}^{r'} \langle u, \eta_i \rangle z_i$, si constata che $\mathcal{C}^*(v^{(0)}) = 0$, $\mathcal{C}^*(v^{(1)}) = \mathscr{P}(w)$ e, dato che $\mathcal{S}'^*(v^{(1)}) = 0$, si trae :

$$\mathcal{S}'^*(v^{(0)} + v^{(1)}) + \mathcal{C}^*(v^{(0)} + v^{(1)}) = w \;.$$

8. — I teoremi di F. Noether ed S. G. Mihlin per le equazioni integrali singolari.

Vogliamo applicare la teoria svolta nel n^0 7 al caso che $\mathscr{B}$ sia lo spazio $\mathcal{L}^{(p)}(\Sigma)$ $(p > 1)$ ed $\mathcal{S}$ un operatore integrale singolare di seconda specie. A tal fine occorre premetter il seguente *teorema di equivalenza* relativo al particolare operatore singolare :

$$\mathcal{S}_1(\varphi) = p(z)\,\varphi(z) - q(z)\,\mathcal{K}_0(\varphi) + \frac{p(z)}{\pi} \int_{\Sigma} \varphi(\zeta)\,\frac{\partial}{\partial \nu_z} \log|z - \zeta|\,ds_\zeta \;,$$

che *supporremo di seconda specie.*

     XXX. *Condizione necessaria e sufficiente perchè, data f in H, esista una soluzione dell'equazione integrale :*

$$(48) \qquad \mathcal{S}_1(\varphi) = f(z),$$

è che esista una soluzione u appartenente alle classi $\mathcal{C}^{(1)}(A + \Sigma)$ *e* $\mathcal{C}^{(2)}(A)$ *del problema di derivata obliqua :*

$$(49) \qquad \Delta_2\,u = 0 \qquad in \quad A \;,$$

(50)
$$p \frac{\partial u}{\partial n} - q \frac{\partial u}{\partial s} = f \qquad \text{su } \Sigma.$$

Se φ verifica la (47), pòsto:

(51)
$$u(z) = \frac{1}{\pi} \int_{\Sigma} \varphi(\zeta) \log |z - \zeta| \, ds_\zeta \, ,$$

si ottiene la richiesta soluzione di (49), (50) e viceversa, se u è tale soluzione, la $\varphi(z)$ — certo esistente — verificante la (51), è soluzione della (48).

La condizione è necessaria. Poniamo:

(52)
$$\mathcal{S}_1'(\varphi) = \frac{p}{p^2 + q^2} + \frac{q}{p^2 + q^2} \, \mathcal{K}_0(\varphi).$$

La φ è soluzione dell'equazione integrale di FREDHOLM:

$$\mathcal{S}_1' \, \mathcal{S}_1 (\varphi) = \mathcal{S}_1' (f) \, ,$$

il cui nucleo verifica le condizioni del lemma VI. Ne viene, per un classico ragionamento della teoria delle equazioni di FREDHOLM, che φ appartiene ad H. Ne segue (teor. XIII del cap. I), che la funzione u, armonica in A, data da (51), appartiene a $\mathcal{C}^{(1)}(A + \Sigma)$ e verifica su Σ la (50) (cfr. teorr. VIII e XIII del cap. I). Viceversa, se u è una soluzione del problema (49) (50) appartenente a $\mathcal{C}^{(1)}(A + \Sigma)$, poichè essa può mettersi sotto la forma (51) (cfr. nota [6] a pag. 51), la equazione (50) altro non è che la (48).

Sia ora $\mathcal{S}(\varphi)$ un qualsiasi operatore integrale singolare di seconda specie. Assegnata $f \in \mathcal{L}^{(p)}(\Sigma)$, considereremo la seguente *equazione integrale singolare di seconda specie:*

(53)
$$\mathcal{S}(\varphi) = f \, ,$$

per la quale ricercheremo una soluzione appartenente ad $\mathcal{L}^{(p)}(\Sigma)$. Sussistono i seguenti teoremi per la prima volta dimostrati da F. NOETHER:

XXXI. *Condizione necessaria e sufficiente perchè esista una soluzione φ della (53) è che f verifichi le condizioni:*

$$\int_{\Sigma} f(z) \, \psi(z) \, ds = 0 \, ,$$

per ogni ψ soluzione dell'equazione :

$$\mathcal{S}^*(\psi) = 0 .$$

È un caso particolare del teorema XXIII, la cui ipotesi è verificata in virtù del teor. XXI.

XXXII. *Gli autoinsiemi di $\mathcal{S}$ e di $\mathcal{S}^*$ hanno dimensione finita, r ed n, rispettivamente, e la differenza r — n è uguale all'indice dell'operatore $\mathcal{S}$.*

L'autoinsieme di $\mathcal{S}$ ha dimensione finita perchè $\mathcal{S}$ è riducibile, quello di $\mathcal{S}^*$ (teor. XXV) perchè è riducibile l'operatore dato dalla (52) e riducente $\mathcal{S}$. In virtù del teor. XXVIII, si ha che $r - n$ è uguale alla differenza fra l'autoinsieme di $\mathcal{S}_1$ e quella di $\mathcal{S}_1^*$. Ma dal teorema di equivalenza XXX deriva facilmente che l'autoinsieme di $\mathcal{S}_1$ ha dimensione uguale a quella dell'insieme delle autosoluzioni del problema di derivata obliqua (49), (50), mentre che la dimensione dell'autoinsieme di $\mathcal{S}_1^*$ è uguale al numero delle condizioni di compatibilità per il detto problema. Tenendo presente il teor. XIV del cap. II, ne segue :

$$r - n = \varkappa (\mathcal{S}) .$$

Dal teorema ora dimostrato e dal teor. XXIX segue immediatamente il seguente di S. G. Mihlin.

XXXIII. *Condizione necessaria e sufficiente perchè esista un operatore regolare $\mathcal{T}(\varphi)$ tale che, pòsto :*

$$\mathcal{S}'(\varphi) = \mathcal{S}_1'(\varphi) + \mathcal{T}(\varphi) ,$$

ogni soluzione dell'equazione di Fredholm :

$$\mathcal{S}' \mathcal{S}(\varphi) = \mathcal{S}'(f)$$

lo sia per la (53), è che l'indice $\varkappa(\mathcal{S})$ dell'operatore $\mathcal{S}$ sia non negativo.

9. — Applicazioni ai problemi al contorno per le equazioni ellittiche.

Daremo ora qualche cenno sulle applicazioni della teoria svolta delle equazioni singolari di seconda specie al generale problema al contorno per le equazioni ellittiche del secondo ordine, considerato al n⁰ 1 del cap. II.

Sia $\mathcal{E}(u)$ l'operatore là introdotto e si consideri per esso il problema al contorno:

$$(54) \quad \mathcal{E}(u) = g \text{ in } A, \quad p(z)\frac{\partial u}{\partial \nu} - q(z)\frac{\partial u}{\partial s} + h(z)u = f(z) \text{ su } \Sigma.$$

Σ è la frontiera del campo limitato A, che, per semplicità, supporremo costituita da un'unica curva semplice e chiusa di classe $\mathcal{C}_h^{(1)}$. Sui coefficienti di $\mathcal{E}$ faremo le ipotesi ammesse nel n⁰ 1 del cap. II ed in più la seguente: $c(z) \leq 0$ per ogni z. Le $p(z)$, $q(z)$, $h(z)$, $f(z)$ sono funzioni appartenenti ad H e $p^2 + q^2$ non è mai nulla su Σ. Se g è continua in $A + \Sigma$ ed hölderiana in ogni insieme chiuso di A, poichè possiamo disporre di una soluzione fondamentale relativa all'operatore $\mathcal{E}$: $F(z, \zeta)$, è lecito supporre $g \equiv 0$, caso al quale ci si può sempre ricondurre.

Sussiste il seguente notevole teorema:

XXXIV. *La differenza fra il numero delle autosoluzioni linearmente indipendenti del problema considerato e quello delle condizioni di compatibilità cui deve soddisfare la funzione data* f, *dipende unicamente dalle due funzioni* p *e* q *ed è uguale all'indice dell'operatore singolare:*

$$\mathcal{S}(\varphi) = p\varphi - q\,\mathcal{K}_0(\varphi) + \mathcal{T}(\varphi).$$

Accenniamo alla dimostrazione. È intanto assai facile estendere il teor. XXX e provare che, assunto l'operatore regolare $\mathcal{T}$ in modo che si abbia:

$$\mathcal{S}(\varphi) = p(z)\varphi(z) - \frac{q(z)}{\pi}\int_{\Sigma}\varphi(\zeta)\frac{\partial F(z,\zeta)}{\partial s_z}ds_\zeta + \frac{p(z)}{\pi}\int_{\Sigma}\varphi(\zeta)\frac{\partial F(z,\zeta)}{\partial \nu_z}ds_\zeta +$$

$$+ \frac{h(z)}{\pi}\int_{\Sigma}\varphi(\zeta)F(z,\zeta)ds_\zeta,$$

l'equazione $\mathcal{S}(\varphi) = f$ è risolubile, se e solo se esiste qualche soluzione di classe $\mathcal{C}^{(1)}(A + \Sigma)$ del problema (54) (con $g \equiv 0$). Da ciò segue che la differenza di cui parla l'enunciato è uguale a quella fra la dimensione dell'autoinsieme di $\mathcal{S}$ e la dimensione dell'autoinsieme di $\mathcal{S}^*$. Pertanto, detta differenza uguaglia $\varkappa(\mathcal{S})$.

Diverse altre applicazioni sarebbe possibile trarre dalla teoria degli operatori singolari per le equazioni ellittiche. Si potrebbe, ad esempio, estendere alle soluzioni di una qualsiasi equazione ellittica (con $c \leq 0$) le diseguaglianze (29) e (30) e ciò sfruttando la continuità in $\mathcal{L}^{(p)}(\Sigma)$ dell'operatore integrale singolare. Ci asteniamo comunque dal far ciò, per non ulteriormente ampliare la mole, già notevole, della presente Memoria.

NOTE BIBLIOGRAFICHE

La teoria del potenziale di linea svolta nel primo capitolo estende quella classica di Gauss ed è stata elaborata in successivi lavori di Giraud [11], Tricomi [29], Evans e Miles [4], Amerio [1], Fichera [7], Miranda [19] Magenes [15]. La tecnica delle dimostrazioni impiegate nel presente lavoro è essenzialmente quella usata in [1], [7], [15].

La dimostrazione dell'esistenza di una soluzione fondamentale principale esposta nel n. 2, ritengo abbia carattere di originalità ed è concettualmente diversa ed assai più semplice rispetto a quella dovuta a Giraud [12] ed esposta in [19].

La teoria dei sistemi alle derivate parziali del primo ordine che generalizzano quello di Cauchy-Riemann delle funzioni armoniche coniugate è stata largamente considerata da diversi Autori. Per una bibliografia completa cfr. [2], [20]. Nella presente Memoria vengono considerati solo aspetti particolari di questa teoria, in stretta relazione alle applicazioni che se ne fanno alle equazioni integrali singolari.

Di particolare rilievo è la (21) del cap. II, che estende ad un'ampia classe di dominî una formula di maggiorazione nota solo in casi particolari.

Il problema della derivata obliqua nel campo reale e per l'operatore di Laplace è stato studiato da Liénard, nell'ampia Memoria [14]. Il metodo impiegato nel presente lavoro ha qualche analogia con quello di questo Autore. È però da notare che lo studio del problema nel campo complesso introduce nuove notevoli difficoltà. Si osservi infatti che nel caso reale $\varkappa$ è sempre pari, talchè non si presentano alcuni casi che invece occorre discutere nel caso generale in cui p e q sono funzioni complesse.

La dimostrazione esposta della formula di iterazione per un operatore integrale singolare è diversa da quelle date di solito, fondate sul preventivo conseguimento della formola di Poincaré-Bertrand. Considerazioni analoghe, ma meno semplici di quelle qui svolte trovansi in [23].

La continuità in $\mathcal{L}^{(2)}(\Sigma)$ per l'operatore integrale singolare trovasi dimostrata in [17], ma la dimostrazione esposta in quella Monografia è meno semplice di quella che per $p = 2$ è stata data a pag. 85 della presente Memoria.

Ritengo non sia stata prima dimostrata la continuità in $\mathcal{L}^{(p)}(\Sigma)$, con $p > 1$, per una arbitraria curva Σ.

L'esistenza dell'integrale singolare per funzioni appartenenti ad $\mathcal{L}^{(1)}(\Sigma)$ è stata conseguita da Magenes [15]. La dimostrazione data in questo lavoro è soltanto relativa al caso $\mathcal{L}^{(p)}(\Sigma)$ con $p > 1$, ma mostra, oltre che l'esistenza dell'integrale singolare, la coincidenza di questo con il prolungamento dell'operatore, ottenuto per continuità.

Il contenuto del n. 7 ha carattere di originalità, dato che viene elaborata, ritengo per la prima volta, una teoria degli operatori riducibili in uno spazio di Banach.

Mihlin, in [17], espone una teoria di tali operatori in uno spazio di Hilbert, ma la dimostrazione dell'analogo del teor. XXVIII appare incompleta, dato che in essa fa implicitamente uso, senza averli dimostrati, degli analoghi dei teorr. XXV e XXVII. La dimostrazione del citato teorema XXVIII estende agli spazî di Banach un ragionamento svolto da I. N. Vekua [32] per gli operatori integrali singolari.

Il teorema XXIX risolve in ipotesi di grande generalità il *problema dell'equivalenza* di un operatore riducibile ad un operatore di Fredholm. Tale questione era stata risoluta da Mihlin nel caso particolare di operatori integrali singolari in uno spazio di Hilbert [18].

Il teorema XXXIV stabilisce la connessione fra la teoria delle equazioni integrali singolari ed il problema della derivata obliqua. Nelle altre trattazioni (cfr. [17], [21]) anziché tale problema, si considera quello cosidetto di Riemann-Hilbert per le funzioni olomorfe.

Per le applicazioni delle equazioni integrali singolari ai problemi al contorno per le equazioni ellittiche, qui limitate a pochi cenni, rimandiamo alla fondamentale Monografia [19] di Miranda sulle equazioni ellittiche. Cfr. anche [16], [21], [23].

La bibliografia che trovasi alla fine di questa Memoria è solo da ritenersi una integrazione di quelle contenute in [17] e [21], dato che essa menziona quasi esclusivamente i lavori ai quali si fa esplicito riferimento nel corso del presente lavoro.

BIBLIOGRAFIA

1. L. Amerio - *Sull'esistenza dell'equazione $\Delta_2 u - \lambda^2 u = f$ in un dominio di connessione qualsiasi* - Rend. Ist. Lombardo di Scienze e Lettere v. 78 1944-1945.

2. L. Bers - *An outline of the theory of pseudo-analitic functions* - Bull. Amer. Math. Soc. - 1956.

3. G. Bouligand - G. Giraud - P. Delens - *Le problème de la dérivée oblique en théorie du potentiel* - Actualités scientifiques et industrielles, Hermann - Paris - 1935.

4. G. C. Evans - E. R. C. Miles - *Potentials of general masses in single and double layers* - Journ. of Math. vol. 53 - 1951.

5. S. Faedo - *Su un principio di esistenza nell'Analisi lineare* - Ann. Scuola Norm. Sup. Pisa - s. III - v. XI - 1957.

6. G. Fichera - *Lezioni sulle trasformazioni lineari* - vol. I - Ist. Matem. Univ. Trieste - 1954.

7. G. Fichera - *Teoremi di completezza sulla frontiera di un dominio per taluni sistemi di funzioni* - Ann. di Mat. pura e appl. - s. IV - t. XXVII - 1948.

8. G. Fichera - *Alcuni recenti sviluppi della teoria dei problemi al contorno per le equazioni alle derivate parziali* - Atti del Convegno Internaz. sulle equazioni alle derivate parziali di Trieste 1954 - ediz. Cremonese - Roma.

9. G. Fichera - *Su un principio di dualità per talune formole di maggiorazione* Rend. Acc. Naz. Lincei - v. XIX - 1955.

10. G. Fichera - *Sul problema della derivata obliqua e sul problema misto per l'equazione di Laplace* - Boll. Un. Matem. Ital. - 1952.

11. G. Giraud - *Sur certaines problèmes non linéaires de Neumann et sur certaines problèmes non lineaires mixtes* - Ann. Ec. Norm. Sup. v. 49 - 1932.

12. G. Giraud - *Géneralisation des problèmes sur les operations du type elliptique* Bull. Sc. Math. v. 56 - 1932.

13. O. D. Kellogg - *Foundations of potential theory* - Springer Berlin - 1929.

14. A. Liénard - *Problème plan de la dérivée oblique dans la théorie du potentiel* Journ. Ec. Polit. - s. 3 - v. 5 - 1938.

15. E. Magenes - *Sulla teoria del potenziale* - Rend. Sem. Mat. Univ. Padova - 1955.

16.   »   - *Il problema della derivata obliqua regolare per le equazioni lineari ellittico-paraboliche del secondo ordine in m variabili* - Rend. di Mat. e delle sue Appl. - v. 16 - 1957.

17. S. G. Mihlin - *Singular integral equations* - Uspehi Mat. Nousk. N. S. 3. n. 3 (25) 1948 (Trad. inglese delle «Translations» dell'Amer. Mat. Soc. n. 24).

18. S. G. Mihlin - *Su una classe di equazioni integrali singolari* (in russo) C. R. (Doklady) Ac. Sci. URSS (N. S.) 24 - 1939.

19. C. Miranda - *Equazioni alle derivate parziali di tipo ellittico* - Erg. d. Math. Springer - 1955.

20. C. Miranda - *Systèmes elliptiques d'équations linéaires aux dérivées partielles du premier ordre* - Atti del Convegno Internaz. sulle equaz. alle deriv. parz. di Trieste 1954 - ediz. Cremonese - Roma.

21. N. I. Muskhelishvili - *Singular integral equations* - ediz. P. Noordhoff N. V. Groningen - Holland - 1952.

22. F. Noether - *Ueber eine Klasse singulärer Integral-gleichungen* - Math. Ann. v. 82 - 1921.

23. B. Pettineo - *Sulle equazioni integrali singolari nel piano* - Atti Acc. Sci. Lett. di Palermo - 1955-56.

24. M. Picone - *Appunti di Analisi superiore* - Rondinella Napoli 1940.

25. M. Riesz - *Les fonctions conjuguées et les séries de Fourier* - C. R. 178 - 1924.

26.   »   - *Sur les fonctions conjuguées* - Math. Zeitschr. 27 - 1927.

27. E. C. Titchmarsh - *Introduction to the theory of Fourier Integrals* - Oxford 1937.

28. L. Tonelli - *Serie trigonometriche* - Zanichelli Bologna 1928.

29. F. Tricomi - *Equazioni integrali contenenti il valor principale di un integrale doppio* - Math. Zeit. - 1928.

30. F. Tricomi - *Sull'inversione dell'ordine di integrali principali nel senso di Cauchy* Rend. Acc. Naz. Lincei - s. VIII v. XVIII - 1955.

31. F. Tricomi - *Equazioni integrali singolari del tipo di Carlemann* - Ann. di Mat. s. IV - v. XXXIX - 1955.

32. I. N. Vekua - *Sulla teoria delle equazioni integrali singolari* (in russo) Soobshcheniya A N Gruz - 1942.

33. A. C. Zaanen - *Linear Analysis* - North. Holland Publ. Co. - 1956.

34. A. Zygmund - *Trigonometrical Series* - Monograf. Mat. Varsavia 1935.

INDICE